市政工程施工资料编制实例解读

道路工程

梁 伟 潘颖秋 主编

化学工业出版社

·北京·

本书依据《城镇道路工程施工与质量验收规范》（CJJ 1—2008）、《建设工程文件归档规范》（GB/T 50328—2014）对竣工文件编制的要求，将质量验收标准及质量验收应具备的资料作为理论指导；同时，结合编者多年工程实践经验，以施工设计图纸为依据编制案例工程。

全书在城镇道路工程实践基础上将理论与实践密切结合，使读者在学习过程中能融会贯通。

本书适用于高职高专、中职市政工程类专业及相关专业的市政工程资料管理课程及实习实训课程教材，也可作为成人教育市政工程类相关专业的教材；还可作为建设行业主管培训机构资料员上岗证培训教材，市政工程资料员的工具书。

图书在版编目（CIP）数据

市政工程施工资料编制实例解读. 道路工程/梁伟，潘颖秋主编.
北京：化学工业出版社，2017.6（2020.8重印）
ISBN 978-7-122-29563-7

Ⅰ.①市⋯　Ⅱ.①梁⋯②潘⋯　Ⅲ.①市政工程-道路工程-工程验收-资料-编制②市政工程-道路工程-工程验收-技术档案-档案管理
Ⅳ.①TU99②G275.3

中国版本图书馆CIP数据核字（2017）第088860号

责任编辑：李仙华　　　　　　　　　　　　　　装帧设计：关　飞
责任校对：吴　静

出版发行：化学工业出版社（北京市东城区青年湖南街13号　邮政编码100011）
印　　装：涿州市京南印刷厂
787mm×1092mm　1/16　印张18¾　插页4　字数477千字　2020年8月北京第1版第2次印刷

购书咨询：010-64518888　　　　　　　售后服务：010-64518899
网　　址：http://www.cip.com.cn
凡购买本书，如有缺损质量问题，本社销售中心负责调换。

定　　价：49.00元　　　　　　　　　　　　　　版权所有·违者必究

前　言

市政工程施工技术资料是市政工程施工的一个重要组成部分，是市政工程进行竣工验收和竣工核定的必备条件，也是对工程进行检查、维修、管理的重要依据。

本书依据《城镇道路工程施工与质量验收规范》（CJJ 1—2008）、《建设工程文件归档规范》（GB/T 50328—2014）等各种国家有关的质量验收规范、标准的相关规定，结合施工设计图纸、施工验收流程编制而成。

全书由概述、上篇、下篇、附录几部分内容组成，主要包括市政工程施工质量验收系列规范及验收模式、城镇道路工程质量验收、市政工程施工质量验收系列规范配套表格的应用、施工质量文件的形成及归档整理，城镇道路案例工程、施工工艺流程及施工做法、施工图。

本书在编写过程中，紧扣施工及验收规范，以市政工程各施工质量验收规范作为理论指导，通过实际案例工程引入，将理论与实践相结合，改变了目前传统教材偏重理论课程，实践课程相对较弱的局面，适合高职突出能力培养的模式，以实现学生"零距离上岗"为目标，同时，对离校上岗后从事的管理工作也具有较高的指导意义。

本书由广西建设职业技术学院和杭州品茗安控信息技术股份有限公司合作编写，广西建设职业技术学院梁伟和杭州品茗安控信息技术股份有限公司潘颖秋任主编，广西建设职业技术学院曾丽莎、岳建彬任副主编，广西建设职业技术学院刘海彬、成德贤参加了编写。编写具体分工如下：梁伟编写第四章第一节、第四节、第七节，潘颖秋编写概述、第一章，曾丽莎编写第二章、第三章，岳建彬编写第四章第二、三节，刘海彬编写第四章第五、六节，成德贤编写第四章第八节、附录。

本书在编写过程中，得到了多家施工企业现场工程技术专业人员和专家的大力支持和帮助，在此表示衷心的感谢。

本书可作为高职高专院校、中等职业学校市政工程类专业及相关专业的市政工程资料管理课程及教学实践实训教材，成人高校相应专业的继续教育与职业培训教材，建设行业主管培训机构资料员上岗证培训教材，亦是市政工程质量监督部门的质量监督管理人员，施工单位、监理单位在职技术人员、管理人员、监理员、市政工程资料员工作中的好帮手。

编　者

2017 年 2 月

目　录

上　篇 / 9

概 述

市政工程施工质量验收系列规范
及验收模式

学习任务

◎ 熟悉市政工程施工质量验收系列规范。

◎ 掌握市政工程施工质量验收的基本规定。

◎ 掌握城镇道路工程质量验收项目的划分。

◎ 掌握市政工程质量验收合格的规定。

◎ 掌握市政工程质量验收不合格的处理方法。

◎ 熟悉市政工程质量验收程序和组织。

一、各规范的名称及编号

一般情况下，市政基础设施工程的现行验收规范涵盖如下 9 本配套专业验收规范，其中，《城镇道路工程施工与质量验收规范》（CJJ 1—2008）（以下简称"规范"）用于城镇道路工程质量验收。

(1)《城镇道路工程施工与质量验收规范》（CJJ 1—2008）

(2)《城市桥梁工程施工与质量验收规范》（CJJ 2—2008）

(3)《给水排水管道工程施工及验收规范》（GB 50268—2008）

(4)《给水排水构筑物工程施工及验收规范》（GB 50141—2008）

(5)《城市道路照明工程施工及验收规程》（CJJ 89—2012）

(6)《园林绿化工程施工及验收规范》（CJJ 82—2012）

(7)《无障碍设施施工验收及维护规范》（GB 50642—2011）

(8)《城镇供热管网工程施工及验收规范》（CJJ 28—2014）

(9)《城镇燃气输配工程施工及验收规范》（CJJ 33—2005）

二、质量验收的基本规定

1. 施工现场质量管理

施工现场质量管理应具有健全的质量管理体系、相应的施工技术标准、施工质量检验制度和综合施工质量水平评定考核制度。

在工程开工前，施工单位应按第二章表 2-1《施工现场质量管理检查记录》检查和填写，并经总监理工程师签署确认后方可开工。

2. 市政工程施工质量控制

(1) 市政工程采用的主要材料、半成品、成品、构配件、器具和设备应按相关专业质量标准进行进场检验和使用前复验。现场验收和复验结果应经监理工程师检查认可。凡涉及结构安全、节能、环境保护和主要使用功能的重要材料、产品，监理工程师应按规定进行平行检测或见证取样检测，并确认合格。

（2）各施工工序应按施工技术标准进行质量控制，每道施工工序完成后，经施工单位自检符合规定后，才能进行下道工序施工。相关各分项工程之间，必须进行交接检验，并形成文件，经监理工程师检查签认后，方可进行下个分项工程施工；所有隐蔽分项工程必须进行隐蔽验收，未经检验或验收不合格不得进行下道分项工程施工。

（3）对于监理单位提出检查要求的重要工序，应经监理工程师检查认可，才能进行下道工序施工。

3. 市政工程施工质量验收要求

（1）工程施工质量应符合相关专业验收规范的规定；

（2）工程施工质量应符合工程勘察、设计文件的要求；

（3）参加工程施工质量验收的各方人员应具备相应的资格；

（4）工程施工质量的验收应在施工单位自行检查，评定合格的基础上进行；

（5）隐蔽工程在隐蔽前，应由施工单位通知监理单位进行验收，并应形成验收文件，验收合格后方可继续施工；

（6）涉及结构安全和使用功能的试块、试件和现场检测项目，应按规定进行平行检测或见证取样检测；

（7）检验批（或验收批）的质量应按主控项目和一般项目进行验收；每个检查项目的检查数量，除规范有关条款有明确规定外应全数检查；

（8）对涉及结构安全和使用功能的分部工程应进行试验或检测；

（9）承担复验或检测的单位应为具有相应资质的独立第三方；

（10）工程的外观质量应由质量验收人员通过现场检查共同确认。

三、质量验收项目的划分

市政工程项目质量验收应划分为单位工程、子单位工程、分部工程、子分部工程、分项工程和检验批，并按相应的程序组织验收。

1. 单位（子单位）工程

建设单位招标文件确定的每一独立合同应为一个单位工程。

当合同文件包含的工程内容较多，或工程规模较大或由若干独立设计组成时，宜按工程部位或工程量、每一独立设计将单位工程分成若干子单位工程。

2. 分部（子分部）工程

单位（子单位）工程应按工程的结构部位或特点、功能、工程量划分分部工程。

分部工程规范较大或工程复杂时宜按材料种类、工艺特点、施工工法等，将分部工程划分为若干子分部工程。

3. 分项工程

分部工程可由一个或若干个分项工程组成，应按主要工种、材料、施工工艺等划分分项工程。

4. 检验批

分项工程可由一个或若干检验批组成，检验批是工程验收的最小单位。检验批应根据施工、质量控制和专业验收需要划定。

城镇道路工程的分部、子分部、分项、检验批工程应按表 0-1 进行划分。

表 0-1　城镇道路分部（子分部）工程与相应的分项工程、检验批划分

分部工程	子分部工程	分项工程	检 验 批
路基	—	土方路基	每条路或路段
		石方路基	每条路或路段
		路基处理	每条处理段
		路肩	每条路肩
基层	—	石灰土基层	每条路或路段
		石灰粉煤灰稳定砂砾(碎石)基层	每条路或路段
		石灰粉煤灰钢渣基层	每条路或路段
		水泥稳定土类基层	每条路或路段
		级配砂砾(砾石)基层	每条路或路段
		级配碎石(碎砾石)基层	每条路或路段
		沥青碎石基层	每条路或路段
		沥青贯入式基层	每条路或路段
面层	沥青混合料面层	透层	每条路或路段
		黏层	每条路或路段
		封层	每条路或路段
		热拌沥青混合料面层	每条路或路段
		冷拌沥青混合料面层	每条路或路段
	沥青贯入式与沥青表面处治面层	沥青贯入式面层	每条路或路段
		沥青表面处治面层	每条路或路段
	水泥混凝土面层	水泥混凝土面层(模板、钢筋、混凝土)	每条路或路段
	铺砌式面层	料石面层	每条路或路段
		预制混凝土砌块面层	每条路或路段
广场与停车场	—	料石面层	每个广场或划分的区段
		预制混凝土砌块面层	每个广场或划分的区段
		沥青混合料面层	每个广场或划分的区段
		水泥混凝土面层	每个广场或划分的区段
人行道	—	料石人行道铺砌面层(含盲道砖)	每条路或路段
		混凝土预制块铺砌人行道面层(含盲道砖)	每条路或路段
		沥青混合料铺筑面层	每条路或路段

分部工程	子分部工程	分项工程	检 验 批
人行地道结构	现浇钢筋混凝土人行地道结构	地基	每座通道
		防水	每座通道
		基础（模板、钢筋、混凝土）	每座通道
		墙与顶板（模板、钢筋、混凝土）	每座通道
	预制安装钢筋混凝土人行地道结构	墙与顶部构件预制	每座通道
		地基	每座通道
		防水	每座通道
		基础（模板、钢筋、混凝土）	每座通道
		墙板、顶板安装	每座通道
	砌筑墙体、钢筋混凝土顶板人行地道结构	顶部构件预制	每座通道
		地基	每座通道
		防水	每座通道
		基础（模板、钢筋、混凝土）	每座通道
		墙体砌筑	每座通道或分段
		顶部构件、顶板安装	每座通道或分段
		顶部现浇（模板、钢筋、混凝土）	每座通道或分段
挡土墙	现浇钢筋混凝土挡土墙	地基	每道挡土墙地基或分段
		基础	每道挡土墙地基或分段
		墙（模板、钢筋、混凝土）	每道墙体或分段
		滤层、泄水孔	每道墙体或分段
		回填土	每道墙体或分段
		帽石	每道墙体或分段
		栏杆	每道墙体或分段
		挡土墙板预制	每道墙体或分段
	装配式钢筋混凝土挡土墙	地基	每道挡土墙地基或分段
		基础（模板、钢筋、混凝土）	每道基础或分段
		墙板安装（含焊接）	每道墙体或分段
		滤层、泄水孔	每道墙体或分段
		回填土	每道墙体或分段
		帽石	每道墙体或分段
		栏杆	每道墙体或分段

分部工程	子分部工程	分项工程	检验批
挡土墙	砌筑挡土墙	地基	每道墙体地基或分段
		基础(砌筑、混凝土)	每道基础或分段
		墙体砌筑	每道墙体或分段
		滤层、泄水孔	每道墙体或分段
		回填土	每道墙体或分段
		帽石	每道墙体或分段
	加筋土挡土墙	地基	每道挡土墙地基或分段
		基础(模板、钢筋、混凝土)	每道基础或分段
		加筋挡土墙砌块与筋带安装	每道墙体或分段
		滤层、泄水孔	每道墙体或分段
		回填土	每道墙体或分段
		帽石	每道墙体或分段
		栏杆	每道墙体或分段
附属构筑物	—	路缘石	每条路或路段
		雨水支管与雨水口	每条路或路段
		排(截)水沟	每条路或路段
		倒虹管及涵洞	每座结构
		护坡	每条路或路段
		隔离墩	每条路或路段
		隔离栅	每条路或路段
		护栏	每条路或路段
		声屏障(砌体、金属)	每处声屏障墙
		防眩板	每条路或路段

四、工程质量合格的验收

1. 检验批（或验收批）的验收

检验批是质量验收的最小单元。检验批的验收是对工序质量、工程实体质量的验收，验收的依据是各专业规范提供的检验标准或质量验收标准。检验批的验收内容按其重要程度分为主控项目和一般项目。

（1）主控项目的质量应经抽样检验合格。

（2）一般项目的质量应经抽样检验合格；当采用计数检验时，除有专门要求外，一般项目的合格点率应达到 80％及以上，且不合格点的最大偏差值不得大于规定允许偏差值的1.5 倍。

实测项目合格率的计算公式为：合格率＝（实测项目中的合格点数/实测项目的应测点数）×100％

（3）具有完整的施工原始资料和质量检查记录。

2. 分项工程的验收

（1）分项工程所含检验批均应符合合格质量的规定。

（2）分项工程所含检验批的质量验收记录应完整。

分项工程质量验收是在检验批验收的基础上进行的，是一个核查过程，没有实体验收内容。验收时应注意以下几点。

① 所含检验批是否已全部验收合格，有无遗漏；

② 各检验批所覆盖的区段和所包含的内容有无遗漏，所有检验批是否完全覆盖了本分项的所有区段和内容，是否全部合格；

③ 所有"检验批质量验收（检验）记录"的内容是否齐全，填写是否正确，签字是否有效（签名人是否具备规定资格）。

3. 分部（子分部）工程质量验收

（1）分部（子分部）工程所含分项工程的质量均应验收合格。

（2）质量控制资料应完整。

（3）有关安全、节能、环境保护和主要使用功能的抽样检验结果应符合相应规定。

（4）观感质量应符合要求。

子分部工程的验收是在其所含分项工程验收合格的基础上进行的，分部工程的验收则是在其所含子分部工程验收合格的基础上进行的，分部（子分部）工程验收主要是一个核查过程。

4. 单位（子单位）工程质量验收

（1）单位（子单位）工程所含分部工程的质量均应验收合格。

（2）质量控制资料应完整。

（3）单位（子单位）所含分部工程验收资料应完整。

（4）所含分部工程中有关安全、节能、环境保护和主要使用功能的检验资料应完整。

注：影响道路安全使用和周围环境的参数指标应符合设计规定。

（5）外观质量验收应符合要求。

五、不合格的处置

1. 可验收的

① 经返工重做或更换材料、构件、设备等的检验批，应重新进行验收。

② 经有相应资质的检测单位检测鉴定能够达到设计要求的检验批，应予以验收。

例如留置的混凝土试块失去代表性，或是缺失，或是试压结果达不到设计要求，就要由有资质的检测机构做钻芯取样检测，若检测结果符合设计要求，即可通过验收。

③ 经有资质的检测单位检测鉴定达不到设计要求，但经原设计单位核算认可能够满足结构安全和使用功能的检验批，可予以验收。

④ 以返修或加固处理的分项、分部工程，虽然改变外形尺寸但仍能满足安全使用要求的，可按技术处理方案和协商文件进行验收。

2. 不可验收的

通过返修或加固处理还不能满足安全使用要求的分部工程、单位（子单位）工程，严禁验收。

六、验收程序及组织

除竣工验收（单位或子单位工程验收）由建设单位组织外，其余的验收均由监理单位组织并签署验收记录。法律法规规定可以不委托监理的工程项目，所有的验收由建设单位组织并签署验收记录。验收记录表中"监理（建设）单位"和"总监理工程师（建设单位项目专业技术负责人）"等有选择的栏目，可根据上述要求选定验收意见或结论的签署单位和签署人。

委托监理的工程项目，各类验收的组织者与参加者如下。

1. 检验批

按专业内容，由专业监理工程师组织施工单位的专业质量检查员进行验收，有监理员及施工组班长参加，资料员做记录，整理后填入表格。

验收合格后，由责任人在验收记录中署名并署验收日期。

2. 分项工程

按专业内容，由专业监理工程师组织施工单位的项目专业技术负责人进行验收，监理员及施工单位的专业质量检查员及资料员参加。

验收合格后，由责任人在验收记录中署名并署验收日期。

3. 子分部工程

由总监理工程师组织施工单位的项目经理和分包单位的项目经理进行验收（地基基础的子分部尚有勘察单位、设计单位的项目负责人参加），专业监理工程师、监理员及施工单位的项目专业技术负责人、专业质量检查员及资料员参加。

验收合格后，由责任人在验收记录中署名并署验收日期。

4. 分部工程

分部工程验收是先对其所含各子分部的验收结果进行核查并统计，然后再对本分部工程质量做出确认的过程。由总监理工程师组织，专业监理工程师、监理员、施工单位的项目专业技术负责人、专业质量检查员、资料员进行核查和统计，最后由总监理工程师、施工单位项目经理、设计单位项目负责人确认（城镇道路工程的路基分部工程、给排水管道工程的土石方与地基处理分部工程尚须由勘察单位项目负责人和建设单位项目专业负责人确认，主体结构分部尚须由建设单位项目专业负责人确认），并加盖公章。

5. 单位（子单位）工程

单位（子单位）工程的验收即质量竣工验收，由建设单位项目负责人组织勘察及设计单位的项目负责人、施工单位的技术负责人及项目经理、监理单位的总监理工程师及专业监理工程师组成竣工验收组进行验收，监理员、施工单位的项目专业技术负责人、专业质量检查员、资料员参加。

验收合格后，验收组成员、五方质量责任主体有关负责人在验收记录中署名，署验收日期并加盖单位公章。

上篇

第一章
城镇道路工程质量验收

学习任务

◎ 熟悉路基、基层、广场与停车场、人行道、人行地道结构、挡土墙、附属构筑物分部工程，沥青混合料面层、沥青贯入式与沥青表面处治面层、水泥混凝土面层、铺砌式面层子分部工程所含的分项工程检验批主控项目、一般项目质量检验标准。

◎ 熟悉路基、基层、广场与停车场、人行道、人行地道结构、挡土墙、附属构筑物分部工程，沥青混合料面层、沥青贯入式与沥青表面处治面层、水泥混凝土面层、铺砌式面层子分部工程所含的分项工程检验批施工质量验收应具备的资料。

第一节　路　　基

一、土方路基（路床）质量检验标准

1. 主控项目

（1）路基压实度应符合表 1-1 的规定。

检查数量：每 1000㎡、每压实层抽检 3 点。

检验方法：环刀法、灌砂法或灌水法。

（2）弯沉值，不应大于设计规定。

检查数量：每车道、每 20m 测 1 点。

检验方法：弯沉仪检测。

表 1-1　路基压实度标准

填挖类型	路床顶面以下深度/cm	道路类别	压实度（重型击实）/%	检验频率		检查方法
				范围	点数	
挖方	0~30	城市快速路、主干路	≥95	1000m²	每层3点	环刀法、灌水法或灌砂法
		次干路	≥93			
		支路及其他小路	≥90			

填挖类型	路床顶面以下深度/cm	道路类别	压实度（重型击实）/%	检验频率 范围	检验频率 点数	检查方法
填方	0～80	城市快速路、主干路	≥95			
		次干路	≥93			
		支路及其他小路	≥90			环刀法、灌水法或灌砂法
	>80～150	城市快速路、主干路	≥93	1000m²	每层3点	
		次干路	≥90			
		支路及其他小路	≥90			
	>150	城市快速路、主干路	≥90			
		次干路	≥90			
		支路及其他小路	≥87			

2. 一般项目

（1）土路基允许偏差应符合表 1-2 的规定。

表 1-2　土路基允许偏差

项目	允许偏差	检验频率 范围/m	检验频率 点数		检验方法
路床纵断高程/mm	−20,+10	20	1		用水准仪测量
路床中线偏位/mm	≤30	100	2		用经纬仪、钢尺量取最大值
路床平整度/mm	≤15	20	路宽	<9m　　1	用 3m 直尺和塞尺连续量两尺，取较大值
				9～15m　2	
				>15m　　3	
路床宽度/mm	不小于设计值+B	40	1		用钢尺量
路床横坡	±0.3% 且不反坡	20	路宽	<9m　　2	用水准仪测量
				9～15m　4	
				>15m　　6	
边坡/%	不陡于设计值	20	2		用坡度尺量,每侧 1 点

注：B 为施工时必要的附加宽度（单位：mm）。路基填土宽度每侧应比设计规定宽 50cm。

（2）路床应平整、坚实，无显著轮迹、翻浆、波浪、起皮等现象，路堤边坡应密实、稳定、平顺等。

检查数量：全数检查。

检验方法：观察。

3. 质量验收应具备的资料

（1）检验批质量检验记录。

（2）隐蔽工程验收记录。

（3）最大干密度与最佳含水量试验报告。

（4）压实度试验报告。

（5）弯沉值检测报告。

（6）高程、横坡测量记录。

（7）施工记录。

注：施工方案、技术交底、相关人员的资格证书等都是质量验收时必须具备的，以下各章节同此注。

二、石方路基质量检验标准

（一）挖石方路基（路堑）质量检验标准

1. 主控项目

上边坡必须稳定，严禁有松石、险石。

检查数量：全数检查。

检验方法：观察。

2. 一般项目

挖石方路基允许偏差应符合表 1-3 的规定。

表 1-3　挖石方路基允许偏差

项目	允许偏差	检验频率		检验方法
		范围/m	点数	
路床纵断高程/mm	$+50$ -100	20	1	用水准仪测量
路床中线偏位/mm	$\leqslant 30$	100	2	用经纬仪、钢尺量取最大值
路床宽/mm	不小于设计规定$+B$	40	1	用钢尺量
边坡/%	不陡于设计规定	20	2	用坡度尺量，每侧 1 点

注：B 为施工时必要的附加宽度，单位：mm。

（二）填石路堤质量检验标准

1. 主控项目

压实密度应符合试验路段确定的施工工艺，沉降差不应大于试验路段确定的沉降差。

检查数量：每 $1000m^2$，抽检 3 点。

检验方法：水准仪测量。

2. 一般项目

（1）路床顶面应嵌缝牢固，表面均匀、平整、稳定，无推移、浮石。

检查数量：全数检查。

检验方法：观察。

（2）边坡应稳定、平顺，无松石。

检查数量：全数检查。

检验方法：观察。

（3）填石方路基允许偏差应符合表 1-4 的规定。

表 1-4　填石方路基允许偏差

项目	允许偏差	检验频率			检验方法
		范围/m	点数		
路床纵断高程/mm	−20 +10	20	1		用水准仪测量
路床中线偏位/mm	≤30	100	2		用经纬仪、钢尺量取最大值
路床平整度/mm	≤20	20	路宽	<9m	1	用 3m 直尺和塞尺连续量两尺,取较大值
				9～15m	2	
				>15m	3	
路床宽度/mm	不小于设计值+B	40	1		用钢尺量
路床横坡	±0.3% 且不反坡	20	路宽	<9m	2	用水准仪测量
				9～15m	4	
				>15m	6	
边坡/%	不陡于设计值	20	2		用坡度尺量,每侧 1 点

注:B 为施工时必要的附加宽度,单位:mm。

(三) 质量验收应具备的资料

(1) 检验批质量检验记录。

(2) 隐蔽工程验收记录。

(3) 石料的质量检验报告。

(4) 压实密度试验报告。

(5) 高程、横坡测量记录。

(6) 施工记录。

三、路肩质量检验标准

1. 一般项目

(1) 肩线应顺畅、表面平整,不积水、不阻水。

检查数量:全数检查。

检验方法:观察。

(2) 路肩,压实度应大于或等于 90%。

检查数量:每 100m,每侧各抽检 1 点。

检验方法:环刀法、灌砂法或灌水法。

(3) 路肩允许偏差应符合表 1-5 的规定。

表 1-5　路肩允许偏差

项目	允许偏差	检验频率		检验方法
		范围/m	点数	
宽度/mm	不小于设计规定	40	2	用钢尺量,每侧 1 点
横坡	±1% 且不反坡	40	2	用水准仪测量,每侧 1 点

2. 质量验收应具备的资料

（1）检验批质量检验记录。

（2）最大干密度与最佳含水量试验报告。

（3）压实度试验报告。

（4）横坡测量记录。

（5）施工记录。

四、软土路基施工质量检验标准

（一）换填土处理软土路基质量检验标准及质量验收应具备的资料

同填土路基。

（二）砂垫层处理软土路基质量检验标准

1. 主控项目

（1）砂垫层的材料质量应符合设计要求。

检查数量：按不同材料进场批次，每批检查 1 次。

检验方法：查检验报告。

（2）砂垫层的压实度应大于等于 90%。

检查数量：每 1000m²、每压实层抽检 3 点。

检验方法：灌砂法。

2. 一般项目

砂垫层允许偏差应符合表 1-6 的规定。

表 1-6　砂垫层允许偏差

项目	允许偏差/mm	检验频率			检验方法
		范围/m	点数		
宽度	不小于设计规定+B	40	1		用钢尺量
厚度	不小于设计规定	200	路宽	<9m	2	用钢尺量
				9~15m	4	
				>15m	6	

注：B 为施工时必要的附加宽度（单位：mm）。砂垫层应宽出路基边脚 0.5~1m，两侧以片石护砌。

3. 质量验收应具备的资料

（1）检验批质量检验记录。

（2）隐蔽工程验收记录。

（3）原材料、构配件、设备进场验收记录。

（4）砂子试验报告。

（5）压实度试验报告。

（6）施工记录。

（三）反压护道质量检验标准

1. 主控项目

压实度不应小于 90%。

检查数量：每压实层，每 200m 检查 3 点。

检验方法：环刀法、灌砂法或灌水法。

2. 一般项目

宽度、高度应符合设计要求。

检查数量：全数检查。

检验方法：观察，用尺量。

3. 质量验收应具备的资料

（1）检验批质量检验记录。

（2）原材料、构配件、设备进场验收记录。

（3）最大干密度与最佳含水量试验报告。

（4）压实度试验报告。

（5）施工记录。

（四）土工材料处理软土路基质量检验标准

1. 主控项目

（1）土工材料的技术质量指标应符合设计要求。

检查数量：按进场批次，每批次按 5% 抽检。

检验方法：查出厂检验报告，进场复检。

（2）土工合成材料敷设、胶接、锚固和回卷长度应符合设计要求。

检查数量：全数检查。

检验方法：用尺量。

2. 一般项目

（1）下承层面不得有突刺、尖角。

检查数量：全数检查。

检验方法：观察。

（2）土工合成材料铺设允许偏差应符合表 1-7 的规定。

表 1-7　土工合成材料铺设允许偏差

项目	允许偏差	检验频率			检验方法
		范围/m	点数		
下承面平整度/mm	≤15	20	路宽	<9m	1	用 3m 直尺和塞尺连续量两尺，取较大值
				9～15m	2	
				>15m	3	
下承面拱度	±1%	20	路宽	<9m	2	用水准仪测量
				9～15m	4	
				>15m	6	

3. 质量验收应具备的资料

（1）检验批质量检验记录。

（2）隐蔽工程验收记录。

（3）原材料、构配件、设备进场验收记录。

（4）土工材料出厂检验报告，进场复检报告。

（5）施工记录。

（五）袋装砂井质量检验标准

1. 主控项目

（1）砂的规格和质量、砂袋织物质量必须符合设计要求。

检查数量：按不同材料进场批次，每批检查 1 次。

检验方法：查检验报告。

（2）砂袋下沉时不得出现扭结、断裂等现象。

检查数量：全数检查。

检验方法：观察并记录。

（3）井深不小于设计要求，砂袋在井口外应伸入砂垫层 30cm 以上。

检查数量：全数检查。

检验方法：钢尺量测。

2. 一般项目

袋装砂井允许偏差应符合表 1-8 的规定。

表 1-8　袋装砂井允许偏差

项目	允许偏差	检验频率		检验方法
		范围	点数	
井间距/mm	±150	全部	抽查 2%，且不少于 5 处	两井间，用钢尺量
砂井直径/mm	$+10$ 0			查施工记录
井竖直度	≤1.5%H			查施工记录
砂井灌砂量	−5%G			查施工记录

注：H 为桩长或孔深（单位：mm），G 为灌砂量（单位：kg）。

3. 质量验收应具备的资料

（1）检验批质量检验记录。

（2）隐蔽工程验收记录。

（3）原材料、构配件、设备进场验收记录。

（4）砂子试验报告。

（5）施工记录。

（六）塑料排水板质量检验标准

1. 主控项目

（1）塑料排水板质量必须符合设计要求。

检查数量：按不同材料进场批次，每批检查 1 次。

检验方法：查检验报告。

（2）塑料排水板下沉时不得出现扭结、断裂等现象。

检查数量：全数检查。

检验方法：观察。

（3）板深不小于设计要求，排水板在井口外应伸入砂垫层 50cm 以上。

检查数量：全数检查。

检验方法：查施工记录。

2. 一般项目

塑料排水板设置允许偏差应符合表1-9的规定。

表1-9　塑料排水板设置允许偏差

项目	允许偏差	检验频率		检验方法
		范围	点数	
板间距/mm	±150	全部	抽查2%,且不少于5处	两板间,用钢尺量
板竖直度	≤1.5%H			查施工记录

注:H为桩长或孔深,单位:mm。

3. 质量验收应具备的资料

（1）检验批质量检验记录。

（2）原材料、构配件、设备进场验收记录。

（3）塑料排水板合格证。

（4）施工记录。

（七）砂桩处理软土路基质量检验标准

1. 主控项目

（1）砂桩材料应符合设计规定。

检查数量：按不同材料进场批次，每批检查1次。

检验方法：查检验报告。

（2）复合地基承载力不应小于设计规定值。

检查数量：按总桩数的1‰进行抽检，且不少于3处。

检验方法：查复合地基承载力检验报告。

（3）桩长不小于设计规定。

检查数量：全数检查。

检验方法：查施工记录。

2. 一般项目

砂桩允许偏差应符合表1-10的规定。

表1-10　砂桩允许偏差

项目	允许偏差	检验频率		检验方法
		范围	点数	
桩距/mm	±150	全部	抽查2%,且不少于2根	两桩间,用钢尺量,查施工记录
桩径/mm	≥设计值			
竖直度	≤1.5%H			

注:H为桩长或孔深,单位:mm。

3. 质量验收应具备的资料

（1）检验批质量检验记录。

（2）隐蔽工程验收记录。

（3）原材料、构配件、设备进场验收记录。

（4）砂子试验报告。

（5）地基承载力试验报告。

(6) 施工记录。

（八）碎石桩处理软土路基质量检验标准

1. 主控项目

（1）碎石桩材料应符合设计规定。

检查数量：按不同材料进场批次，每批检查 1 次。

检验方法：查检验报告。

（2）复合地基承载力不应小于设计规定值。

检查数量：按总桩数的 1% 进行抽检，且不少于 3 处。

检验方法：查复合地基承载力检验报告。

（3）桩长不应小于设计规定。

检查数量：全数检查。

检验方法：查施工记录。

2. 一般项目

碎石桩成桩允许偏差应符合表 1-11 的规定。

表 1-11　碎石桩允许偏差

项目	允许偏差	检验频率		检验方法
		范围	点数	
桩距/mm	±150	全部	抽查 2%，且不少于 2 根	两桩间，用钢尺量，查施工记录
桩径/mm	≥设计值			
竖直度	≤1.5%H			

注：H 为桩长或孔深，单位：mm。

3. 质量验收应具备的资料

（1）检验批质量检验记录。

（2）隐蔽工程验收记录。

（3）原材料、构配件、设备进场验收记录。

（4）碎石试验报告。

（5）地基承载力试验报告。

（6）施工记录。

（九）粉喷桩处理软土地基质量检验标准

1. 主控项目

（1）水泥的品种、级别及石灰、粉煤灰的性能指标应符合设计要求。

检查数量：按不同材料进场批次，每批检查 1 次。

检验方法：查检验报告。

（2）桩长不应小于设计规定。

检查数量：全数检查。

检验方法：查施工记录。

（3）复合地基承载力不应小于设计规定值。

检查数量：按总桩数的 1% 进行抽检，且不少于 3 处。

检验方法：查复合地基承载力检验报告。

2. 一般项目

粉喷桩成桩允许偏差应符合表 1-12 的规定。

表 1-12 粉喷桩允许偏差

项目	允许偏差	检验频率		检验方法
		范围	点数	
强度/kPa	不小于设计值	全部	抽查 5%	切取试样或无损检测
桩距/mm	±100	全部	抽查 2%,且不少于 2 根	两桩间,用钢尺量,查施工记录
桩径/mm	不小于设计值			
竖直度	≤1.5%H			

注：H 为桩长或孔深,单位：mm。

3. 质量验收应具备的资料

（1）检验批质量检验记录。

（2）隐蔽工程验收记录。

（3）原材料、构配件、设备进场验收记录。

（4）水泥合格证及复试报告、外加剂合格证及复试报告、石灰的氧化钙含量试验报告、粉煤灰试验报告。

（5）地基承载力试验报告。

（6）施工记录。

五、湿陷性黄土路基强夯处理质量检验标准

1. 主控项目

路基土的压实度应符合设计规定和表 1-13 规定。

检查数量：每 1000m²,每压实层,抽检 3 点。

检验方法：环刀法、灌砂法或灌水法。

2. 一般项目

湿陷性黄土夯实质量应符合表 1-13 的规定。

表 1-13 湿陷性黄土夯实质量检验标准

项目	检验标准	检验频率			检验方法
		范围/m	点数		
夯点累计夯沉量	不小于试夯时确定的夯沉量的 95%	200	路宽	<9m	2	查施工记录
				9~15m	4	
				>15m	6	
湿陷系数	符合设计要求		路宽	<9m	2	隔 7~10d,在设计有效加固深度内,每隔 50~100cm 取土样测定土的压实度、湿陷系数等指标
				9~15m	4	
				>15m	6	

3. 质量验收应具备的资料

（1）检验批质量检验记录。

（2）最大干密度与最佳含水量试验报告。

（3）压实度试验报告。

（4）施工记录。

六、盐渍土、膨胀土、冻土路基质量验收标准及质量验收应具备的资料

同填土路基。

<hr>

■■■■ 思考题 ■■■■

1. 路基分部工程所含的分项工程检验批有哪些？
2. 土方路基检验批中所含主控项目、一般项目有哪些？质量验收应具备的资料有哪些？
3. 土方路基检验批所含检查项目压实度、弯沉值的检查数量如何规定？
4. 石方路基检验批中所含主控项目、一般项目有哪些？质量验收应具备的资料有哪些？
5. 石方路基检验批所含检查项目压实密度的检查数量如何规定？
6. 换填土处理软土路基检验批中所含主控项目、一般项目有哪些？质量验收应具备的资料有哪些？
7. 换填土处理软土路基检验批所含检查项目压实度、弯沉值的检查数量如何规定？

第二节 基 层

一、石灰稳定土，石灰、粉煤灰稳定砂砾（碎石），石灰、粉煤灰稳定钢渣基层及底基层质量检验标准

1. 主控项目

（1）原材料质量检验要求。

1）土应符合下列要求。

① 宜采用塑性指数 10～15 的粉质黏土、黏土。

② 土中的有机物含量宜小于 10％。

③ 使用旧路的级配砾石、砂石或杂填土等应先进行试验。级配砾石、砂石等材料的最大粒径不宜超过分层厚度的 60％，且不应大于 10cm。土中欲掺入碎砖等粒料时，粒料掺入含量应经试验确定。

④ 当采用石灰粉煤灰稳定土时，土的塑性指数宜为 12～20。

⑤ 当采用石灰与钢渣稳定土时，土的塑性指数不应小于 6，且不应大于 30，宜为 7～17。

2）石灰应符合下列要求。

① 宜用 1～3 级的新灰，石灰的技术指标应符合规范的规定。

② 磨细生石灰，可不经消解直接使用；块灰应在使用前 2～3d 完成消解，未能消解的生石灰块应筛除，消解石灰的粒径不得大于 10mm。

③ 对储存较久或经过雨期的消解石灰应先经过试验，根据活性氧化物的含量决定能否使用和使用办法。

3）粉煤灰应符合下列规定。

① 粉煤灰中的 SiO_2、Al_2O_3 和 Fe_2O_3 总量宜大于 70％；在温度为 700℃时的烧失量宜小于或等于 10％。

② 当烧失量大于 10%时，应经试验确认混合料强度符合要求时，方可采用。

③ 细度应满足 90%通过 0.3mm 筛孔，70%通过 0.075mm 筛孔，比表面积宜大于 2500cm²/g。

4）砂砾应经破碎、筛分，级配宜符合规范的规定，破碎砂砾中最大粒径不应大于 37.5mm。

5）钢渣破碎后堆存时间不应少于半年，且达到稳定状态，游离氧化钙（f-CaO）含量应小于 3%；粉化率不得超过 5%；钢渣最大粒径不应大于 37.5mm，压碎值不应大于 30%，且应清洁，不含废镁砖及其他有害物质；钢渣质量密度应以实际测试值为准。钢渣颗粒组成应符合规范的规定。

6）水应符合国家现行标准《混凝土用水标准》（JGJ 63—2006）的规定。宜使用饮用水及不含油类等杂质的清洁中性水，pH 值宜为 6～8。

检查数量：按不同材料进厂批次，每批次检查 1 次。

检验方法：查检验报告、复验。

（2）基层、底基层的压实度要求。

① 城市快速路、主干路基层大于或等于 97%，底基层大于或等于 95%。

② 其他等级道路基层大于或等于 95%，底基层大于或等于 93%。

检查数量：每 1000m²，每压实层抽检 1 点。

检验方法：环刀法、灌砂法或灌水法。

（3）基层、底基层试件 7d 的无侧限抗压强度应符合设计要求。

检查数量：每 2000m² 抽检 1 组（6 块）。

检验方法：现场取样试验。

2．一般项目

（1）表面应平整、坚实、无粗细骨料集中现象，无明显轮迹、推移、裂缝，接茬平顺，无贴皮、散料。

（2）基层及底基层允许偏差应符合表 1-14 的规定。

表 1-14　石灰稳定土类基层及底基层允许偏差

项目		允许偏差	检验频率			检验方法
			范围	点数		
中线偏位/mm		≤20	100m	1		用经纬仪测量
纵断高程/mm	基层	±15	20m	1		用水准仪测量
	底基层	±20				
平整度/mm	基层	≤10	20m	路宽	<9m　1	用 3m 直尺和塞尺连续量两尺，取较大值
	底基层	≤15			9～15m　2	
					>15m　3	
宽度/mm		不小于设计规定+B	40m	1		用钢尺量
横坡		±0.3%且不反坡	20m	路宽	<9m　2	用水准仪测量
					9～15m　4	
					>15m　6	
厚度/mm		±10	1000m²	1		用钢尺量

3. 质量验收应具备的资料

（1）检验批质量检验记录。

（2）隐蔽工程验收记录。

（3）原材料、构配件、设备进场验收记录。

（4）砂子试验报告、碎石试验报告、粉煤灰试验报告、石灰的钙镁含量试验报告，素土的塑性指数试验报告。

（5）灰土配合比试验报告。

（6）灰土强度试验报告。

（7）灰土最大干密度与最佳含水量试验报告。

（8）混合料配合比试验报告。

（9）7d无侧限抗压强度试验报告。

（10）压实度试验报告。

（11）高程、横坡测量记录。

（12）施工记录。

二、水泥稳定土类基层及底基层质量检验标准

1. 主控项目

（1）原材料质量检验要求。

1）水泥应符合下列要求。

① 应选用初凝时间大于3h、终凝时间不小于6h的32.5级、42.5级普通硅酸盐水泥、矿渣硅酸盐、火山灰硅酸盐水泥。水泥应有出厂合格证与生产日期，复验合格方可使用。

② 水泥贮存期超过3个月或受潮，应进行性能试验，合格后方可使用。

2）土类材料应符合下列要求。

① 土的均匀系数不应小于5，宜大于10，塑性指数宜为10～17。

② 土中小于0.6mm颗粒的含量应小于30%。

③ 宜选用粗粒土、中粒土。

3）粒料应符合下列要求。

① 级配碎石、砂砾、未筛分碎石、碎石土、砾石和煤矸石、粒状矿渣等材料均可做粒料原材。

② 当作基层时，粒料最大粒径不宜超过37.5mm。

③ 当作底基层时，粒料最大粒径：对城市快速路、主干路不应超过37.5mm；对次干路及以下道路不应超过53mm。

④ 各种粒料，应按其自然级配状况，经人工调整使其符合规范的规定。

⑤ 碎石、砾石、煤矸石等的压碎值：对城市快速路、主干路基层与底基层不应大于30%；对其他道路基层不应大于30%，对底基层不应大于35%。

⑥ 集料中有机质含量不应超过2%。

⑦ 集料中硫酸盐含量不应超过0.25%。

⑧ 钢渣破碎后堆存时间不应少于半年，且达到稳定状态，游离氧化钙（f_{CaO}）含量应小于3%；粉化率不得超过5%；钢渣最大粒径不应大于37.5mm，压碎值不应大于30%，且应清洁，不含废镁砖及其他有害物质；钢渣质量密度应以实际测试值为准。钢渣颗粒组成

应符合规范的规定。

4）水应符合国家现行标准《混凝土用水标准》（JGJ 63—2006）的规定。宜使用饮用水及不含油类等杂质的清洁中性水，pH 值宜为 6～8。

检查数量：按不同材料进厂批次，每批次抽查 1 次。

检查方法：查检验报告、复验。

（2）基层、底基层的压实度要求。

① 城市快速路、主干路基层大于等于 97％，底基层大于等于 95％。

② 其他等级道路基层大于等于 95％，底基层大于等于 93％。

检查数量：每 1000m²，每压实层抽检 1 点。

检查方法：灌砂法或灌水法。

（3）基层、底基层试件 7d 的无侧限抗压强度应符合设计要求。

检查数量：每 2000m² 抽检 1 组（6 块）。

检查方法：现场取样试验。

2. 一般项目

（1）表面应平整、坚实、接缝平顺，无明显粗、细骨料集中现象，无推移、裂缝、贴皮、松散、浮料。

（2）基层及底基层的偏差应符合表 1-14 的规定。

3. 质量验收应具备的资料

（1）检验批质量检验记录。

（2）隐蔽工程验收记录。

（3）原材料、构配件、设备进场验收记录。

（4）水泥合格证及复试报告、外加剂合格证及复试报告、碎石试验报告。

（5）混合料配合比试验报告。

（6）水泥含量试验报告、强度试验报告。

（7）最大干密度与最佳含水量试验报告。

（8）压实度试验报告。

（9）7d 无侧限抗压强度试验报告。

（10）高程、横坡测量记录。

（11）施工记录。

三、级配砂砾及级配砾石基层及底基层质量检验标准

1. 主控项目

（1）集料质量及级配要求。

① 天然砂砾应质地坚硬，含泥量不应大于砂质量（粒径小于 5mm）的 10％，砾石颗粒中细长及扁平颗粒的含量不应超过 20％。

② 级配砾石做次干路及其以下道路底基层时，级配中最大粒径宜小于 53mm，做基层时最大粒径不应大于 37.5mm。

③ 级配砂砾及级配砾石的颗粒范围和技术指标宜符合规范的规定。

④集料压碎值应符合规范的规定。

检查数量：按砂石材料的进场批次，每批抽检 1 次。

检验方法：查检验报告。

（2）基层压实度大于等于 97%、底基层压实度大于等于 95%。

检查数量：每压实层，每 1000m² 抽检 1 点。

检验方法：灌砂法或灌水法。

（3）弯沉值，不应大于设计规定。

检查数量：设计规定时每车道、每 20m，测 1 点。

检验方法：弯沉仪检测。

2. 一般项目

（1）表面应平整、坚实，无松散和粗、细集料集中现象。

检查数量：全数检查。

检验方法：观察。

（2）级配砂砾及级配砾石基层及底基层允许偏差应符合表 1-15 的有关规定。

表 1-15　级配砂砾及级配砾石基层和底基层允许偏差

项目	允许偏差		检验频率		检验方法
			范围	点数	
中线偏位/mm	≤20		100m	1	用经纬仪测量
纵断高程/mm	基层	±15	20m	1	用水准仪测量
	底基层	±20			
平整度/mm	基层	≤10	20m	路宽	<9m	1	用 3m 直尺和塞尺连续量两尺,取较大值
	底基层	≤15			9~15m	2	
					>15m	3	
宽度/mm	不小于设计规定+B		40m	1	用钢尺量
横坡	±0.3%且不反坡		20m	路宽	<9m	2	用水准仪测量
					9~15m	4	
					>15m	6	
厚度/mm	砂石	+20,−10	1000m²	1	用钢尺量
	砾石	+20,−10%层厚			

注：B 为施工时必要的附加宽度，单位：mm。

3. 质量验收应具备的资料

（1）检验批质量检验记录。

（2）隐蔽工程验收记录。

（3）原材料、构配件、设备进场验收记录。

（4）水泥合格证及复试报告、外加剂合格证及复试报告、碎石试验报告。

（5）混合料配合比试验报告。

（6）水泥含量试验报告、强度试验报告。

（7）最大干密度与最佳含水量试验报告。

（8）压实度试验报告。

（9）弯沉值检测报告。

（10）高程、横坡测量记录。

（11）施工记录。

四、级配碎石及级配碎砾石基层及底基层施工质量检验标准

1. 主控项目

（1）碎石与嵌缝料质量及级配应符合下列规定。

① 轧制碎石的材料可为各种类型的岩石（软质岩石除外）、砾石。轧制碎石的砾石粒径应为碎石最大粒径的 3 倍以上，碎石中不应有黏土块、植物根叶、腐殖质等有害物质。

② 碎石中针片状颗粒的总含量不应超过 20%。

③ 级配碎石及级配碎砾石颗粒范围和技术指标应符合规范的规定。

④ 级配碎石及级配碎砾石石料的压碎值应符合规范的规定。

⑤ 碎石或碎砾石应为多棱角块体，软弱颗粒含量应小于 5%；扁平细长碎石含量应小于 20%。

检查数量：按不同材料进场批次，每批抽检不应少于 1 次。

检验方法：查检验报告。

（2）级配碎石压实度，基层不得小于 97%，底基层不应小于 95%。

检查数量：每 1000m² 抽检 1 点。

检验方法：灌砂法或灌水法。

（3）弯沉值，不应大于设计规定。

检查数量：设计规定时每车道、每 20m，测 1 点。

检验方法：弯沉仪检测。

2. 一般项目

（1）外观质量：表面应平整、坚实，无推移、松散、浮石现象。

检查数量：全数检查。

检验方法：观察。

（2）级配碎石及级配碎砾石基层和底基层的偏差应符合表 1-15 的有关规定。

3. 质量验收应具备的资料

（1）检验批质量检验记录。

（2）隐蔽工程验收记录。

（3）原材料、构配件、设备进场验收记录。

（4）碎（砾）石试验报告。

（5）最大干密度试验报告。

（6）压实度试验报告。

（7）弯沉值检测报告。

（8）高程、横坡测量记录。

（9）施工记录。

五、沥青混合料（沥青碎石）基层施工质量检验标准

1. 主控项目

（1）用于沥青碎石各种原材料质量应符合规范第 8.5.1 条第 1 款的规定。

（2）压实度不得低于 95%（马歇尔击实试件密度）。

检查数量：每1000m²抽检1点。

检验方法：检查试验记录（钻孔取样、蜡封法）。

（3）弯沉值，不应大于设计规定。

检查数量：设计规定时每车道、每20m，测1点。

检验方法：弯沉仪检测。

2. 一般项目

（1）表面应平整、坚实、接缝紧密，不应有明显轮迹、粗细集料集中、推挤、裂缝、脱落等现象。

检查数量：全数检查。

检验方法：观察。

（2）沥青碎石基层允许偏差应符合表1-16的规定。

表1-16 沥青碎石基层允许偏差

项目	允许偏差	检验频率			检验方法
		范围	点数		
中线偏位/mm	≤20	100m	1		用经纬仪测量
纵断高程/mm	±15	20m	1		用水准仪测量
平整度/mm	≤10	20m	路宽	<9m	1	用3m直尺和塞尺连续量两尺，取较大值
				9～15m	2	
				>15m	3	
宽度/mm	不小于设计规定+B	40m	1		用钢尺量
横坡	±0.3%且不反坡	20m	路宽	<9m	2	用水准仪测量
				9～15m	4	
				>15m	6	
厚度/mm	±10	1000m²	1		用钢尺量

注：B为施工时必要的附加宽度，单位：mm。

3. 质量验收应具备的资料

（1）检验批质量检验记录。

（2）隐蔽工程验收记录。

（3）原材料、构配件、设备进场验收记录。

（4）碎石试验报告、沥青合格证及复试报告。

（5）沥青碎石的最大干密度试验报告。

（6）压实度试验报告。

（7）弯沉值检测报告。

（8）沥青混合料到场及摊铺测温记录。

（9）沥青混合料碾压温度检测记录。

（10）高程、横坡测量记录。

（11）施工记录。

六、沥青贯入式基层施工质量检验标准

1. 主控项目

（1）沥青、集料、嵌缝料的质量应符合规范第9.4.1条第1款的规定。

（2）压实度不应小于 95%。

检查数量：每 1000m² 抽检 1 点。

检验方法：灌砂法、灌水法、蜡封法。

（3）弯沉值，不应大于设计规定。

检查数量：设计规定时每车道、每 20m，测 1 点。

检验方法：弯沉仪检测。

2. 一般项目

（1）表面应平整、坚实、石料嵌锁稳定，无明显高低差；嵌缝料、沥青撒布应均匀，无花白、积油、漏浇等现象，且不得污染其他构筑物。

检查数量：全数检查。

检验方法：观察。

（2）沥青贯入式碎石基层和底基层允许偏差应符合表 1-17 的规定。

表 1-17　沥青贯入式碎石基层和底基层允许偏差

项目	允许偏差		检验频率			检验方法
			范围	点数		
中线偏位/mm	≤20		100m	1		用经纬仪测量
纵断高程/mm	基层	±15	20m	1		用水准仪测量
	底基层	±20				
平整度/mm	基层	≤10	20m	路宽	<9m	1	用 3m 直尺和塞尺连续量两尺，取较大值
	底基层	≤15			9～15m	2	
					>15m	3	
宽度/mm	不小于设计规定+B		40m	1		用钢尺量
横坡	±0.3%，且不反坡		20m	路宽	<9m	2	用水准仪测量
					9～15m	4	
					>15m	6	
厚度/mm	±20，−10%层厚		1000m²	1		刨挖，用钢尺量
沥青总用量	±0.5%		每工作日、每层	1		T0982—2008（沥青喷洒法施工沥青用量测试方法）

注：B 为施工时必要的附加宽度，单位：mm。

3. 质量验收应具备的资料

（1）检验批质量检验记录。

（2）隐蔽工程验收记录。

（3）原材料、构配件、设备进场验收记录。

（4）碎石试验报告、沥青合格证及复试报告。

（5）沥青灌入式碎石的最大干密度试验报告。

（6）压实度试验报告。

（7）弯沉值检测报告。

（8）高程、横坡测量记录。

（9）施工记录。

1. 基层分部工程所含的分项工程检验批有哪些？

2. 石灰稳定土，石灰、粉煤灰稳定砂砾（碎石），石灰、粉煤灰稳定钢渣基层检验批中所含主控项目、一般项目有哪些？质量验收应具备的资料有哪些？

3. 石灰稳定土，石灰、粉煤灰稳定砂砾（碎石），石灰、粉煤灰稳定钢渣基层检验批所含检查项目压实度、7d 无侧限抗压强度的检查数量如何规定？

4. 水泥稳定土类基层检验批中所含主控项目、一般项目有哪些？质量验收应具备的资料有哪些？

5. 水泥稳定土类基层检验批所含检查项目压实度、7d 无侧限抗压强度的检查数量如何规定？

6. 级配砂砾及级配砾石基层检验批中所含主控项目、一般项目有哪些？质量验收应具备的资料有哪些？

7. 级配砂砾及级配砾石基层检验批所含检查项目压实度、弯沉值的检查数量如何规定？

8. 级配碎石及级配碎砾石基层检验批中所含主控项目、一般项目有哪些？质量验收应具备的资料有哪些？

9. 级配碎石及级配碎砾石基层检验批所含检查项目压实度、弯沉值的检查数量如何规定？

10. 沥青混合料（沥青碎石）基层检验批中所含主控项目、一般项目有哪些？质量验收应具备的资料有哪些？

11. 沥青混合料（沥青碎石）基层检验批所含检查项目压实度、弯沉值的检查数量如何规定？

12. 沥青贯入式基层检验批中所含主控项目、一般项目有哪些？质量验收应具备的资料有哪些？

13. 沥青贯入式基层检验批所含检查项目压实度、弯沉值的检查数量如何规定？

第三节　沥青混合料面层

一、热拌沥青混合料面层质量检验标准

1. 主控项目

（1）热拌沥青混合料质量要求。

1）道路用沥青的品种、标号应符合国家现行有关标准和规范的有关规定。

① 宜优先采用 A 级沥青作为道路面层使用。B 级沥青可作为次干路及其以下道路面层使用。当缺乏所需标号的沥青时，可采用不同标号沥青掺配，掺配比应经试验确定。道路石油沥青的主要技术要求应符合规范的规定。

② 乳化沥青的质量应符合规范的规定。在高温条件下宜采用黏度较大的乳化沥青，寒冷条件下宜使用黏度较小的乳化沥青。

③ 用于透层、黏层、封层及拌制冷拌沥青混合料的液体石油沥青的技术要求应符合规范的规定。

④ 当使用改性沥青时，改性沥青的基质沥青应与改性剂有良好的配伍性。聚合物改性沥青主要技术要求应符合规范的规定。

⑤ 改性乳化沥青技术要求应符合规范的规定。

检查数量：按同一生产厂家、同一品种、同一标号、同一批号连续进场的沥青（石油沥青每100t为1批，改性沥青每50t为1批）每批次抽检1次。

检验方法：查出厂合格证，检验报告并进场复验。

2）沥青混合料所选用的粗集料、细集料、矿粉、纤维稳定剂等的质量及规格应符合规范的有关规定。

检查数量：按不同品种产品进场批次和产品抽样检验方案确定。

检验方法：观察、检查进场检验报告。

3）热拌沥青混合料、热拌改性沥青混合料、SMA混合料，查出厂合格证、检验报告并进场复验。沥青混合料搅拌及施工温度应根据沥青标号及黏度、气候条件、铺装层的厚度、下卧层温度确定。

检查数量：全数检查。

检验方法：查测温记录，现场检测温度。

4）沥青混合料品质应符合马歇尔试验配合比技术要求。

检查数量：每日、每品种检查1次。

检验方法：现场取样试验。

（2）热拌沥青混合料面层应符合下列规定。

1）沥青混合料面层压实度，对城市快速路、主干路不应小于96%，对次干路及以下道路不应小于95%。

检查数量：每1000m²测1点。

检验方法：查试验记录（马歇尔击实试件密度，试验室标准密度）。

2）面层厚度应符合设计规定，允许偏差为−5～+10mm。

检查数量：每1000m²测1点。

检验方法：钻孔或刨挖，用钢尺量。

3）弯沉值，不应大于设计规定。

检查数量：每车道、每20m，测1点。

检验方法：弯沉仪检测。

2. 一般项目

（1）表面应平整、坚实，接缝紧密，无枯焦；不应有明显轮迹、推挤裂缝、脱落、烂边、油斑、掉渣等现象，不得污染其他构筑物。面层与路缘石、平石及其他构筑物应接顺，不得有积水现象。

检查数量：全数检查。

检验方法：观察。

（2）热拌沥青混合料面层允许偏差应符合表1-18的规定。

表 1-18　热拌沥青混合料面层允许偏差

项目	允许偏差	检验频率		检验方法
		范围	点数	
纵断高程/mm	±15	20m	1	用水准仪测量

项目		允许偏差	检验频率			检验方法
			范围	点数		
中线偏位/mm		≤20	100m	1		用经纬仪测量
平整度/mm	标准差σ值	快速路、主干路 ≤1.5	100m	路宽	<9m 1	用测平仪检测①
		次干路、支路 ≤2.4			9~15m 2	
					>15m 3	
	最大间隙	次干路、支路 ≤5	20m	路宽	<9m 1	用3m直尺和塞尺连续量两尺,取较大值
					9~15m 2	
					>15m 3	
宽度/mm		不小于设计值	40m	1		用钢尺量
横坡		±0.3%,且不反坡	20m	路宽	<9m 2	用水准仪测量
					9~15m 4	
					>15m 6	
井框与路面高差/mm		≤5	每座	1		十字法,用直尺、塞尺量取最大值
抗滑	摩擦系数	符合设计要求	200m	1		摆式仪
				全线连续		横向力系数车
	构造深度	符合设计要求	200m	1		砂铺法
						激光构造深度仪

① 测平仪为全线每车道连续检测,每100m计算标准差σ;无测平仪时可采用3m直尺检测;表中检验频率点数为测线数。

注:1. 平整度、抗滑性能也可采用自动检测设备进行检测;

2. 底基层表面、下面层应按设计规定用量洒泼透层油、黏层油;

3. 中面层、底面层仅进行中线偏位、平整度、宽度、横坡的检测;

4. 改性(再生)沥青混凝土路面可采用此表进行检验;

5. 十字法检查井框与路面高差,每座检查井均应检查。十字法检查中,以平行于道路中线,过检查井盖中心的直线做基线,另一条线与基线垂直,构成检查用十字线。

3. 质量验收应具备的资料

(1) 检验批质量检验记录。

(2) 隐蔽工程验收记录。

(3) 原材料、构配件、设备进场验收记录。

(4) 沥青合格证及复试报告、碎石试验报告、砂子试验报告、矿粉试验报告。

(5) 沥青混凝土最大干密度试验报告。

(6) 沥青混凝土配合比试验报告。

(7) 沥青马歇尔试验报告、油石比检验报告。

(8) 压实度试验报告。

(9) 弯沉值检测报告。

(10) 抗滑性能、构造深度检测报告。

(11) 沥青混合料到场及摊铺测温记录。

(12) 沥青混合料碾压温度检测记录。

（13）高程、横坡测量记录。

（14）施工记录。

二、冷拌沥青混合料面层质量检验标准

1. 主控项目

（1）面层所用乳化沥青的品种、性能和集料的规格、质量应符合表 1-18 的有关规定。

检查数量：按产品进场批次和产品抽样检验方案确定。

检验方法：查进场复试报告。

（2）冷拌沥青混合料的压实度不应小于 95％。

检查数量：每 1000m² 测 1 点。

检验方法：检查配合比设计资料、复测。

（3）面层厚度应符合设计规定，允许偏差为 −5～+15mm。

检查数量：每 1000m² 测 1 点。

检验方法：钻孔或刨挖，用钢尺量。

2. 一般项目

（1）表面应平整、坚实，接缝紧密，不应有明显轮迹、粗细骨料集中、推挤、裂缝、脱落等现象。

检查数量：全数检查。

检验方法：观察。

（2）冷拌沥青混合料面层允许偏差应符合表 1-19 的规定。

表 1-19　冷拌沥青混合料面层允许偏差

项目		允许偏差	检验频率			检验方法
			范围	点数		
纵断高程/mm		±20	20m	1		用水准仪测量
中线偏位/mm		≤20	100m	1		用经纬仪测量
平整度/mm		≤10	20m	路宽	<9m	1	用 3m 直尺和塞尺连续量两尺，取最大值
					9～15m	2	
					>15m	3	
宽度/mm		不小于设计值	40m	1		用钢尺量
横坡		±0.3%，且不反坡	20m	路宽	<9m	2	用水准仪测量
					9～15m	4	
					>15m	6	
井框与路面高差/mm		≤5	每座	1		十字法，用直尺、塞尺量取最大值
抗滑	摩擦系数	符合设计要求	200m	1		摆式仪
				全线连续		横向力系数车
	构造深度	符合设计要求	200m	1		砂铺法
						激光构造深度仪

3. 质量验收应具备的资料

（1）检验批质量检验记录。

（2）隐蔽工程验收记录。

（3）原材料、构配件、设备进场验收记录。

（4）沥青合格证及复试报告、碎石试验报告、砂子试验报告、矿粉试验报告。

（5）沥青混凝土最大干密度试验报告。

（6）沥青混凝土配合比试验报告。

（7）沥青马歇尔试验报告、油石比检验报告。

（8）压实度试验报告。

（9）弯沉值检测报告。

（10）抗滑性能、构造深度检测报告。

（11）高程、横坡测量记录。

（12）施工记录。

三、黏层、透层与封层质量检验标准

1. 主控项目

透层、黏层、封层所采用沥青的品种、标号和封层粒料质量、规格应符合规范的有关规定。

1）透层。

① 乳化沥青的质量应符合规范的规定。在高温条件下宜采用黏度较大的乳化沥青，寒冷条件下宜使用黏度较小的乳化沥青。

② 用于透层的液体石油沥青的技术要求应符合规范的规定。

2）黏层。

① 乳化沥青的质量应符合规范的规定。在高温条件下宜采用黏度较大的乳化沥青，寒冷条件下宜使用黏度较小的乳化沥青。

② 用于黏层的液体石油沥青的技术要求应符合规范的规定。

③ 改性乳化沥青技术要求应符合规范的规定。

3）封层。

① 用于封层的液体石油沥青的技术要求应符合规范的规定。

② 当使用改性沥青时，改性沥青的基质沥青应与改性剂有良好的配伍性。聚合物改性沥青主要技术要求应符合规范的规定。

③ 改性乳化沥青技术要求应符合规范的规定。

检查数量：按进场品种、批次，同品种、同批次检查不应少于1次。

检验方法：查产品出厂合格证、出厂检验报告和进场复检报告。

2. 一般项目

（1）透层、黏层、封层的宽度不应小于设计规定值。

检查数量：每40m抽检1处。

检验方法：用尺量。

（2）封层油层与粒料洒布应均匀，不应有松散、裂缝、油丁、泛油、波浪、花白、漏洒、堆积、污染其他构筑物等现象。

检查数量：全数检查。

检验方法：观察。

3. 质量验收应具备的资料

（1）检验批质量检验记录。

（2）原材料、构配件、设备进场验收记录。

（3）沥青合格证及复试报告。

思考题

1. 沥青混合料面层子分部工程所含的分项工程检验批有哪些？

2. 热拌沥青混合料面层检验批中所含主控项目、一般项目有哪些？质量验收应具备的资料有哪些？

3. 热拌沥青混合料面层检验批所含检查项目压实度、面层厚度、弯沉值的检查数量如何规定？

4. 冷拌沥青混合料面层检验批中所含主控项目、一般项目有哪些？质量验收应具备的资料有哪些？

5. 冷拌沥青混合料面层检验批所含检查项目压实度、面层厚度的检查数量如何规定？

6. 黏层、透层与封层检验批中所含主控项目、一般项目有哪些？质量验收应具备的资料有哪些？

第四节　沥青贯入式与沥青表面处治面层

一、沥青贯入式面层质量检验标准

1. 主控项目

（1）沥青、乳化沥青、集料、嵌缝料的质量应符合设计及规范的有关规定。

检查数量：按不同材料进场批次，每批次1次。

检验方法：查出厂合格证及进场复检报告。

（2）压实度不应小于95％。

检查数量：每1000m²抽检1点。

检查方法：灌砂法、灌水法、蜡封法。

（3）弯沉值，不得大于设计规定。

检查数量：按设计规定。

检验方法：每车道、每20m，测1点。

（4）面层厚度应符合设计规定，允许偏差为−5～+15mm。

检查数量：每1000m²抽检1点。

检验方法：钻孔或刨坑，用钢尺量。

2. 一般项目

（1）表面应平整、坚实、石料嵌锁稳定、无明显高低差；嵌缝料、沥青应撒布均匀，无花白、积油、漏浇、浮料等现象，且不得污染其他构筑物。

检查数量：全数检查。

检验方法：观察。

（2）沥青贯入式面层允许偏差应符合表1-20的规定。

表 1-20　沥青贯入式面层允许偏差

项目	允许偏差	检验频率			检验方法
		范围	点数		
纵断高程/mm	±15	20m	1		用水准仪测量
中线偏位/mm	≤20	100m	1		用经纬仪测量
平整度/mm	≤7	20m	路宽	<9m	1	用 3m 直尺、塞尺连续量两尺,取较大值
				9~15m	2	
				>15m	3	
宽度/mm	不小于设计值	40m	1		用钢尺量
横坡	±0.3%且不反坡	20m	路宽	<9m	2	用水准仪测量
				9~15m	4	
				>15m	6	
井框与路面高差/mm	≤5	每座	1		十字法,用直尺、塞尺量取最大值
沥青总用量/(kg/m²)	±0.5%总用量	每工作日、每层	1		T0982

3. 质量验收应具备的资料

（1）检验批质量检验记录。

（2）原材料、构配件、设备进场验收记录。

（3）沥青合格证及复试报告、碎石试验报告。

（4）沥青贯入式最大干密度试验报告（现场碾压试验确定）。

（5）压实度试验报告。

（6）弯沉值检测报告。

（7）高程、横坡测量记录。

（8）施工记录。

二、沥青表面处治施工质量检验标准

1. 主控项目

沥青、乳化沥青的品种、指标、规格应符合设计和规范的有关规定。

检查数量：按进场批次。

检验方法：查出厂合格证、出厂检验报告、进场检验报告。

2. 一般项目

（1）集料应压实平整，沥青应洒布均匀、无露白，嵌缝料应撒铺、扫匀均匀，不应有重叠现象。

（2）沥青表面处治允许偏差应符合表 1-21 的规定。

表 1-21　沥青表面处治允许偏差

项目	允许偏差	检验频率		检验方法
		范围	点数	
纵断高程/mm	±15	20m	1	用水准仪测量

项目	允许偏差	检验频率			检验方法
		范围	点数		
中线偏位/mm	≤20	100m	1		用经纬仪测量
平整度/mm	≤7	20m	路宽	<9m	1	用3m直尺和塞尺连续量两尺,取较大值
				9~15m	2	
				>15m	3	
宽度/mm	不小于设计规定	40m	1		用钢尺量
横坡	±0.3%且不反坡	20m	路宽	<9m	2	用水准仪测量
				9~15m	4	
				>15m	6	
厚度/mm	+10,−5	1000m²	1		钻孔,用钢尺量
弯沉值	符合设计要求	设计要求时	—		弯沉仪测定
沥青总用量 /(kg/m²)	±0.5%总用量	每工作日、每层	1		T0982

3. 质量验收应具备的资料

（1）检验批质量检验记录。

（2）原材料、构配件、设备进场验收记录。

（3）沥青合格证及复试报告、碎石试验报告、砂子试验报告。

（4）沥青表面处治最大干密度试验报告（现场碾压试验确定）。

（5）压实度试验报告。

（6）弯沉值检测报告。

（7）高程、横坡测量记录。

（8）施工记录。

思考题

1. 沥青贯入式与沥青表面处治面层子分部工程所含的分项工程检验批有哪些？

2. 沥青贯入式面层检验批中所含主控项目、一般项目有哪些？质量验收应具备的资料有哪些？

3. 沥青贯入式面层检验批所含检查项目压实度、面层厚度、弯沉值的检查数量如何规定？

4. 沥青表面处治面层检验批中所含主控项目、一般项目有哪些？质量验收应具备的资料有哪些？

第五节　水泥混凝土面层

一、水泥混凝土面层质量检验标准

1. 主控项目

（1）原材料质量要求。

1）水泥品种、级别、质量、包装、贮存，应符合国家现行有关标准的规定

检查数量：按同一生产厂家、同一等级、同一品种、同一批号且连续进场的水泥，袋装水泥不超过 200t 为一批，散装水泥不超过 500t 为一批，每批抽样 1 次。水泥出厂超过三个月（快硬硅酸盐水泥超过一个月）时，应进行复验，复验合格后方可使用。

检验方法：检查产品合格证、出厂检验报告，进场复验。

2）混凝土中掺加外加剂的质量应符合现行国家标准《混凝土外加剂》（GB 8076—2008）和《混凝土外加剂应用技术规范》（GB 50119—2003）的规定。

检查数量：按进场批次和产品抽样检验方法确定。每批次不少于 1 次。

检验方法：检查产品合格证、出厂检验报告和进场复验报告。

3）钢筋品种、规格、数量、下料尺寸及质量应符合设计要求和国家现行标准的规定。

检查数量：全数检查。

检验方法：观察、用钢尺量，检查出厂检验报告和进场复验报告。

4）钢纤维的规格质量应符合设计要求及规范的有关规定。

检查数量：按进场批次，每批抽检 1 次。

检验方法：现场取样、试验。

5）粗集料、细集料应符合规范的有关规定。

检查数量：同产地、同品种、同规格且连续进场的集料，每 400m³ 为一批，不足 400m³ 按一批计，每批抽检 1 次。

检验方法：检查出厂合格证和抽检报告。

6）水应符合国家现行标准《混凝土用水标准》（JGJ 63—2006）的规定。宜使用饮用水及不含油类等杂质的清洁中性水，pH 值宜为 6～8。

检查数量：同水源检查 1 次。

检验方法：检查水质分析报告。

（2）混凝土面层质量要求。

1）混凝土弯拉强度应符合设计规定。

检查数量：每 100m³ 的同配合比的混凝土，取样 1 次；不足 100m³ 时按 1 次计。每次取样应至少留置 1 组标准养护试件。同条件养护试件的留置组数应根据实际需要确定，最少1 组。

检验方法：检查试件强度试验报告。

2）混凝土面层厚度应符合设计规定，允许误差为 ±5mm。

检查数量：每 1000m² 抽测 1 点。

检验方法：查试验报告、复测。

3）抗滑构造深度应符合设计要求。

检查数量：每 1000m² 抽测 1 点。

检验方法：铺砂法。

2. 一般项目

（1）水泥混凝土面层应板面平整、密实，边角应整齐、无裂缝，并不应有石子外露和浮浆、脱皮、踏痕、积水等现象，蜂窝麻面面积不得大于总面积的 0.5%。

检查数量：全数检查。

检验方法：观察、量测。

（2）伸缩缝应垂直、直顺，缝内不应有杂物。伸缩缝在规定的深度和宽度范围内应全部

贯通，传力杆应与缝面垂直。

检查数量：全数检查。

检验方法：观察。

（3）混凝土路面允许偏差应符合表1-22的规定。

表1-22　混凝土路面允许偏差

| 项目 | | 允许偏差或规定值 | | 检验频率 | | 检验方法 |
		城市快速路、主干路	次干路、支路	范围	点数	
纵断高程/mm		±15		20m	1	用水准仪测量
中线偏位/mm		≤20		100m	1	用经纬仪测量
平整度	标准差σ值/mm	≤1.2	≤2	100m	1	用测平仪检测
	最大间隙/mm	≤3	≤5	20m	1	用3m直尺和塞尺连续量两尺，取较大值
宽度/mm		0，−20		40m	1	用钢尺量
横坡		±0.3%，且不反坡		20m	1	用水准仪测量
井框与路面高差/mm		≤3		每座	1	十字法，用直尺和塞尺量，取最大值
相邻板高差/mm		≤3		20m	1	用钢板尺和塞尺量
纵缝直顺度/mm		≤10		100m	1	用20m线和钢尺量
横缝直顺度/mm		≤10		40m	1	
蜂窝麻面面积①/%		≤2		20m	1	观察和用钢板尺量

① 每20m查1块板的侧面。

3. 质量验收应具备的资料

（1）检验批质量检验记录。

（2）隐蔽工程验收记录。

（3）原材料、构配件、设备进场验收记录。

（4）水泥合格证及复试报告、外加剂合格证及复试报告、钢筋合格证及复试报告、施工前钢筋连接接头试验报告、施工过程中钢筋连接接头试验报告、钢筋连接材料合格证。

（5）碎石试验报告、砂子试验报告。

（6）混凝土配合比试验报告。

（7）混凝土抗压强度（标准养护、同条件养护）试验报告、混凝土抗折强度试验报告、混凝土强度（性能）试验汇总表，混凝土试块抗压强度统计、评定记录，混凝土试块抗折强度统计、评定记录。

（8）混凝土浇筑记录、混凝土测温记录。

（9）高程、横坡测量记录。

（10）施工记录。

二、模板制作与安装质量检验标准

（1）模板制作允许偏差应符合表1-23的规定。

表 1-23　模板制作允许偏差

检测项目 \ 施工方式	三辊轴机组	轨道摊铺机	小型机具
高度/mm	±1	±1	±2
局部变形/mm	±2	±2	±3
两垂直边夹角/(°)	90±2	90±1	90±3
顶面平整度/mm	±1	±1	±2
侧面平整度/mm	±2	±2	±3
纵向直顺度/mm	±2	±1	±3

（2）模板安装允许偏差应符合表 1-24 的规定。

表 1-24　模板安装允许偏差

检测项目 \ 施工方式	允许偏差			检验频率		检验方法
	三辊轴机组	轨道摊铺机	小型机具	范围	点数	
中线偏位/mm	≤10	≤5	≤15	100m	2	用经纬仪、钢尺量
宽度/mm	≤10	≤5	≤15	20m	1	用钢尺量
顶面高程/mm	±5	±5	±10	20m	1	用水准仪测量
横坡/%	±0.10	±0.10	±0.20	20m	1	用钢尺量
相邻板高差/mm	≤1	≤1	≤2	每缝	1	用水平尺、塞尺量
模板接缝宽度/mm	≤3	≤2	≤3	每缝	1	用钢尺量
侧面垂直度/mm	≤3	≤2	≤4	20m	1	用水平尺、卡尺量
纵向顺直度/mm	≤3	≤2	≤4	40m	1	用20m线和钢尺量
顶面平整度/mm	≤1.5	≤1	≤2	每两缝间	1	用3m直尺、尺量

（3）质量验收应具备的资料

① 检验批质量检验记录。

② 预检工程检查验收记录。

③ 原材料、构配件、设备进场验收记录。

④ 高程、横坡测量记录。

⑤ 施工记录。

三、钢筋加工与安装质量检验标准

（1）钢筋加工允许偏差应符合表 1-25 的规定。

表 1-25　钢筋加工允许偏差

项目	焊接钢筋网及骨架允许偏差/mm	绑扎钢筋网及骨架允许偏差/mm	检验频率		检验方法
			范围	点数	
钢筋网的长度与宽度	±10	±10	每检验批	抽查10%	用钢尺量
钢筋网眼尺寸	±10	±20			用钢尺量
钢筋骨架宽度及高度	±5	±5			用钢尺量
钢筋骨架的长度	±10	±10			用钢尺量

（2）钢筋安装允许偏差应符合表 1-26 的规定。

表 1-26　钢筋安装允许偏差

项目		允许偏差/mm	检验频率		检验方法
			范围	点数	
受力钢筋	排距	±5	每检验批	抽查10%	用钢尺量
	间距	±10			用钢尺量
钢筋弯起点位置		20			用钢尺量
箍筋、横向钢筋间距	绑扎钢筋网及钢筋骨架	±20			用钢尺量
	焊接钢筋网及钢筋骨架	±10			用钢尺量
钢筋预埋位置	中心线位置	±5			用钢尺量
	水平高差	±3			用钢尺量
钢筋保护层	距表面	±3			用钢尺量
	距底面	±5			用钢尺量

（3）质量验收应具备的资料

① 检验批质量检验记录。

② 隐蔽工程验收记录。

③ 原材料、构配件、设备进场验收记录。

④ 钢筋合格证及复试报告、施工前钢筋连接接头试验报告、施工过程中钢筋连接接头试验报告、钢筋连接材料合格证。

⑤ 施工记录。

思考题

1. 水泥混凝土面层子分部工程所含的分项工程检验批有哪些？

2. 水泥混凝土面层检验批中所含主控项目、一般项目有哪些？质量验收应具备的资料有哪些？

3. 水泥混凝土面层检验批所含检查项目混凝土弯拉强度、面层厚度、抗滑构造深度的检查数量如何规定？

4. 模板工程检验批中所含主控项目、一般项目有哪些？质量验收应具备的资料有哪些？

5. 模板工程检验批所含检查项目混凝土弯拉强度、面层厚度的检查数量如何规定？

6. 钢筋工程检验批中所含主控项目、一般项目有哪些？质量验收应具备的资料有哪些？

7. 钢筋工程检验批所含检查项目压实度、弯沉值的检查数量如何规定？

第六节　铺砌式面层

一、料石面层质量检验标准

1. 主控项目

（1）石材质量、外形尺寸应符合设计及规范要求。

检查数量：每检验批，抽样检查。

检验方法：查出厂检验报告或复验。

（2）砂浆平均抗压强度等级应符合设计规定，任一组试件抗压强度最低值不应低于设计强度的85％。

检查数量：同一配合比，每1000m²1组（6块），不足1000m²取1组。

检验方法：查试验报告。

2. 一般项目

（1）表面应平整、稳固、无翘动，缝线直顺、灌缝饱满，无反坡积水现象。

检查数量：全数检查。

检验方法：观察。

（2）料石面层允许偏差应符合表1-27的规定。

表1-27 料石面层允许偏差

项目	允许偏差	检验频率		检验方法
		范围	点数	
纵断高程/mm	±10	10m	1	用水准仪测量
中线偏位/mm	≤20	100m	1	用经纬仪测量
平整度/mm	≤3	20m	1	用3m直尺和塞尺连续量两尺，取较大值
宽度/mm	不小于设计规定	40m	1	用钢尺量
横坡	±0.3％,且不反坡	20m	1	用水准仪测量
井框与路面高差/mm	≤3	每座	1	十字法,用直尺和塞尺量,取最大值
相邻块高差/mm	≤2	20m	1	用钢板尺量
纵横缝直顺度/mm	≤5	20m	1	用20m线和钢尺量
缝宽/mm	+3,-2	20m	1	用钢尺量

3. 质量验收应具备的资料

（1）检验批质量检验记录。

（2）隐蔽工程验收记录。

（3）原材料、构配件、设备进场验收记录。

（4）石材出厂检验报告及复验报告、水泥合格证及复试报告、外加剂合格证及复试报告、砂子试验报告。

（5）石材的抗压及抗折强度报告。

（6）砂浆配合比试验报告。

（7）砂浆强度试验报告、砂浆试块强度试验汇总表，砂浆试块强度统计、评定记录。

（8）高程、横坡测量记录。

（9）施工记录。

二、预制混凝土砌块面层质量检验标准

1. 主控项目

（1）砌块的强度应符合设计要求。

检查数量：同一品种、规格，每1000m²抽样检查1次。

检查方法：查出厂检验报告、复验。

（2）砂浆平均抗压强度等级应符合设计规定，任一组试件抗压强度最低值不应低于设计强度的 85％。

检查数量：同一配合比，每 1000m² 1 组（6 块），不足 1000 取 1 组。

检验方法：查试验报告。

2. 一般项目

（1）表面应平整、稳固、无翘动，缝线直顺、灌缝饱满，无反坡积水现象。

（2）预制混凝土砌块面层允许偏差应符合表 1-28 的规定。

表 1-28　预制混凝土砌块面层允许偏差

项目	允许偏差	检验频率		检验方法
		范围	点数	
纵断高程/mm	±15	20m	1	用水准仪测量
中线偏位/mm	≤20	100m	1	用经纬仪测量
平整度/mm	≤5	20m	1	用 3m 直尺和塞尺连续量两尺,取较大值
宽度/mm	不小于设计规定	40m	1	用钢尺量
横坡	±0.3%,且不反坡	20m	1	用水准仪测量
井框与路面高差/mm	≤4	每座	1	十字法,用直尺和塞尺量,取最大值
相邻块高差/mm	≤3	20m	1	用钢板尺量
纵横缝直顺度/mm	≤5	20m	1	用 20m 线和钢尺量
缝宽/mm	+3,−2	20m	1	用钢尺量

3. 质量验收应具备的资料

（1）检验批质量检验记录。

（2）隐蔽工程验收记录。

（3）原材料、构配件、设备进场验收记录。

（4）水泥合格证及复试报告、外加剂合格证及复试报告、砂子试验报告。

（5）砌块的抗压及抗折强度报告。

（6）砂浆配合比试验报告。

（7）砂浆强度试验报告、砂浆试块强度试验汇总表，砂浆试块强度统计、评定记录。

（8）高程、横坡测量记录。

（9）施工记录。

思考题

1. 铺砌式面层子分部工程所含的分项工程检验批有哪些？

2. 料石面层检验批中所含主控项目、一般项目有哪些？质量验收应具备的资料有哪些？

3. 料石面层检验批所含检查项目砂浆试件抗压强度的检查数量如何规定？

4. 预制混凝土砌块面层检验批中所含主控项目、一般项目有哪些？质量验收应具备的资料有哪些？

5. 预制混凝土砌块面层检验批所含检查项目砌块的强度、砂浆试件抗压强度的检查数量如何规定？

第七节　广场与停车场

一、料石面层质量检验标准

1. 主控项目

石材质量、外形尺寸及砂浆平均抗压强度等级应符合规范第 11.3.1 条的有关规定。

2. 一般项目

石材安装除应符合规范第 11.3.1 条有关规定外，料石面层允许偏差应符合表 1-29 的要求。

表 1-29　广场、停车场料石面层允许偏差

项目	允许偏差	检验频率		检验方法
		范围	点数	
高程/mm	±6	施工单元①	1	用水准仪测量
平整度/mm	≤3	10m×10m	1	用 3m 直尺和塞尺连续量两尺，取较大值
宽度	不小于设计规定	40m②	1	用钢尺或测距仪量测
坡度	±0.3%，且不反坡	20m	1	用水准仪测量
井框与面层高差/mm	≤3	每座	1	十字法，用直尺和塞尺量，取最大值
相邻块高差/mm	≤2	10m×10m	1	用钢板尺量
纵、横缝直顺度/mm	≤5	40m×40m	1	用 20m 线和钢尺量
缝宽/mm	+3，-2	40m×40m	1	用钢尺量

① 在每一单位工程中，以 40m×40m 定方格网，进行编号，作为量测检查的基本施工单元，不足 40m×40m 的部分以一个单元计。在基本施工单元中再以 10m×10m 或 20m×20m 为子单元，每基本施工单元范围内只抽一个子单元检查；检查方法为随机取样，即基本施工单元在室内确定，子单元在现场确定，量取 3 点取最大值计为检查频率中的 1 个点。

② 适用于矩形广场与停车场。

3. 质量验收应具备的资料

（1）检验批质量检验记录。

（2）隐蔽工程验收记录。

（3）原材料、构配件、设备进场验收记录。

（4）石材出厂检验报告及复验报告、水泥合格证及复试报告、外加剂合格证及复试报告、砂子试验报告。

（5）石材的抗压及抗折强度报告。

（6）砂浆配合比试验报告。

（7）砂浆强度试验报告、砂浆试块强度试验汇总表，砂浆试块强度统计、评定记录。

（8）高程、横坡测量记录。

（9）施工记录。

二、预制混凝土砌块面层质量检验标准

1. 主控项目

预制块强度、外形尺寸及砂浆平均抗压强度等级应符合规范第 11.3.2 条的有关规定。

2. 一般项目

预制块安装除应符合规范第 11.3.2 条的有关规定外，预制混凝土砌块面层允许偏差还应符合表 1-30 的规定。

表 1-30　广场、停车场预制混凝土砌块面层允许偏差

项目	允许偏差	检验频率		检验方法
		范围	点数	
高程/mm	±10	施工单元①	1	用水准仪测量
平整度/mm	≤5	10m×10m	1	用 3m 直尺和塞尺连续量两尺,取较大值
宽度	不小于设计规定	40m②	1	用钢尺或测距仪量测
坡度	±0.3%,且不反坡	20m	1	用水准仪测量
井框与面层高差/mm	≤4	每座	1	十字法,用直尺和塞尺量,取最大值
相邻块高差/mm	≤2	10m×10m	1	用钢板尺量
纵、横缝直顺度/mm	≤10	40m×40m	1	用 20m 线和钢尺量
缝宽/mm	+3,-2	40m×40m		用钢尺量

①同表 1-29 注①。

②适用于矩形广场与停车场。

3. 质量验收应具备的资料

（1）检验批质量检验记录。

（2）隐蔽工程验收记录。

（3）原材料、构配件、设备进场验收记录。

（4）水泥合格证及复试报告、外加剂合格证及复试报告、砂子试验报告。

（5）砌块的抗压及抗折强度报告。

（6）砂浆配合比试验报告。

（7）砂浆强度试验报告、砂浆试块强度试验汇总表,砂浆试块强度统计、评定记录。

（8）高程、横坡测量记录。

（9）施工记录。

三、沥青混合料面层质量检验标准

沥青混合料面层质量检验标准应符合规范第 8.5.1 条、第 8.5.2 条的有关规定外，还应符合下列规定。

1. 主控项目

面层厚度应符合设计规定，允许偏差为 ±5mm。

检查数量：每 1000m² 抽测 1 点，不足 1000m² 取 1 点。

检验方法：钻孔用钢尺量。

2. 一般项目

广场、停车场沥青混合料面层允许偏差应符合表 1-31 的有关规定。

表 1-31　广场、停车场沥青混合料面层允许偏差

项目	允许偏差	检验频率		检验方法
		范围	点数	
高程/mm	±10	施工单元①	1	用水准仪测量
平整度/mm	≤5	10m×10m	1	用 3m 直尺和塞尺连续量两尺,取较大值
宽度	不小于设计规定	40m②	1	用钢尺或测距仪量测
坡度	±0.3%,且不反坡	20m	1	用水准仪测量
井框与面层高差/mm	≤5	每座	1	十字法,用直尺和塞尺量,取最大值

①同表 1-29 注①。

②适用于矩形广场与停车场。

3. 质量验收应具备的资料

（1）检验批质量检验记录。

（2）隐蔽工程验收记录。

（3）原材料、构配件、设备进场验收记录。

（4）沥青合格证及复试报告、碎石试验报告、砂子试验报告、矿粉试验报告。

（5）沥青混凝土最大干密度试验报告。

（6）沥青混凝土配合比试验报告。

（7）沥青马歇尔试验报告、油石比检验报告。

（8）压实度试验报告。

（9）弯沉值检测报告。

（10）抗滑性能、构造深度检测报告。

（11）沥青混合料到场及摊铺测温记录。

（12）沥青混合料碾压温度检测记录。

（13）高程、横坡测量记录。

（14）施工记录。

四、水泥混凝土面层质量检验标准

1. 主控项目

混凝土原材料与混凝土面层质量应符合规范第 10.8.1 条关于主控项目的有关规定。

2. 一般项目

（1）水泥混凝土面层外观质量应符合规范第 10.8.1 条一般项目的有关规定。

（2）水泥混凝土面层允许偏差应符合表 1-32 的规定。

表 1-32　广场、停车场水泥混凝土面层允许偏差

项目	允许偏差	检验频率		检验方法
		范围	点数	
高程/mm	±10	施工单元①	1	用水准仪测量
平整度/mm	≤5	10m×10m	1	用 3m 直尺和塞尺连续量两尺,取较大值
宽度	不小于设计规定	40m②	1	用钢尺或测距仪量测
坡度	±0.3%,且不反坡	20m	1	用水准仪测量

项目	允许偏差	检验频率		检验方法
		范围	点数	
井框与面层高差/mm	≤5	每座	1	十字法,用直尺和塞尺量,取最大值
相邻板高差/mm	≤3	10m×10m	1	用钢板尺和塞尺量
纵缝直顺度/mm	≤10	40m×40m	1	用20m线和钢尺量
横缝直顺度/mm	≤10	40m×40m	1	
蜂窝麻面面积③/%	≤2	20m	1	观察和用钢板尺量

①同表1-29注①。
②适用于矩形广场与停车场。
③每20m查1块板的侧面。

3. 质量验收应具备的资料

（1）检验批质量检验记录。

（2）隐蔽工程验收记录。

（3）原材料、构配件、设备进场验收记录。

（4）水泥合格证及复试报告、外加剂合格证及复试报告、钢筋合格证及复试报告、施工前钢筋连接接头试验报告、施工过程中钢筋连接接头试验报告、钢筋连接材料合格证。

（5）碎石试验报告、砂子试验报告。

（6）混凝土配合比试验报告。

（7）混凝土抗压强度（标准养护、同条件养护）试验报告、混凝土抗折强度试验报告、混凝土强度（性能）试验汇总表，混凝土试块抗压强度统计、评定记录，混凝土试块抗折强度统计、评定记录。

（8）混凝土浇筑记录、混凝土测温记录。

（9）高程、横坡测量记录。

（10）施工记录。

五、广场、停车场中的盲道铺砌质量检验

其应符合规范第13章（本书第一章第八节人行道）的有关规定。

思考题

1. 广场与停车场分部工程所含的分项工程检验批有哪些？

2. 料石面层检验批中所含主控项目、一般项目有哪些？质量验收应具备的资料有哪些？

3. 料石面层检验批所含检查项目砂浆试件抗压强度的检查数量如何规定？

4. 预制混凝土砌块面层检验批中所含主控项目、一般项目有哪些？质量验收应具备的资料有哪些？

5. 预制混凝土砌块面层检验批所含检查项目砌块的强度、砂浆试件抗压强度的检查数量如何规定？

6. 沥青混合料面层检验批中所含主控项目、一般项目有哪些？质量验收应具备的资料有哪些？

7. 沥青混合料面层检验批所含检查项目压实度、面层厚度的检查数量如何规定？

8. 水泥混凝土面层检验批中所含主控项目、一般项目有哪些？质量验收应具备的资料有哪些？

9. 水泥混凝土面层检验批所含检查项目混凝土弯拉强度、面层厚度、抗滑构造深度的检查数量如何规定？

第八节 人 行 道

一、料石铺砌人行道面层质量检验标准

1. 主控项目

（1）路床与基层压实度应大于或等于90%。

检查数量：每100m查2点。

检验方法：环刀法、灌砂法、灌水法。

（2）砂浆强度应符合设计要求。

检查数量：同一配合比，每1000m^{2}1组（6块），不足1000m^{2}取1组。

检验方法：查试验报告。

（3）石材强度、外观尺寸应符合设计及规范要求。

检查数量：每检验批抽样检验。

检验方法：查出厂检验报告及复检报告。

（4）盲道铺砌应正确。

检查数量：全数检查。

检验方法：观察。

2. 一般项目

（1）铺砌应稳固、无翘动，表面平整、缝线直顺、缝宽均匀、灌缝饱满，无翘边、翘角、反坡、积水现象。

（2）料石铺砌允许偏差应符合表1-33的规定。

表 1-33 料石铺砌允许偏差

项目	允许偏差	检验频率		检验方法
		范围	点数	
平整度/mm	≤3	20m	1	用3m直尺和塞尺连续量2尺,取较大值
横坡	±0.3%,且不反坡	20m	1	用水准仪测量
井框与面层高差/mm	≤3	每座	1	十字法,用直尺和塞尺量,取最大值
相邻块高差/mm	≤2	20m	1	用钢尺量3点
纵缝直顺/mm	≤10	40m	1	用20m线和钢尺量
横缝直顺/mm	≤10	20m	1	沿路宽用线和钢尺量
缝宽/mm	+3,−2	20m	1	用钢尺量3点

3. 质量验收应具备的资料

（1）检验批质量检验记录。

（2）隐蔽工程验收记录。

（3）原材料、构配件、设备进场验收记录。

（4）石材出厂检验报告及复验报告、水泥合格证及复试报告、外加剂合格证及复试报告、砂子试验报告。

（5）石材的抗压及抗折强度报告。

（6）砂浆配合比试验报告。

（7）砂浆强度试验报告、砂浆试块强度试验汇总表，砂浆试块强度统计、评定记录。

（8）高程、横坡测量记录。

（9）施工记录。

二、混凝土预制砌块铺砌人行道（含盲道）质量检验标准

1. 主控项目

（1）路床与基层压实度应大于或等于 90%。

检查数量：每 100m 查 2 点。

检验方法：环刀法、灌砂法、灌水法。

（2）混凝土预制砌块（含盲道砌块）强度应符合设计规定。

检查数量：同一品种、规格、每检验批 1 组。

检验方法：查抗压强度试验报告。

（3）砂浆平均抗压强度等级应符合设计规定，任一组试件抗压强度最低值不应低于设计强度的 85%。

检查数量：同一配合比，每 1000m^2 1 组（6 块），不足 1000m^2 取 1 组。

检验方法：查试验报告。

（4）盲道铺砌应正确。

检查数量：全数检查。

检验方法：观察。

2. 一般项目

（1）铺砌应稳固、无翘动，表面平整、缝线直顺、缝宽均匀、灌缝饱满，无翘边、翘角、反坡、积水现象。

（2）预制砌块铺砌允许偏差应符合表 1-34 的规定。

表 1-34　预制砌块铺砌允许偏差

项目	允许偏差	检验频率		检验方法
		范围	点数	
平整度/mm	≤5	20m	1	用 3m 直尺和塞尺连续量两尺,取较大值
横坡	±0.3%,且不反坡	20m	1	用水准仪量测
井框与面层高差/mm	≤4	每座	1	十字法,用直尺和塞尺量,取最大值
相邻块高差/mm	≤3	20m	1	用钢尺量
纵缝直顺/mm	≤10	40m	1	用 20m 线和钢尺量
横缝直顺/mm	≤10	20m	1	沿路宽用线和钢尺量
缝宽/mm	+3,-2	20m	1	用钢尺量

3. 质量验收应具备的资料

（1）检验批质量检验记录。

（2）隐蔽工程验收记录。

（3）原材料、构配件、设备进场验收记录。

（4）水泥合格证及复试报告、外加剂合格证及复试报告、砂子试验报告。

（5）砌块的抗压及抗折强度报告。

（6）砂浆配合比试验报告。

（7）砂浆强度试验报告、砂浆试块强度试验汇总表，砂浆试块强度统计、评定记录。

（8）高程、横坡测量记录。

（9）施工记录。

三、沥青混合料铺筑人行道面层的质量检验标准

1. 主控项目

（1）路床与基层压实度应大于或等于90%。

检查数量：每100m查2点。

检验方法：环刀法、灌砂法、灌水法。

（2）沥青混合料品质应符合马歇尔试验配合比技术要求。

检查数量：每日、每品种检查1次。

检验方法：现场取样试验。

2. 一般项目

（1）沥青混合料压实度不应小于95%。

检查数量：每100m查2点。

检验方法：查试验记录（马歇尔击实试件密度、试验室标准密度）。

（2）表面应平整、密实，无裂缝、烂边、掉渣、推挤现象，接茬应平顺、烫边无枯焦现象，与构筑物衔接平顺、无反坡积水。

检查数量：全数检查。

检验方法：观察。

（3）沥青混合料铺筑人行道面层允许偏差应符合表1-35的规定。

表1-35　沥青混合料铺筑人行道面层允许偏差

项目		允许偏差	检验频率		检验方法
			范围	点数	
平整度/mm	沥青混凝土	≤5	20m	1	用3m直尺和塞尺连续量两尺，取较大值
	其他	≤7			
横坡		±0.3%，且不反坡	20m	1	用水准仪量测
井框与面层高差/mm		≤5	每座	1	十字法，用直尺和塞尺量，取最大值
厚度/mm		±5	20m	1	用钢尺量

3. 质量验收应具备的资料

（1）检验批质量检验记录。

（2）隐蔽工程验收记录。

（3）原材料、构配件、设备进场验收记录。

（4）沥青合格证及复试报告、碎石试验报告、砂子试验报告、矿粉试验报告。

（5）沥青混凝土最大干密度试验报告。

（6）沥青混凝土配合比试验报告。

（7）沥青马歇尔试验报告、油石比检验报告。

（8）压实度试验报告。

（9）弯沉值检测报告。

（10）抗滑性能、构造深度检测报告。

（11）沥青混合料到场及摊铺测温记录。

（12）沥青混合料碾压温度检测记录。

（13）高程、横坡测量记录。

（14）施工记录。

<hr>

思考题

1. 人行道分部工程所含的分项工程检验批有哪些？

2. 料石人行道铺砌面层（含盲道砖）检验批中所含主控项目、一般项目有哪些？质量验收应具备的资料有哪些？

3. 料石人行道铺砌面层（含盲道砖）检验批所含检查项目路床与基层压实度、砂浆强度的检查数量如何规定？

4. 混凝土预制砌块铺砌人行道面层（含盲道砖）检验批中所含主控项目、一般项目有哪些？质量验收应具备的资料有哪些？

5. 混凝土预制砌块铺砌人行道面层（含盲道砖）检验批所含检查项目路床与基层压实度、砂浆强度的检查数量如何规定？

6. 沥青混合料铺筑面层检验批中所含主控项目、一般项目有哪些？质量验收应具备的资料有哪些？

7. 沥青混合料铺筑面层检验批所含检查项目路床与基层压实度、面层压实度的检查数量如何规定？

第九节　人行地道结构

一、现浇钢筋混凝土人行地道结构质量检验标准

1. 主控项目

（1）地基承载力应符合设计要求。填方地基压实度不应小于95%，挖方地段钎探合格。

检查数量：每个通道抽检3点。

检验方法：查压实度检验报告或钎探报告。

（2）防水层材料应符合设计要求。

检查数量：同品种、同牌号材料每检验批1次。

检验方法：产品性能检验报告、取样试验。

（3）防水层应粘贴密实、牢固，无破损；搭接长度大于或等于10cm。

检查数量：全数检查。

检验方法：查验收记录。

（4）钢筋品种、规格和加工、成型与安装应符合设计要求。

检查数量：钢筋按品种每批 1 次。安装全数检查。

检验方法：查钢筋试验单和验收记录。

（5）混凝土强度应符合设计规定。

检查数量：每班或每 100m³ 取 1 组（3 块），少于规定按 1 组计。

检验方法：查强度试验报告。

2. 一般项目

（1）混凝土表面应光滑、平整，无蜂窝、麻面、缺边掉角现象。

（2）钢筋混凝土结构允许偏差应符合表 1-36 的规定。

表 1-36　钢筋混凝土结构允许偏差

项目	允许偏差	检查频率		检验方法
		范围/m	点数	
地道底板顶面高程/mm	±10	20	1	用水准仪测量
地道净宽/mm	±20		2	用钢尺量，宽、厚各 1 点
墙高/mm	±10		2	用钢尺量，每侧 1 点
中线偏位/mm	≤10		2	用钢尺量，每侧 1 点
墙面垂直度/mm	≤10		2	用垂线和钢尺量，每侧 1 点
墙面平整度/mm	≤5		2	用 2m 直尺、塞尺量，每侧 1 点
顶板挠度	≤L/1000，且<10mm		2	用钢尺量
现浇顶板底面平整度/mm	≤5	10	2	用 2m 直尺、塞尺量

注：L 为人行地道净跨径，单位：mm。

3. 质量验收应具备的资料

（1）检验批质量检验记录。

（2）隐蔽工程验收记录。

（3）原材料、构配件、设备进场验收记录。

（4）防水层材料产品性能检验报告、复试报告；水泥合格证及复试报告、外加剂合格证及复试报告、钢筋合格证及复试报告、施工前钢筋连接接头试验报告、施工过程中钢筋连接接头试验报告、钢筋连接材料合格证、碎石试验报告、砂子试验报告。

（5）混凝土配合比试验报告。

（6）混凝土抗压强度试验报告、混凝土强度（性能）试验汇总表，混凝土试块抗压强度统计、评定记录，混凝土试块抗折强度统计、评定记录。

（7）混凝土浇筑记录、混凝土测温记录。

（8）压实度试验报告。

（9）地基钎探记录。

（10）高程测量记录。

（11）施工记录。

二、预制安装钢筋混凝土人行地道结构质量检验标准

1. 主控项目

（1）地基承载力应符合设计要求。填方地基压实度不应小于 95%，挖方地段钎探合格。

检查数量：每个通道抽检 3 点。

检验方法：查压实度检验报告或钎探报告。

（2）防水层材料应符合设计要求。

检查数量：同品种、同牌号材料每检验批 1 次。

检验方法：产品性能检验报告、取样试验。

（3）防水层应粘贴密实、牢固，无破损；搭接长度大于或等于 10cm。

检查数量：全数检查。

检验方法：查验收记录。

（4）混凝土基础中的钢筋品种、规格和加工、成型与安装应符合设计要求。

检查数量：钢筋按品种每批 1 次。安装全数检查。

检验方法：查钢筋试验单和验收记录。

（5）混凝土强度应符合设计规定。

检查数量：每班或每 100m³ 取 1 组（3 块），少于规定按 1 组计。

检验方法：查强度试验报告。

（6）预制钢筋混凝土墙板、顶板强度应符合设计要求。

检查数量：全数检查。

检验方法：查出厂合格证和强度试验报告。

（7）杯口、板缝混凝土强度应符合设计要求。

检查数量：每工作班抽检 1 组（3 块）。

检验方法：查强度试验报告。

2．一般项目

（1）混凝土基础允许偏差应符合表 1-37 的规定。

表 1-37　混凝土基础允许偏差

项目	允许偏差/mm	检查频率		检验方法
		范围	点数	
中线偏位	≤10		1	用经纬仪测量
顶面高程	±10		1	用水准仪测量
长度	±10		1	用钢尺量
宽度	±10	20m	1	用钢尺量
厚度	±10		1	用钢尺量
杯口轴线偏位①	≤10		1	用经纬仪测量
杯口底面高程①	±10		1	用水准仪测量
杯口底、顶宽度①	10～15		1	用钢尺量
预埋件①	≤10	每个	1	用钢尺量

①发生此项时使用。

（2）墙板、顶板安装直顺，杯口与板缝灌注密实。

检查数量：全数检查。

检验方法：观察、查强度试验报告。

（3）预制墙板、顶板允许偏差应符合表 1-38、表 1-39 的规定。

表 1-38　预制墙板允许偏差

项目	允许偏差	检查频率		检验方法
		范围	点数	
厚、高/mm	±5	每构件(每类抽查板的10%,且不少于5块)	1	用钢尺量,每抽查一块板(序号1、2、3、4)各1点
宽度/mm	−10,0		1	
侧弯/mm	≤L/1000		1	
板面对角线/mm	≤10		1	
外露面平整度/mm	≤5		2	用2m直尺、塞尺量,每侧1点
麻面	≤1%		1	用钢尺量麻面总面积

注:L 为墙板长度(单位:mm)。

表 1-39　预制顶板允许偏差

项目	允许偏差	检查频率		检验方法
		范围	点数	
厚度/mm	±5	每构件(每类抽查总数20%)	1	用钢尺量
宽度/mm	0,−10		1	用钢尺量
长度/mm	±10		1	用钢尺量
对角线长度/mm	≤10		2	用钢尺量
外露面平整度/mm	≤5		1	用2m直尺、塞尺量
麻面	≤1%		1	用尺量麻面总面积

(4)墙板、顶板安装允许偏差应符合表 1-40 的规定。

表 1-40　墙板、顶板安装允许偏差

项目	允许偏差/mm	检验频率		检验方法
		范围	点数	
中线偏位	≤10	每块	2	拉线用钢尺量
墙板内顶面、高程	±5		2	用水准仪测量
墙板垂直度	≤0.15%H,且≤5mm		4	用垂线和钢尺量
板间高差	≤5		4	用钢板尺和塞尺量
相邻板顶面错台	≤10		20%板缝	用钢尺量
板端压墙长度	±10	每座地道	6	查隐蔽验收记录,用钢尺量,每侧3点

注:H 为墙板全高(单位:mm)。

3. 质量验收应具备的资料

(1)检验批质量检验记录。

(2)隐蔽工程验收记录。

(3)原材料、构配件、设备进场验收记录。

(4)防水层材料产品性能检验报告、复试报告;预制钢筋混凝土构件出厂合格证和强度试验报告、水泥合格证及复试报告、外加剂合格证及复试报告、钢筋合格证及复试报告、施工前钢筋连接接头试验报告、施工过程中钢筋连接接头试验报告、钢筋连接材料合格证、碎石试验报告、砂子试验报告。

（5）混凝土配合比试验报告。

（6）混凝土抗压强度试验报告、混凝土强度（性能）试验汇总表、混凝土试块抗压强度统计、评定记录。

（7）混凝土浇筑记录、混凝土测温记录。

（8）压实度试验报告。

（9）地基钎探记录。

（10）高程测量记录。

（11）施工记录。

三、砌筑墙体、钢筋混凝土顶板结构人行地道质量检验标准

1. 主控项目

（1）地基承载力应符合设计要求。填方地基压实度不应小于95％，挖方地段钎探合格。

检查数量：每个通道抽检3点。

检验方法：查压实度检验报告或钎探报告。

（2）防水层材料应符合设计要求。

检查数量：同品种、同牌号材料每检验批1次。

检验方法：产品性能检验报告、取样试验。

（3）防水层应粘贴密实、牢固，无破损；搭接长度大于或等于10cm。

检查数量：全数检查。

检验方法：查验收记录。

（4）混凝土基础中的钢筋品种、规格和加工、成型与安装应符合设计要求。

检查数量：钢筋按品种每批1次。安装全数检查。

检验方法：查钢筋试验单和验收记录。

（5）混凝土强度应符合设计规定。

检查数量：每班或每100m³取1组（3块），少于规定按1组计。

检验方法：查强度试验报告。

（6）预制顶板、梁等构件应符合规范第14.5.2条第9款的规定。

（7）结构厚度不应小于设计值。

检查数量：每20m抽检2点。

检验方法：用钢尺量。

（8）砂浆平均抗压强度等级应符合设计规定，任一组试件抗压强度最低值不应低于设计强度的85％。

检查数量：同一配合比砂浆，每50m³砌体中，作1组（6块），不足50m³按1组计。

检验方法：查试验报告。

（9）现浇钢筋混凝土顶板的钢筋和混凝土质量应符合规范第14.5.1条第4、5款的有关规定。

2. 一般项目

（1）现浇钢筋混凝土顶板表面应光滑、平整，无蜂窝、麻面、缺边掉角现象。

检查数量：全数检查。

检验方法：观察。

（2）预制顶板应安装平顺、灌缝饱满，位置偏差应符合表1-40的规定。

（3）砌筑墙体应平顺匀称，表面平整，灰缝均匀、饱满，变形缝垂直贯通。

（4）墙体砌筑允许偏差应符合表 1-41 的规定。

表 1-41　墙体砌筑允许偏差

项目	允许偏差/mm	检验频率		检验方法
		范围/m	点数	
地道底部高程	±10	10	1	用水准仪测量
地道结构净高	±10	20	2	用钢尺量
地道净宽	±20	20	2	用钢尺量
中线偏位	≤10	20	2	用经纬仪定线、钢尺量
墙面垂直度	≤15	10	2	用垂线和钢尺量
墙面平整度	≤5	10	2	用 2m 直尺、塞尺量
现浇顶板平整度	≤5	10	2	用 2m 直尺、塞尺量
预制顶板两板底面错台	≤10	10	2	用钢板尺、塞尺量
顶板压墙长度	±10	10	2	查隐蔽验收记录

3. 质量验收应具备的资料

（1）检验批质量检验记录。

（2）隐蔽工程验收记录。

（3）原材料、构配件、设备进场验收记录。

（4）防水层材料产品性能检验报告、复试报告；预制钢筋混凝土构件出厂合格证和强度试验报告、水泥合格证及复试报告、外加剂合格证及复试报告、钢筋合格证及复试报告、施工前钢筋连接接头试验报告、施工过程中钢筋连接接头试验报告、钢筋连接材料合格证、碎石试验报告、砂子试验报告、砌筑材料质量合格证明文件。

（5）混凝土配合比试验报告、砂浆配合比试验报告。

（6）混凝土抗压强度试验报告、混凝土强度（性能）试验汇总表、混凝土试块抗压强度统计、评定记录，砂浆抗压强度试验报告、砂浆试块强度（性能）试验汇总表、砂浆试块抗压强度统计、评定记录。

（7）混凝土浇筑记录、混凝土测温记录。

（8）压实度试验报告。

（9）地基钎探记录

（10）高程测量记录。

（11）施工记录。

四、模板的制作、安装与拆除质量检验标准

（1）模板的制作、安装与拆除应符合国家现行标准《城市桥梁工程施工与质量验收规范》（CJJ 2—2008）的有关规定外，还应符合下列规定。

① 基础模板安装允许偏差应符合表 1-42 的规定。

表 1-42　基础模板安装允许偏差

项目		允许偏差/mm	检验频率		检验方法
			范围	点数	
相邻两板表面高差	刨光模板	≤2	20m	2	用塞尺量
	钢模板				
	不刨光模板	≤4			

项目		允许偏差/mm	检验频率		检验方法
			范围	点数	
表面平整度	刨光模板	≤3	20m	4	用2m直尺、塞尺量
	钢模板				
	不刨光模板	≤5			
断面尺寸	宽度	±10	20m	2	用钢尺量
	高度	±10			
	杯槽宽度①	+10,0			
轴线偏位	杯槽中心线①	≤10	20m	1	用经纬仪测量
杯槽底面高程(支撑面)①		+5,-10	20m	1	用水准仪测量
预埋件①	高程	±5	每个	1	用水准仪测量,用钢尺量
	偏位	≤15			

①发生此项时使用。

② 侧墙与顶板模板安装允许偏差应符合表1-43的规定。

表 1-43　侧墙与顶板模板安装允许偏差

项目		允许偏差/mm	检验频率		检验方法
			范围	点数	
相邻两板表面高差	刨光模板	2		4	用钢尺、塞尺量
	钢模板				
	不刨光模板	4			
表面平整度	刨光模板	3	20m	4	用2m直尺、塞尺量
	钢模板				
	不刨光模板	5			
垂直度		≤0.1%H,且≤6mm		2	用垂线或经纬仪测量
杯槽内尺寸①		+3,-5		3	用钢尺量,长、宽、高各1点
轴线偏位		10		2	用经纬仪测量,纵、横各1点
顶面高程		+2,-5		1	用水准仪测量

①发生此项时使用。

（2）质量验收应具备的资料

① 检验批质量检验记录。

② 预检工程检查验收记录。

③ 高程测量记录。

④ 施工记录。

五、钢筋加工、成型与安装质量检验标准

（1）钢筋加工、成型与安装除应符合国家现行标准《城市桥梁工程施工与质量验收规范》（CJJ 2—2008）的有关规定外，还应符合下列规定。

① 钢筋加工允许偏差应符合表 1-44 的规定。

表 1-44　钢筋加工允许偏差

项目	允许偏差/mm	检验频率		检验方法
		范围	点数	
受力钢筋成型长度	+5，-10	每根（每一类型抽查 10%，且不少于 5 根）	1	用钢尺、塞尺量
箍筋尺寸	0，-3		2	用钢尺量，宽、高各 1 点

② 钢筋成型与安装允许偏差应符合表 1-45 的规定。

表 1-45　钢筋成型与安装允许偏差

项目	允许偏差/mm	检验频率		检验方法
		范围	点数	
配置两排以上受力钢筋时钢筋的排距	±5	10m	2	用钢尺量
受力筋间距	±10		2	用钢尺量
箍筋间距	±20		2	5 个箍筋间距量 1 尺
保护层厚度	±5		2	用尺量

（2）质量验收应具备的资料

① 检验批质量检验记录。

② 隐蔽工程验收记录。

③ 原材料、构配件、设备进场验收记录。

④ 钢筋合格证及复试报告、施工前钢筋连接接头试验报告、施工过程中钢筋连接接头试验报告、钢筋连接材料合格证。

⑤ 施工记录。

思考题

1. 人行地道结构分部工程所含的分项工程检验批有哪些？

2. 现浇钢筋混凝土人行地道结构子分部工程中所含主控项目、一般项目有哪些？质量验收应具备的资料有哪些？

3. 预制安装钢筋混凝土人行地道结构子分部工程中所含主控项目、一般项目有哪些？质量验收应具备的资料有哪些？

4. 砌筑墙体、钢筋混凝土顶板人行地道结构子分部工程中所含主控项目、一般项目有哪些？质量验收应具备的资料有哪些？

第十节　挡　土　墙

一、现浇钢筋混凝土挡土墙质量检验标准

1. 主控项目

（1）地基承载力应符合设计要求。

检查数量：每道挡土墙基槽抽检 3 点。

检验方法：查触（钎）探检测报告、隐蔽验收记录。

（2）钢筋品种和规格、加工、成型、安装与混凝土强度应符合规范第 14.5.2 条的有关规定。

2．一般项目

（1）混凝土表面应光洁、平整、密实，无蜂窝、麻面、露筋现象，泄水孔通畅。

检查数量：全数检查。

检验方法：观察。

（2）钢筋加工与安装偏差应符合表 1-44、表 1-45 的规定。

（3）现浇混凝土挡土墙允许偏差应符合表 1-46 的规定。

表 1-46　现浇混凝土挡土墙允许偏差

项目		规定值或允许偏差	检验频率		检验方法
			范围	点数	
长度/mm		±20	每座	1	用钢尺量
断面尺寸/mm	厚	±5	20m	1	用钢尺量
	高	±5			
垂直度		≤0.15%H，且≤10mm		1	用经纬仪或垂线检测
外露面平整度/mm		≤5		1	用 2m 直尺、塞尺量取最大值
顶面高程/mm		±5		1	用水准仪测量

注：H 为挡土墙板高度（单位：mm）。

（4）路外回填土压实度应符合设计规定。

检查数量：路外回填土每压实层抽检 3 点。

检验方法：环刀法、灌砂法或灌水法。

（5）预制混凝土栏杆允许偏差应符合表 1-47 的规定。

表 1-47　预制混凝土栏杆允许偏差

项目	允许偏差	检验频率		检验方法
		范围	点数	
断面尺寸/mm	符合设计规定	每件（每类型）抽查 10%，且不少于 5 件	1	观察、用钢尺量
柱高/mm	0，+5		1	用钢尺量
侧向弯曲	≤L/750		1	沿构件全长拉线量最大矢高
麻面	≤1%		1	用钢尺量麻面总面积

注：L 为构件长度（单位：mm）。

（6）栏杆安装允许偏差应符合表 1-48 的规定。

表 1-48　栏杆安装允许偏差

项目		允许偏差/mm	检验频率		检验方法
			范围	点数	
直顺度	扶手	≤4	每跨侧	1	每 10m 线和钢尺量
垂直度	栏杆柱	≤3	每柱（抽查 10%）	2	用垂线和钢尺量，顺、横桥轴方向各 1 点

项目		允许偏差 /mm	检验频率		检验方法
			范围	点数	
栏杆间距		±3	每柱（抽查10%）		用钢尺量
相邻栏杆扶手高差	有柱	≤4	每处（抽查10%）	1	用钢尺量
	无柱	≤2			
栏杆平面偏位		≤4	每30m	1	用经纬仪和钢尺量

注：现场浇筑的栏杆、扶手和钢结构栏杆、扶手的允许偏差可参照本表办理。

3. 质量验收应具备的资料

（1）检验批质量检验记录。

（2）隐蔽工程验收记录。

（3）原材料、构配件、设备进场验收记录。

（4）水泥合格证及复试报告、外加剂合格证及复试报告、钢筋合格证及复试报告、施工前钢筋连接接头试验报告、施工过程中钢筋连接接头试验报告、钢筋连接材料合格证。

（5）碎石试验报告、砂子试验报告。

（6）混凝土配合比试验报告。

（7）混凝土抗压强度试验报告、混凝土强度（性能）试验汇总表，混凝土试块抗压强度统计、评定记录。

（8）混凝土浇筑记录、混凝土测温记录。

（9）高程测量记录。

（10）施工记录。

二、装配式钢筋混凝土挡土墙质量检验标准

1. 主控项目

（1）地基承载力应符合设计要求。

检查数量：每道挡土墙基槽抽检3点。

检验方法：查触（钎）探检测报告、隐蔽验收记录。

（2）基础钢筋品种与规格、混凝土强度应符合设计要求。

检查数量和检验方法应符合规范第15.6.1条第2款的规定。

（3）预制挡土墙板钢筋、混凝土强度应符合设计及规范规定。

检查数量：每检验批。

检验方法：出厂合格证或检验报告。

（4）挡土墙板应焊接牢固。焊缝长度、宽度、高度均应符合设计要求，且无夹渣、裂纹、咬肉现象。

检查数量：全数检查。

检验方法：查隐蔽验收记录。

（5）挡土墙板杯口混凝土强度应符合设计要求。

检查数量：每班1组（3块）。

检验方法：查试验报告。

2. 一般项目

（1）预制挡土墙板安装应板缝均匀、灌缝密实，泄水孔通畅。帽石安装边缘顺畅、顶面

平整、缝隙均匀密实。

检查数量：全数检查。

检验方法：观察。

（2）预制墙板的允许偏差应符合表1-38的规定。

（3）混凝土基础的允许偏差应符合表1-37的规定。

（4）挡土墙板安装允许偏差应符合表1-49的规定。

表1-49　挡土墙板安装允许偏差

项目		允许偏差	检验频率		检验方法
			范围	点数	
墙面垂直度		≤0.15%H，且≤15mm	20m	1	用垂线挂全高量测
直顺度/mm		≤10		1	用20m线和钢尺量
板间错台/mm		≤5		1	用钢板尺和塞尺量
预埋件/mm	高程	±5	每个	1	用水准仪测量
	偏位	±15		1	用钢尺量

注：H为挡土墙高度（单位：mm）。

（5）栏杆质量应符合规范第15.6.1条的有关规定。

3. 质量验收应具备的资料

（1）检验批质量检验记录。

（2）原材料、构配件、设备进场验收记录。

（3）水泥合格证及复试报告、外加剂合格证及复试报告、钢筋合格证及复试报告、施工前钢筋连接接头试验报告、施工过程中钢筋连接接头试验报告、钢筋连接材料合格证。

（4）碎石试验报告、砂子试验报告。

（5）混凝土配合比试验报告。

（6）混凝土抗压强度试验报告、混凝土强度（性能）试验汇总表，混凝土试块抗压强度统计、评定记录。

（7）混凝土浇筑记录、混凝土测温记录。

（8）高程测量记录。

（9）施工记录。

三、砌体挡土墙质量检验标准

1. 主控项目

（1）地基承载力应符合设计要求。

检查数量：每道挡土墙基槽抽检3点。

检验方法：查触（钎）探检测报告、隐蔽验收记录。

（2）砌块、石料强度应符合设计要求。

检查数量：每品种、每检验批1组（3块）。

检验方法：查试验报告。

（3）砂浆平均抗压强度等级应符合设计规定，任一组试件抗压强度最低值不应低于设计强度的85%。

检查数量：同一配合比砂浆，每50m³砌体中，作1组（6块），不足50m³按1组计。

检验方法：查试验报告。

2．一般项目

（1）挡土墙应牢固，外形美观，勾缝密实、均匀，泄水孔通畅。

（2）砌筑挡土墙允许偏差应符合表1-50的规定。

表1-50 砌筑挡土墙允许偏差

项目		允许偏差、规定值			检验频率		检验方法
		料石	块石、片石	预制块	范围	点数	
断面尺寸/mm		0，+10	不小于设计规定			2	用钢尺量，上下各1点
基底高程/mm	土方	±20	±20	±20	±20		2	
	石方	±100	±100	±100	±100			用水准仪测量
顶面高程/mm		±10	±15	±20	±10		2	
轴线偏位/mm		≤10	≤15	≤15	≤10	20m	2	用经纬仪测量
墙面垂直度/mm		≤0.5%H，且≤20mm	≤0.5%H，且≤30mm	≤0.5%H，且≤30mm	≤0.5%H，且≤20mm		2	用垂线检测
平整度/mm		≤5	≤30	≤30	≤5		2	用2m直尺和塞尺量
水平缝平直度/mm		≤10	—	—	≤10		2	用20m线和钢尺量
墙面坡度		不陡于设计规定				1	用坡度板检验

注：H为构筑物全高，单位：mm。

（3）栏杆质量应符合规范第15.6.1条的有关规定。

3．质量验收应具备的资料

（1）检验批质量检验记录。

（2）隐蔽工程验收记录。

（3）原材料、构配件、设备进场验收记录。

（4）水泥合格证及复试报告、外加剂合格证及复试报告、碎石试验报告、砂子试验报告及砌筑材料的试验报告。

（5）砂浆配合比试验报告。

（6）砂浆强度试验报告、砂浆试块强度试验汇总表，砂浆试块强度统计、评定记录。

（7）施工记录。

四、加筋挡土墙质量检验标准

1．主控项目

（1）地基承载力应符合设计要求。

检查数量和检验方法应符合规范第15.6.1条第1款的规定。

（2）基础混凝土强度应符合设计要求。

检查数量和检验方法应符合规范第15.6.1条第2款的规定。

（3）预制墙板的质量应符合设计要求。

检查数量和检验方法应符合规范第 15.6.2 条的规定。

（4）拉环、筋带材料应符合设计要求。

检查数量：每品种、每检验批。

检验方法：查检验报告。

（5）拉环、筋带的数量、安装位置应符合设计要求，且粘接牢固。

检查数量：全部。

检验方法：观察、抽样，查试验记录。

（6）填土土质应符合设计要求。

检查数量：全部。

检验方法：观察、土的性能鉴定。

（7）压实度应符合设计要求。

检查数量：每压实层、每 500m² 取 1 点，不足 500m² 取 1 点。

检验方法：环刀法、灌水法或灌砂法。

2．一般项目

（1）加筋挡土墙板安装允许偏差应符合表 1-51 的规定。

（2）墙面板应光洁、平顺、美观无破损，板缝均匀，线形顺畅，沉降缝上下贯通顺直，泄水孔通畅。

检查数量：全数检查。

检验方法：观察。

表 1-51　加筋土挡土墙板安装允许偏差

项目	允许偏差	检验频率		检验方法
		范围	点数	
每层顶面高程/mm	±10	20m	4 组板	用水准仪测量
轴线偏位/mm	≤10		3	用经纬仪测量
墙面板垂直度或坡度	0，−0.5%H①		3	用垂线或坡度板量

① 表示垂直度时，"+"指向外、"−"指向内。

注：1．墙面板安装以同层相邻两板为一组；

2．H 为挡土墙板高度；

（3）加筋挡土墙总体允许偏差应符合表 1-52 的规定。

表 1-52　加筋挡土墙总体允许偏差

项目		允许偏差	检验频率		检验方法
			范围/m	点数	
墙顶线位	路堤式/mm	−100，+50		3	用 20m 线和钢尺量①
	路肩式/mm	±50			
墙顶高程	路堤式/mm	±50		3	用水准仪测量
	路肩式/mm	±30			
墙面倾斜度		+（≤0.5%H）且≤+50mm −（≤1.0%H）且≥−100mm	20	2	用垂线或坡度板量
墙面板缝宽/mm		±10		5	用钢尺量
墙面平整度/mm		≤15		3	用 2m 直尺、塞尺量

①表示墙面倾斜度时，"+"指向外、"−"指向内；

注：H 为挡墙板高度（单位：mm）。

（4）栏杆质量应符合规范第 15.6.1 条的有关规定。

3. 质量验收应具备的资料

（1）检验批质量检验记录。

（2）隐蔽工程验收记录。

（3）原材料、构配件、设备进场验收记录。

（4）水泥合格证及复试报告、外加剂合格证及复试报告、钢筋合格证及复试报告、施工前钢筋连接接头试验报告、施工过程中钢筋连接接头试验报告、钢筋连接材料合格证。碎石试验报告、砂子试验报告及加筋材料合格证及抽检报告。

（5）混凝土配合比试验报告。

（6）混凝土抗压强度试验报告、混凝土强度（性能）试验汇总表，混凝土试块抗压强度统计、评定记录。

（7）混凝土浇筑记录、混凝土测温记录。

（8）回填土最大干密度及最佳含水量试验报告。

（9）压实度试验报告。

（10）高程测量记录。

（11）施工记录。

思考题

1. 挡土墙分部工程所含的分项工程检验批有哪些？

2. 现浇钢筋混凝土挡土墙子分部工程中所含主控项目、一般项目有哪些？质量验收应具备的资料有哪些？

3. 装配式钢筋混凝土挡土墙子分部工程中所含主控项目、一般项目有哪些？质量验收应具备的资料有哪些？

4. 砌筑挡土墙子分部工程中所含主控项目、一般项目有哪些？质量验收应具备的资料有哪些？

5. 加筋挡土墙子分部工程中所含主控项目、一般项目有哪些？质量验收应具备的资料有哪些？

第十一节 附属构筑物

一、路缘石安砌质量检验标准

1. 主控项目

混凝土路缘石强度应符合设计要求。

检查数量：每种、每检验批 1 组（3 块）。

检验方法：查出厂检验报告并复验。

2. 一般项目

（1）路缘石应砌筑稳固、砂浆饱满、勾缝密实，外露面清洁、线条顺畅，平缘石不阻水。

检查数量：全数检查。

检验方法：观察。

（2）立缘石、平缘石安砌允许偏差应符合表 1-53 的规定。

表 1-53　立缘石、平缘石安砌允许偏差

项目	允许偏差/mm	检验频率		检验方法
		范围/m	点数	
直顺度	≤10	100	1	用 20m 线和钢尺量①
相邻块高差	≤3	20	1	用钢板尺和塞尺量①
缝宽	±3	20	1	用钢尺量①
顶面高程	±10	20	1	用水准仪测量

① 为随机抽样，量 3 点取最大值；

注：曲线段缘石安装的圆顺度允许偏差应结合工程具体规定。

3. 质量验收应具备的资料

（1）检验批质量检验记录。

（2）原材料、构配件、设备进场验收记录。

（3）路缘石、平石的合格证、出厂检验报告及复验报告。

（4）高程测量记录。

（5）施工记录。

二、雨水支管与雨水口质量检验标准

1. 主控项目

（1）管材应符合现行国家标准《混凝土和钢筋混凝土排水管》（GB/T 11836—2009）的有关规定。

检查数量：每种、每检验批。

检验方法：查合格证和出厂检验报告。

（2）基础混凝土强度应符合设计要求。

检查数量：每 100m³ 1 组（3 块）。（不足 100m³ 取 1 组）

检验方法：查试验报告。

（3）砌筑砂浆强度应符合设计规定，任一组试件抗压强度最低值不应低于设计强度的 85%。

检查数量：同一配合比砂浆，每 50m³ 砌体中，作 1 组（6 块），不足 50m³ 按 1 组计。

检验方法：查试验报告。

（4）回填土应符合表 1-1 压实度的有关规定。

检查数量：全数检查。

检验方法：环刀法、灌砂法或灌水法。

2. 一般项目

（1）雨水口内壁勾缝应直顺、坚实，无漏勾、脱落。井框、井算应完整、配套，安装平稳、牢固。

检查数量：全数检查。

检验方法：观察。

（2）雨水支管安装应直顺，无错口、反坡、存水，管内清洁，接口处内壁无砂浆外露及

破损现象，管端面应完整。

检查数量：全数检查。

检验方法：观察。

（3）雨水支管与雨水口允许偏差应符合表 1-54 的规定。

表 1-54　雨水支管与雨水口允许偏差

项目	允许偏差/mm	检验频率		检验方法
		范围	点数	
井框与井壁吻合	≤10	每座	1	用钢尺量
井框与周边路面吻合	0，−10		1	用直尺靠量
雨水口与路边线间距	≤20		1	用钢尺量
井内尺寸	+20,0		1	用钢尺量,最大值

3. 质量验收应具备的资料

（1）检验批质量检验记录。

（2）隐蔽工程验收记录。

（3）原材料、构配件、设备进场验收记录。

（4）管材合格证和出厂检验报告、水泥合格证及复试报告、外加剂合格证及复试报告、碎石试验报告、砂子试验报告、砌筑材料试验报告。

（5）混凝土配合比试验报告、砂浆配合比试验报告。

（6）混凝土抗压强度试验报告、混凝土强度（性能）试验汇总表，混凝土试块抗压强度统计、评定记录；砂浆强度试验报告、砂浆试块强度（性能）试验汇总表，砂浆试块强度统计、评定记录。

（7）混凝土浇筑记录、混凝土测温记录。

（8）回填土最大干密度与最佳含水量试验报告。

（9）压实度试验报告。

（10）施工记录。

三、排水沟或截水沟质量检验标准

1. 主控项目

（1）预制砌块强度应符合设计要求。

检查数量：每种、每检验批 1 组。

检验方法：查试验报告。

（2）预制盖板的钢筋品种、规格、数量，混凝土的强度应符合设计要求。

检查数量：同类构件，抽查 1/10，且不少于 3 件。

检验方法：用钢尺量、查出厂检验报告。

（3）砂浆强度等级应符合设计规定，任一组试件抗压强度最低值不应低于设计强度的 85%。

检查数量：同一配合比砂浆，每 50m³ 砌体中，作 1 组（6 块），不足 50m³ 按 1 组计。

检验方法：查试验报告。

2．一般项目

（1）砌筑砂浆饱满度不应小于80％。

检查数量：每100m或每班抽查不少于3点。

检验方法：观察。

（2）砌筑水沟沟底应平整、无反坡、凹兜，边墙应平整、直顺、勾缝密实。与排水构筑物衔接顺畅。

检查数量：全数检查。

检验方法：观察。

（3）砌筑排水沟或截水沟允许偏差应符合表1-55的规定。

表 1-55　砌筑排水沟或截水沟允许偏差

项目		允许偏差/mm	检验频率		检验方法
			范围/m	点数	
轴线偏位		≤30	100	2	用经纬仪和钢尺量
沟断面尺寸	砌石	±20	40	1	用钢尺量
	砌块	±10			
沟底高程	砌石	±20	20	1	用水准仪测量
	砌块	±10			
墙面垂直度	砌石	≤30		2	用垂线、钢尺量
	砌块	≤15			
墙面平整度	砌石	≤30	40	2	用2m直尺、塞尺量
	砌块	≤10			
边线直顺度	砌石	≤20		2	用20m小线和钢尺量
	砌块	≤10			
盖板压墙长度		±20		2	用钢尺量

（4）土沟断面应符合设计要求，沟底、边坡应坚实，无贴皮、反坡和积水现象。

检查数量：全数检查。

检验方法：观察。

3．质量验收应具备的资料

（1）检验批质量检验记录。

（2）隐蔽工程验收记录。

（3）原材料、构配件、设备进场验收记录。

（4）预制构件出厂检验报告、水泥合格证及复试报告、外加剂合格证及复试报告、碎石试验报告、砂子试验报告、砌筑材料试验报告。

（5）混凝土配合比试验报告、砂浆配合比试验报告。

（6）混凝土抗压强度试验报告、混凝土强度（性能）试验汇总表，混凝土试块抗压强度统计、评定记录；砂浆强度试验报告、砂浆试块强度（性能）试验汇总表，砂浆试块强度统计、评定记录。

（7）混凝土浇筑记录、混凝土测温记录。

（8）施工记录。

四、倒虹管及涵洞质量检验标准

1. 主控项目

（1）地基承载力应符合设计要求。

检查数量：每个基础。

检验方法：查钎探记录。

（2）管材应符合现行国家标准《混凝土和钢筋混凝土排水管》（GB/T 11836—2009）的有关规定。

检查数量：每种、每检验批。

检验方法：查合格证和出厂检验报告。

（3）混凝土强度应符合设计要求。

检查数量：每 100m³ 1 组（3 块）。

检验方法：查试验记录。

（4）砂浆强度等级应符合设计规定，任一组试件抗压强度最低值不应低于设计强度的 85%。

检查数量：同一配合比砂浆，每 50m³ 砌体中，作 1 组（6 块），不足 50m³ 按 1 组计。

检验方法：查试验报告。

（5）倒虹管闭水试验应符合下列规定。

主体结构建成后，闭水试验应在倒虹管充水 24h 后进行，测定 30min 渗水量。渗水量不应大于计算值。

渗水量应按下式计算：$Q = W/T \cdot L \times 1440$，式中 Q 为实测渗水量 $[m^3/(24h \cdot km)]$；W 为补水量（L）；T 为实测渗水量观测时间（min）；L 为倒虹管长度（m）。

检查数量：每一条倒虹管。

检验方法：查闭水试验记录。

（6）回填土压实度应符合路基压实度要求。

检查数量：每压实层抽查 3 点。

检验方法：环刀法、灌砂法或灌水法。

（7）矩形涵洞应符合人行地道结构章节的有关规定。

2. 一般项目

（1）倒虹管允许偏差应符合表 1-56 的规定。

表 1-56　倒虹管允许偏差

项目	允许偏差/mm	检验频率		检验方法
		范围	点数	
轴线偏位	≤30	每座	2	用经纬仪和钢尺量
内底高程	±15	每座	2	用水准仪测量
倒虹管长度	不小于设计值	每座	1	用钢尺量
相邻管错口	≤5	每井段	4	用钢板和塞尺量

（2）预制管材涵洞允许偏差应符合表 1-57 的规定。

表 1-57　预制管材涵洞允许偏差

项目	允许偏差/mm	检验频率		检验方法
		范围	点数	
轴线位移	≤20	每道	2	用经纬仪和钢尺量
内底高程	$D \leq 1000mm$ 时，±10		2	用水准仪测量
	$D > 1000mm$ 时，±15			
涵管长度	不小于设计值		1	用钢尺量
相邻管错口	$D \leq 1000mm$ 时，≤3	每节	1	用钢板尺和塞尺量
	$D > 1000mm$ 时，≤5			

注：D 为管涵内径（单位：mm）。

（3）矩形涵洞应符合规范第 14.5 节（本书第一章第九节人行地道结构）的有关规定。

3. 质量验收应具备的资料

（1）检验批质量检验记录。

（2）隐蔽工程验收记录。

（3）原材料、构配件、设备进场验收记录。

（4）管材合格证和出厂检验报告、水泥合格证及复试报告、外加剂合格证及复试报告、碎石试验报告、砂子试验报告、砌筑材料试验报告。

（5）混凝土配合比试验报告、砂浆配合比试验报告。

（6）混凝土抗压强度试验报告、混凝土强度（性能）试验汇总表，混凝土试块抗压强度统计、评定记录；砂浆强度试验报告、砂浆试块强度（性能）试验汇总表，砂浆试块强度统计、评定记录。

（7）混凝土浇筑记录、混凝土测温记录。

（8）无压管道闭水试验记录。

（9）回填土最大干密度与最佳含水量试验报告。

（10）压实度试验报告。

（11）高程测量记录。

（12）施工记录。

五、护坡质量检验标准

1. 一般项目

（1）预制砌块强度应符合设计要求。

检查数量：每种、每检验批 1 组（3 块）。

检验方法：查出厂检验报告。

（2）砂浆强度等级应符合设计规定，任一组试件抗压强度最低值不应低于设计强度的 85%。

检查数量：同一配合比砂浆，每 50m³ 砌体中，作 1 组（6 块），不足 50m³ 按 1 组计。

检验方法：查试验报告。

（3）基础混凝土强度应符合设计要求。

检查数量：每 100m³ 1 组（3 块）。

检验方法：查试验报告。

（4）砌筑线形顺畅、表面平整、咬砌有序、无翘动。砌缝均匀、勾缝密实。护坡顶与坡面之间缝隙封堵密实。

检查数量：全数检查。

检验方法：观察。

（5）护坡允许偏差应符合表 1-58 的规定。

表 1-58　护坡允许偏差

项目		允许偏差/mm			检验频率		检验方法
		浆砌块石	浆砌料石	混凝土砌块	范围	点数	
基底高程	土方	±20			20m	2	用水准仪测量
	石方	±100				2	
垫层厚度		±20			20m	2	用钢尺量
砌体厚度		不小于设计值			每沉降缝	2	用钢尺量顶、底各1处
坡度		不陡于设计值			每20m	1	用坡度尺量
平整度		≤30	≤15	≤10	每座	1	用2m直尺、塞尺量
顶面高程		±50	±30	±30	每座	1	用水准仪测量两端部
顶边线型		≤30	≤10	≤10	100m	1	用20m线和钢尺量

2. 质量验收应具备的资料

（1）检验批质量检验记录。

（2）隐蔽工程验收记录。

（3）原材料、构配件、设备进场验收记录。

（4）预制砌块出厂检验报告、水泥合格证及复试报告、外加剂合格证及复试报告、碎石试验报告、砂子试验报告、砌筑材料试验报告。

（5）混凝土配合比试验报告、砂浆配合比试验报告。

（6）混凝土抗压强度试验报告、混凝土强度（性能）试验汇总表，混凝土试块抗压强度统计、评定记录；砂浆强度试验报告、砂浆试块强度（性能）试验汇总表，砂浆试块强度统计、评定记录。

（7）混凝土浇筑记录、混凝土测温记录。

（8）高程测量记录。

（9）施工记录。

六、隔离墩质量检验标准

1. 主控项目

（1）隔离墩混凝土强度应符合设计要求。

检查数量：每种、每批（2000块）1组。

检验方法：查出厂检验报告并复验。

（2）隔离墩预埋件焊接应牢固，焊缝长度、宽度、高度均应符合设计要求，且无夹渣、裂纹、咬肉现象。

检查数量：全数检查。

检验方法：查隐蔽验收记录。

2. 一般项目

（1）隔离墩安装应牢固、位置正确、线形美观，墩表面整洁。

检查数量：全数检查。

检验方法：观察。

（2）隔离墩安装允许偏差应符合表 1-59 的规定。

表 1-59　隔离墩安装允许偏差

项目	允许偏差/mm	检验频率		检验方法
		范围	点数	
直顺度	≤5	每20m	1	用20m线和钢尺量
平面偏位	≤4	每20m	1	用经纬仪和钢尺量测
预埋件位置	≤5	每件	2	用经纬仪和钢尺量测（发生时）
断面尺寸	±5	每20m	1	用钢尺量
相邻高差	≤3	抽查20%	1	用钢板尺和钢尺量
缝宽	±3	每20m	1	用钢尺量

3. 质量验收应具备的资料

（1）检验批质量检验记录。

（2）隐蔽工程验收记录。

（3）原材料、构配件、设备进场验收记录。

（4）隔离墩出厂检验报告及复验报告、钢筋合格证及复试报告、施工前钢筋连接接头试验报告、施工过程中钢筋连接接头试验报告、钢筋连接材料合格证。

（5）施工记录。

七、隔离栅质量检验标准

1. 一般项目

（1）隔离栅材质、规格、防腐处理均应符合设计要求。

检查数量：每种、每批（2000件）1次。

检验方法：查出厂检验报告。

（2）隔离栅柱（金属、混凝土）材质应符合设计要求。

检查数量：每种、每批（2000根）1次。

检验方法：查出厂检验报告或试验报告。

（3）隔离栅柱安装应牢固。

检查数量：全数检查。

检验方法：观察。

（4）隔离栅允许偏差应符合表 1-60 的规定。

表 1-60　隔离栅允许偏差

项目	允许偏差/mm	检验频率		检验方法
		范围/m	点数	
顺直度	≤20	20	1	用20m线和钢尺量

项目	允许偏差/mm	检验频率		检验方法
		范围/m	点数	
立柱垂直度	≤8		1	用垂线和直尺量
柱顶高度	±20	40	1	用钢尺量
立柱中距	±30		1	用钢尺量
立柱埋深	不小于设计规定		1	用钢尺量

2. 质量验收应具备的资料

（1）检验批质量检验记录。

（2）原材料、构配件、设备进场验收记录。

（3）隔离栅出厂检验报告、隔离栅柱（金属）出厂检验报告、隔离栅柱（混凝土）试验报告。

（4）施工记录。

八、护栏质量检验标准

1. 主控项目

（1）护栏质量检验应符合设计要求。

检查数量：每种、每批 1 次。

检验方法：查出厂检验报告。

（2）护栏立柱质量应符合设计要求。

检查数量：每种、每批（2000 根）1 次。

检验方法：查检验报告。

（3）护栏柱基础混凝土强度应符合设计要求。

检查数量：每 100m³ 1 组（3 块）。

检验方法：查试验报告。

（4）护栏柱置入深度应符合设计规定。

检查数量：全数检查。

检验方法：观察、量测。

2. 一般项目

（1）护栏安装应牢固、位置正确、线形美观。

检查数量：全数检查。

检验方法：观察。

（2）护栏安装允许偏差应符合表 1-61 的规定。

表 1-61　护栏安装允许偏差

项目	允许偏差/mm	检验频率		检验方法
		范围	点数	
顺直度	≤5		1	用 20m 线和钢尺量
中线偏位	≤20		1	用经纬仪和钢尺量
立柱间距	±5	20m	1	用钢尺量
立柱垂直度	≤5		1	用垂线、钢尺量
横栏高度	±20		1	用钢尺量

3. 质量验收应具备的资料

（1）检验批质量检验记录。

（2）原材料、构配件、设备进场验收记录。

（3）隔离栅出厂检验报告、隔离栅柱（金属）出厂检验报告、隔离栅柱（混凝土）试验报告。

（4）施工记录。

九、声屏障质量检验标准

1. 主控项目

降噪效果应符合设计要求。

检查数量：按环保部门规定。

检验方法：按环保部门规定。

2. 一般项目

(1) 声屏障所用材料与性能应符合设计要求。

检查数量：每检验批 1 次。

检验方法：查检验报告和合格证。

(2) 砌筑砂浆强度等级应符合设计规定，任一组试件抗压强度最低值不应低于设计强度的 85％。

检查数量：同一配合比砂浆，每 50m³ 砌体中作 1 组（6 块），不足 50m³ 按 1 组计。

检验方法：查试验报告。

(3) 混凝土强度应符合设计要求。

检查数量：每 100m³ 1 组（3 块）。

检验方法：查试验报告。

(4) 砌体声屏障应砌筑牢固，咬砌有序，砌缝均匀，勾缝密实。金属声屏障安装应牢固。

检查数量：全数检查。

检验方法：观察。

(5) 砌体声屏障允许偏差应符合表 1-62 的规定。

表 1-62　砌体声屏障允许偏差

项目	允许偏差/mm	检验频率		检验方法
		范围/m	点数	
中线偏位	≤10	20	1	用经纬仪和钢尺量
垂直度	≤0.3%H		1	用垂线和钢尺量
墙体断面尺寸	符合设计规定		1	用钢尺量
顺直度	≤10	100	2	用10m线与钢尺量,不少于5处
水平灰缝平直度	≤7		2	用10m线与钢尺量,不少于5处
平整度	≤8	20	2	用2m直尺和塞尺量

注：H 为墙高，单位：mm。

（6）金属声屏障安装允许偏差应符合表 1-63 的规定。

表 1-63　金属声屏障安装允许偏差

项目	允许偏差	检验频率		检验方法
		范围	点数	
基线偏位/mm	≤10		1	用经纬仪和钢尺量
金属立柱中距/mm	±10		1	用钢尺量
立柱垂直度/mm	≤0.3%H	20m	2	用垂线和钢尺量,顺、横向各 1 点
屏体厚度/mm	±2		1	用游标卡尺量
屏体宽度、高度/mm	±10		1	用钢尺量
镀层厚度/μm	≥设计值	20m,且不少于 5 处	1	用测厚仪量

注：H 为屏体高，单位：mm。

3. 质量验收应具备的资料

（1）检验批质量检验记录。

（2）原材料、构配件、设备进场验收记录。

（3）砌体声屏障。

① 水泥合格证及复试报告、外加剂合格证及复试报告、钢筋合格证及复试报告、施工前钢筋连接接头试验报告、施工过程中钢筋连接接头试验报告、钢筋连接材料合格证、碎石试验报告、砂子试验报告、墙体主材的合格证及复试报告。

② 混凝土配合比试验报告、砂浆配合比试验报告。

③ 混凝土抗压强度试验报告、混凝土强度（性能）试验汇总表，混凝土试块抗压强度统计、评定记录；砂浆强度试验报告、砂浆试块强度（性能）试验汇总表，砂浆试块强度统计、评定记录。

④ 混凝土浇筑记录、混凝土测温记录。

（4）金属声屏障。

① 金属构件合格证及材质报告。

② 焊接材料质量合格证明文件。

（5）施工记录。

十、防眩板质量检验标准

1. 一般项目

（1）防眩板质量应符合设计要求。

检查数量：每种、每批查 1 次。

检验方法：查出厂检验报告。

（2）防眩板安装应牢固、位置准确，遮光角符合设计要求，板面无裂纹，涂层无气泡、缺损。

检查数量：全数检查。

检验方法：观察。

（3）防眩板安装允许偏差应符合表 1-64 的规定。

表 1-64　防眩板安装允许偏差

项目	允许偏差 /mm	检验频率		检验方法
		范围	点数	
防眩板直顺度	≤8	20m	1	用 10m 线和钢尺量
垂直度	≤5	20m,且不少于 5 处	2	用垂线和钢尺量,顺、横向各 1 点
板条间距	±10		1	用钢尺量
安装高度	±10			

2. 质量验收应具备的资料

（1）检验批质量检验记录。

（2）原材料、构配件、设备进场验收记录。

（3）防眩板出厂检验报告。

（4）施工记录。

思考题

1. 附属构筑物分部工程所含的分项工程检验批有哪些？

2. 路缘石检验批中所含主控项目、一般项目有哪些？质量验收应具备的资料有哪些？

3. 雨水支管与雨水口检验批中所含主控项目、一般项目有哪些？质量验收应具备的资料有哪些？

4. 雨水支管与雨水口检验批所含检查项目基础混凝土强度、砂浆强度、回填土压实度的检查数量如何规定？

5. 排（截）水沟检验批中所含主控项目、一般项目有哪些？质量验收应具备的资料有哪些？

6. 排（截）水沟检验批所含检查项目砂浆强度的检查数量如何规定？

7. 倒虹管及涵洞检验批中所含主控项目、一般项目有哪些？质量验收应具备的资料有哪些？

8. 倒虹管及涵洞检验批所含检查项目混凝土强度、砂浆强度、回填土压实度的检查数量及倒虹管闭水试验如何规定？

9. 护坡检验批中所含主控项目、一般项目有哪些？质量验收应具备的资料有哪些？

10. 护坡检验批所含检查项目混凝土强度、砂浆强度的检查数量如何规定？

11. 隔离墩检验批中所含主控项目、一般项目有哪些？质量验收应具备的资料有哪些？

12. 隔离栅检验批中所含主控项目、一般项目有哪些？质量验收应具备的资料有哪些？

13. 护栏检验批中所含主控项目、一般项目有哪些？质量验收应具备的资料有哪些？

14. 护栏检验批所含检查项目基础混凝土强度的检查数量如何规定？

15. 声屏障（砌体、金属）检验批中所含主控项目、一般项目有哪些？质量验收应具备的资料有哪些？

16. 声屏障（砌体、金属）检验批所含检查项目混凝土强度、砂浆强度的检查数量如何规定？

17. 防眩板检验批中所含主控项目、一般项目有哪些？质量验收应具备的资料有哪些？

第二章
市政工程施工质量验收系列规范配套表格的应用

学习任务

◎ 熟悉施工现场质量管理检查记录的填写。

◎ 熟悉检验批质量检验记录的填写；熟悉分项工程质量检验记录的填写。

◎ 熟悉分部（子分部）工程质量检验记录的填写。

◎ 熟悉单位（子单位）工程质量竣工验收记录的填写。

一、施工现场质量管理检查记录

施工现场质量管理检查记录见表 2-1。

1. 表头的填写

"工程名称"栏，应填写工程名称的全称，与合同文件一致。

"施工许可证号"栏，填写当地建设行政主管部门或有关部门核发的施工许可证的编号。

"建设单位"、"设计单位"、"监理单位"、"施工单位"栏，分别填写合同文件中各方的全称。各方的项目负责人、总监理工程师、项目负责人、项目技术负责人应分别取得各方法定代表人的书面委托，上述人员的名字，可由填表人填写，无须本人签名。

2. 检查项目部分

（1）项目部质量管理体系：主要包括质量方针和目标管理、质量管理组织机构、质量例会制度、质量信息管理和质量管理改进等。

（2）现场质量责任制：主要包括①人员任命与职责分工文件；②公司对项目负责人的授权文件、项目负责人签署的工程质量终身责任承诺书；③人员签字与照片文件；④项目负责人、项目技术负责人、项目施工负责人；技术员、施工员、质检员、安全员、资料员；预算员、材料员、试验员、测量员、机械员、标准员；施工班组长、作业人员等的质量责任制；⑤质量责任的落实规定，定期检查及有关人员奖罚制度；⑥技术交底制度。

（3）主要专业工种操作岗位证书：包括特种作业人员和测量工、钢筋工、木工等普通专业工种人员的岗位证书。

（4）分包单位管理制度：包括分包合同、对分包单位的质量安全管理制度等。

（5）图纸会审记录：包括完整的设计文件、审图报告及相应的设计回复资料、设计交底记录、图纸会审记录及相应的设计答复资料等；建设、施工、监理、设计项目负责人均应参加设计交底与图纸会审。设计文件应加盖审图章。

（6）地质勘察资料：有勘察单位出具的工程地质勘察报告。

表 2-1　施工现场质量管理检查记录

GB 50300—2013

开工日期：

工程名称			施工许可证号		
建设单位			项目负责人		
设计单位			项目负责人		
监理单位			总监理工程师		
施工单位		项目负责人		项目技术负责人	

序号	项　　目	主要内容
1	项目部质量管理体系	
2	现场质量责任制	
3	主要专业工种操作岗位证书	
4	分包单位管理制度	
5	图纸会审记录	
6	地质勘察资料	
7	施工技术标准	
8	施工组织设计、施工方案编制及审批	
9	物资采购管理制度	主要内容
10	施工设施和机械设备管理制度	
11	计量设备配备	
12	检测试验管理制度	
13	工程质量检查验收制度	
14		

自检结果：	检查结论：
施工单位项目负责人： 　　　　　　年　　月　　日	总监理工程师： （建设单位项目负责人） 　　　　　　年　　月　　日

（7）施工技术标准：包括施工工艺标准、验收标准、标准图集等，要求施工有明确的依据，能满足本工程施工需要。

（8）施工组织设计、施工方案编制与审批：要求有针对性，有编制、审核、批准人签名，经总监理工程师审批。

（9）物资采购管理制度：包括采购制度、进场验收制度、台账等。

（10）施工设施和机械设备管理制度：包括安装、检测、备案、维保与拆卸等。

（11）计量设备配备：要求计量准确。

（12）检测试验管理制度：包括检测仪器设备配置、材料设备进场检验制度、见证取样送检制度、试块留置方案、检测试验计划等。

（13）工程质量检查验收制度：包括自检与交接检制度、项目周检制度、质检员日检制度、质量问题整改制度、缺陷修补方案、施工过程质量控制制度等。

3. "检查结论"栏

总监理工程师或建设单位项目负责人对以上内容检查认可合格后，在"检查结论"栏填写"现场质量管理制度基本完善"的结论，并签名认可。

此表的填写和确认时间是在开工之前，这是开工后工程得以顺利进行和工程质量得到保证的基础，若经总监理工程师或建设单位项目负责人检查认为不合格的，施工单位必须如期改正，否则不准开工。

二、检验批质量检验记录

检验批质量检验记录见表 2-2。

标准用语：评定用"符合要求"，验收用"合格"。各层次验收均按此用语。

1. 检验批的编号

表的左上角为本检验批质量验收所执行的规范编号，如表 2-2 中"CJJ 1—2008"，表示执行国家标准《城镇道路工程施工与质量验收规范》（CJJ 1—2008）。

表的右上角有编号，如"路质检表 编号：_____"。其意义为："路质检表"为城镇道路工程施工质量验收表格；编号为同一分项同一验收内容不同检验批的顺序号，由施工单位项目部的资料编制人员编号，考虑到特大桥或道路工程里程较长等的分项工程可能含有数量很多的检验批，一般填写 3 个编码的顺序号，如 001。

2. 表头部分的填写

"工程名称"栏，按合同文件上单位工程名称的全称填写。

"施工单位"栏，填写施工单位全称，与合同章名称一致。

"分部工程名称"及"分项工程名称"栏，按表 0-1 划定的分部（子分部）工程名称及分项工程名称填写。

"验收部位"栏，填写所验收检验批的范围，如"K2＋390～K2＋490 左侧护坡"等。

"工程数量"栏，填写能反应所验收检验批范围的工程量，如验收部位：K2＋390～K2＋490 左侧护坡，工程数量：长 100m。

"项目经理"、"技术负责人"栏，填写合同中指定的项目负责人、项目技术负责人。

"施工员"、"施工班组长"栏，按实际情况填写。

以上内容由施工单位统一填写，表头部分所填写的姓名不需本人签名，由填表人统一填写，以便明确责任，体现责任的可追溯性。

表 2-2 护坡检验批质量检验记录

CJJ 1—2008 路质检表 编号：002

工程名称																
施工单位																
分部工程名称					分项工程名称											
验收部位					工程数量											
项目经理					技术负责人											
施工员					施工班组长											

质量验收规定的检查项目及验收标准						检验频率		施工单位检查评定记录													监理单位验收记录
检查项目			允许偏差/mm			范围	点数	实测值或偏差值/mm									应测点数	合格点数	合格率/%	
			浆砌块石	浆砌料石	混凝土砌块			1	2	3	4	5	6	7	8	9				
一般项目	1	基底高程	土方	±20			20m	2													
			石方	±100				2													
	2	垫层厚度	±20				20m	2													
	3	砌体厚度	不小于设计值				每沉降缝	2													
	4	坡度	不陡于设计值 1：1.5				每20m	1													
	5	平整度	≤30	≤15	≤10		每座	1													
	6	顶面高程	±50	±30	±30		每座	2													
	7	顶边线型	≤30	≤10	≤10		100m	1													
	8	预制砌块强度	符合设计要求				每种、每检验批1组3块															
	9	砂浆强度①					50m³	1组(6块)														
	10	基础混凝土强度	符合设计要求				100m³	1组(3块)														
	11	护坡外观质量	砌筑线型顺畅、表面平整、咬砌有序、无翘动、砌缝均匀、勾缝密实，护坡顶与坡面之间缝隙封堵密实																		
平均合格率/%																					

施工单位检查评定结果	项目专业质量检查员： 年 月 日
监理（建设）单位验收结论	监理工程师 (建设单位项目专业技术负责人)： 年 月 日

① 砂浆平均抗压强度应符合设计规定；任一组试件抗压强度最低值不应低于设计强度的85%。

3. "质量验收规定的检查项目及验收标准"栏

此栏是本检验批所执行的专业质量验收规范规定的具体质量要求，包括验收规范中主控项目、一般项目的全部内容以及每个项目的具体验收指标（合格标准、检查方法、检查数量）。

4. "施工单位检查评定记录"栏

按以下几种情况分别填写。

① 对定性项目，符合表中合格标准的打"√"，不符合的打"×"。

② 对定量项目，直接填写抽测数据。

③ 对既有定性又有定量内容的项目，各个子项目质量均符合表中合格标准的打"√"，否则打"×"。

④ 一般项目中，对合格点有数据要求的项目，一般必须有80%以上检测点的实测值在允许偏差范围内，超出的点，其偏差不得超出允许偏差值的1.5倍，否则判为不合格。实测数值在允许偏差范围内填光身数字，如5等，超出允许偏差范围的数值则打上圈，如⑦等。

⑤ 有混凝土、砂浆强度等级要求的检验批，按规定制取试件后，可填写试件编号，其他内容先行验收，填写验收当日日期，各方签名确认。待试件试验报告出来后，结果合格则验收记录自动生效，不合格的处理后重新验收。

5. "施工单位检查评定结果"栏

由专业质量检查员逐项检查主控项目和一般项目的所有内容，确认符合规范要求后，填写"主控项目全部符合要求，一般项目满足规范要求，本检验批符合要求"的结论，签名后，交监理工程师或建设单位项目专业技术负责人验收。

6. "监理单位验收记录"栏

监理（建设）单位对主控项目、一般项目逐项验收。对符合合格标准的项目，填写"合格"。对有不合格项的检验批，由施工单位整改合格后再验收，然后形成记录。

7. "监理（建设）单位验收结论"栏

监理工程师或建设单位项目专业技术负责人逐项检查主控项目，一般项目所有内容，全部合格后，填写"主控项目全部合格，一般项目满足规范要求，本检验批合格"的结论，并签名。该检验批通过验收。

三、分项工程质量检验记录

分项工程质量检验记录见表2-3。

分项工程验收是在检验批验收合格的基础上进行的，起到一个归纳整理的作用，是一个统计过程，一般没有实体验收的内容。

分项工程标题栏：按表0-1的划分填上所验收分项工程的名称。

表头的填写：应与检验批的一致，由施工单位统一填写。

分项工程的编号：按表0-1，同一分部工程的分项工程，按01、02等顺序编排。

"检验批部位、区段"栏由施工单位填写（若一张表容纳不下，可续表），经逐项检查确认符合要求后，在"施工单位自检情况"相应的"合格率"栏中填写合格率，"检验结论"栏中填写"合格"，施工单位的项目专业技术负责人检查无误后，在"施工单位检查结果"栏中填写"所含检验批无遗漏，各检验批所覆盖的区段和所含内容无遗漏，全部符合要求，本分项符合要求"的结论，签名后交监理单位或建设单位验收。

表 2-3　护坡分项工程质量检验记录

CJJ 1—2008　　　　　　　　　　　　　　　　　　　　　　　　　　　　路质检表　　编号：05

工程名称		分部工程名称		检验批数	
施工单位		项目经理		项目技术负责人	

序号	检验批部位、区段	施工单位自检情况		监理（建设）单位验收情况 验收意见
		合格率/%	检验结论	
1				
2				
3				
4				
5				
6				
7				
8				
平均合格率/%				
施工单位检查结果	项目技术负责人： 　　　　　　　年　月　日	验收结论	监理工程师： （建设单位项目专业技术负责人） 　　　　　　　　　　　年　月　日	

　　监理单位的专业监理工程师（或建设单位的专业技术负责人）对施工单位所列的检验批部位、区段审查，并检查是否有遗漏。检查合格后，在"监理（建设）单位验收情况验收意见"栏中填写"所含检验批无遗漏，各检验批所覆盖的区段和所含内容无遗漏，所查检验批全部合格"，最后在"验收结论"栏填写"本分项合格"结论，并签名。

四、子分部工程质量检验记录

　　验收子分部工程时，要核查其所包括的分项是否齐全，是否全部合格，还要核查质量控制资料、安全和功能项目的检测报告是否齐全并合格，需验收观感质量的要验收观感质量等。子分部工程的质量验收，除了做好资料的整理和统计工作之外，尚需进行规定项目的检测。

　　下面根据表 2-4、表 2-5 进行讲解。

表 2-4　水泥混凝土面层子分部工程检验记录（一）

CJJ 1—2008

路质检表　　编号：03

工程名称			分部工程名称		
施工单位					
项目经理			技术负责人		

序号	分项工程名称	检验批数	合格率/%	质量情况
1	水泥混凝土面层			
2	模板			
3	钢筋			

质量控制资料	共　　项,经查符合要求　　项,经核定符合规范要求　　项
安全和功能检验（检测)报告	共核查　　项,符合要求　　项,经返工处理符合要求　　项
观感质量验收	共抽查　　项,符合要求　　项,不符合要求　　项;观感质量评价:
子分部工程检验结果	平均合格率/%

验收单位	施工单位	项目经理:　　　　　　　　　　　　　　　　　　　　　年　月　日
	监理(建设)单位	总监理工程师: (建设单位项目专业负责人)　　　　　　　　　　　年　月　日

表 2-5　水泥混凝土面层子分部工程检验记录（二）

序号	检查内容	份数	监理(建设)单位检查意见
1	图纸会审、设计变更、洽商记录		
2	对原混凝土路面与基层空隙处理修补记录		
3	测量复测记录		
4	混凝土面层原材料合格证、出厂检验报告		
5	进场复检报告		
6	钢筋、传力杆隐蔽记录		
7	预检工程检查记录		
8	混凝土测温记录		
9	混凝土浇注记录		
10	分项工程质量验收记录		
11	水泥混凝土试块强度报告(含抗折)		
12	抗滑构造深度检测记录		
13	水泥混凝土抗压强度统计评定表		
14	水泥混凝土抗折强度统计评定表		
检查人：			

注：1. 检查意见分两种：合格打"√"，不合格打"×"；

2. 验收时，若混凝土试块未达龄期，各方可验收除混凝土强度外的其他内容。待混凝土强度试验数据得出后，达到设计要求则验收有效；达不到要求，处理后重新验收。

（一）子分部工程的编号

按表 0-1，同一分部工程的子分部工程，按 01、02 等顺序编排。

表头的填写：应与检验批的一致，由施工单位统一填写。

（二）验收内容

1. 分项工程核查

"分项工程名称"栏，以工程的实际情况按表 0-1 填写。在"检验批数"栏分别填写各分项工程的检验批数（可从相应的分项工程检验记录中得到）。在"合格率"栏分别填写各分项工程的合格率（可从相应的分项工程检验记录中得到）。在"质量情况"栏，由施工单位填写自行检查评定的结果，逐项查阅全部所含分项验收记录，确认合格的，在栏内填写"合格"，有不合格分项的不能交监理单位或建设单位验收，应进行返修直至符合要求后再提交验收。

2. 质量控制资料核查

"质量控制资料"栏指属于质量控制资料的检查项，可按子分部工程检验记录附表逐项检查，施工单位将符合要求的资料数量填入子分部工程检验记录附表相应的"份数"栏内，填写完后送监理单位或建设单位验收，监理单位或建设单位组织核查，确认资料合格且基本齐全后，在子分部工程检验记录附表"监理（建设）单位检查意见"栏内打"√"，资料不齐全或不合格的打"×"，有打"×"项目的应重新验收并重新形成验收记录，完成后，由监理单位或建设单位在"质量控制资料"栏中填写"共　　项，经查符合要求　　项，经核定符合规范要求　　项"的结论。

3. 安全和功能检验（检测）报告核查

"安全和功能检验（检测）报告"栏指属于安全功能检验（检测）报告的检查项，可按子分部工程检验记录附表逐项检查，施工单位将符合要求的检验报告数量填入附表相应的"份数"栏内，填写完后送监理单位或建设单位验收，监理单位或建设单位组织核查。核查时注意：应在本子分部检测的项目是否都做了检测；每份检测报告、每个检测项目的检测方法及程序是否符合有关标准规定；所有该检测的技术指标是否已全部检测；检测结果是否达到规范的要求；检测报告的审批程序和签字是否完整。检查合格的，在子分部工程检验记录附表"监理（建设）单位检查意见"栏内打"√"，资料不齐全或不合格的打"×"，有打"×"项目的应重新验收并重新形成验收记录，完成后，由监理单位或建设单位在"安全和功能检验（检测）报告"栏中填写"共核查　　项，符合要求　　项，经返工处理符合要求　　项"的结论。

4. 观感质量验收

观感质量由总监理工程师或建设单位项目专业负责人组织施工单位进行验收，在听取参加验收人员意见的基础上，以总监理工程师或建设单位项目专业负责人为主导，共同确定对质量的评价："好"、"一般"、"差"，并在"观感质量验收"栏内填写。对观感质量评价为"差"的项目，应进行返修，若确难修理的，只要不影响结构安全和使用功能，可协商接收。

5. 子分部工程检验结果

由总监理工程师或建设单位项目专业负责人填写，表中所有内容，包括所有分项、质量控制资料、安全和功能检验（检测）报告、观感质量验收等，经审查确认全部合格后，在栏内填写"合格"的结论。

6. 验收人员签字认可

施工单位项目经理、总监理工程师或建设单位项目专业负责人亲笔签名，以示负责，体现质量责任的可追溯性。子分部工程检验记录附表"检查人"一栏由监理或建设单位检查资料的人员亲笔签名认可。

五、分部工程质量检验记录

分部工程质量检验记录见表2-6。

验收分部工程时，要核查其所包括的子分部（或分项）是否齐全，是否全部合格，还要核查质量控制资料、安全和功能项目的检测报告是否齐全并合格，需验收观感质量的要验收观感质量等。分部工程的质量验收，除了做好资料的整理和统计工作之外，尚需进行规定项目的检测。

1. 分部工程的编号

按表0-1，以01、02等顺序编排。如路基按01，基层按02等。

2. 表头的填写

应与检验批的一致，由施工单位统一填写。

3. 验收内容的填写

（1）分部工程含有多个子分部工程时

"子分部工程名称"栏，以工程的实际情况按表0-1填写。"分项工程数"、"合格率"栏，可从相应的子分部工程质量检验记录中统计填写。"质量情况"栏填写施工单位自行检查评定的结果，符合要求的填写"合格"，有不符合要求的不能交验收组验收，应返修至符合要求后再提交验收。

"质量控制资料"、"安全和功能检验（检测）报告"、"观感质量验收"栏，可对所含子分部的质量检验记录的相应内容进行统计整理，由施工单位填入本表，验收组复核并对本分部作出观感质量评价，等级分为"好"、"一般"、"差"三种。

以上内容由总监理工程师或建设单位项目负责人组织验收组审查，符合要求后在"分部工程检验结果"栏内填写"合格"的结论。

参加验收的单位签章认可：参与工程量建设责任单位的有关人员亲笔签名，并加盖单位公章。

（2）分部工程含有多个分项工程时

同子分部。

表 2-6　面层分部工程检验记录

CJJ 1—2008　　　　　　　　　　　　　　　　　　　　　路质检表　编号：03

工程名称				
施工单位				
项目经理		技术负责人		
序号	子分部工程名称	分项工程数	合格率/%	质量情况
质量控制资料	共　项,经查符合要求　项,经核定符合规范要求　项			
安全和功能检验（检测）报告	共核查　项,符合要求　项,经返工处理符合要求　项			
观感质量验收	共抽查　项,符合要求　项,不符合要求　项;观感质量评价：			
分部工程检验结果	平均合格率/%			

施工单位	项目经理： （公章） 年　月　日	监理单位	总监理工程师： （公章） 年　月　日
建设单位	项目负责人： （公章） 年　月　日	设计单位	项目设计负责人： （公章） 年　月　日

六、单位（子单位）工程质量竣工验收记录

单位（子单位）工程质量竣工验收记录汇总表见表2-7。

表 2-7 单位（子单位）工程质量竣工验收记录
汇　总　表

CJJ 1—2008　　　　　　　　　　　　　　　　　　　　　　　　路质检表（一）

工程名称					
施工单位					
道路类型			工程造价		
项目经理		项目技术负责人		制表人	
开工日期	年　月　日		竣工日期		年　月　日

序号	项目	验收记录	验收结论
1	分部工程	共　分部,经查　分部 符合标准及设计要求　分部	
2	质量控制资料核查	共　项,经审查符合要求　项, 经核定符合规范要求　项	
3	安全和主要使用功能 核查及抽查结果	共核查　项,符合要求　项, 共抽查　项,符合要求　项, 经返工处理符合要求　项	
4	观感质量检验	共抽查　项,符合要求　项, 不符合要求　项	
5	综合验收结论		

参加验收单位	建设单位	监理单位	施工单位	设计单位
	（公章）	（公章）	（公章）	（公章）
	单位(项目)负责人	总监理工程师	单位负责人	单位(项目)负责人
	年　月　日	年　月　日	年　月　日	年　月　日

单位（子单位）工程质量竣工验收记录共 4 张表，分别是汇总表、工程质量主要控制资料核查记录、安全和功能检验资料核查及主要功能抽查记录、观感质量检查记录（注：城镇道路工程只有汇总表）。

单位（子单位）工程由竣工验收组验收。竣工验收组由建设单位组织，成员为建设单位、监理单位、勘察单位、设计单位、施工单位各方的项目负责人，验收的组织者是建设单位的项目负责人。汇总表由验收组成员、各参建方负责人亲笔签名并加盖公章。

汇总表表头部分的填写与分部（子分部）的相仿，如无子单位工程，就无须填写子单位工程名称。验收如下。

1. 分部工程核查

由施工单位进行统计并填写，再由项目经理提交监理（建设）单位验收。总监理工程师或建设单位项目负责人组织验收组成员核查无误后，在质检表（一）"验收结论"栏对应栏内填写结论"所含分部无遗漏并全部合格，同意验收"。

2. 质量控制资料核查

质量控制资料在分部（子分部）工程验收中已经审查过，在单位（子单位）工程验收中将最重要的质量控制资料再复查一次，由施工单位按分部（子分部）工程所记录的资料进行统计，然后填入质检表（一）"验收记录"相应栏内。总监理工程师或建设单位项目负责人组织验收组成员核查无误后，在质检表（一）"验收结论"栏对应栏内填写结论"情况属实，同意验收"。

3. 安全和主要使用功能核查及抽查结果的核查

这个项目包括两方面的内容：一是在分部（子分部）已进行了安全和功能检测的项目，由施工单位统计整理，交监理（建设）单位核查，核查其检测报告、检测结论是否符合要求，然后由施工单位在表中"共核查　　项，符合要求　　项"栏内填入数字；二是在竣工验收中进行功能抽查的项目，拟抽查的项目由验收组协商确定，一般抽查对质量及检测报告的结论有疑义的项目和在竣工后方能形成使用功能的项目。抽查合格后，由施工单位在表中"共抽查　　项，符合要求　　项"栏内填入统计数字（如果个别项目的抽测结果达不到设计要求，应进行返工处理直至符合要求）。总监理工程师或建设单位项目负责人组织验收组成员核查无误后，在质检表（一）"验收结论"对应栏内填写结论"情况属实，同意验收"。

4. 观感质量验收

这个项目实际是复查各分部（子分部）工程验收后到工程竣工这一时段的质量变化及成品保护，并对在分部（子分部）工程验收时尚未形成观感质量的项目进行验收。验收由建设单位组织，由施工单位将抽查质量情况记录在表中"共抽查　　项，符合要求　　项，不符合要求　　项"栏内。总监理工程师或建设单位项目负责人组织验收组成员核查无误后，在质检表（一）"验收结论"对应栏内填写"好（或一般、差）"的总体评价和"同意验收（让步接收）"的结论。

以上四个内容完成并经验收组共同确认后，由建设单位在质检表（一）"综合验收结论"栏内填写"本单位（或子单位）工程符合设计和规范要求，工程质量合格"的最终验收结论。

验收合格后，竣工验收组成员签名，四方质量责任主体有关负责人签名，署验收日期并加盖单位公章确认。

第三章
施工质量文件的形成及归档整理

学习任务
◎ 熟悉施工质量文件的形成。
◎ 熟悉归档文件质量要求。
◎ 熟悉道路工程文件归档整理。

第一节　施工质量文件的形成

工程施工阶段所形成的质量文件称为施工质量文件，由施工单位按照合同约定的提交份数及提交时间等收集和整理。

1. 施工技术文件的形成

如图 3-1 所示。

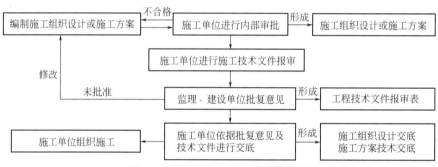

图 3-1　施工技术文件的形成流程图

2. 施工单位施工物资文件的形成

如图 3-2 所示。

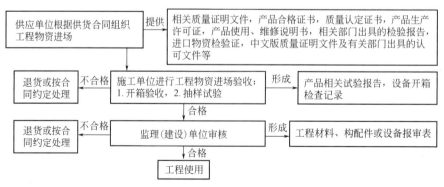

图 3-2　施工单位施工物资文件的形成流程图

3. 检验批质量验收文件的形成

如图 3-3 所示。

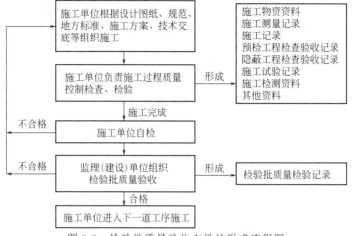

图 3-3　检验批质量验收文件的形成流程图

4. 分项工程质量验收文件的形成

如图 3-4 所示。

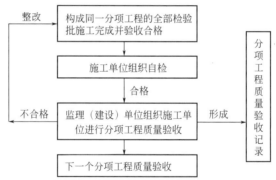

图 3-4　分项工程质量验收文件的形成流程图

5. 分部（子分部）工程质量验收文件的形成

如图 3-5 所示。

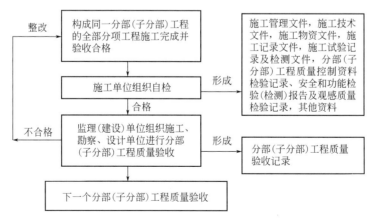

图 3-5　分部（子分部）工程质量验收文件的形成流程图

6. 单位（子单位）工程竣工验收文件的形成

如图 3-6 所示。

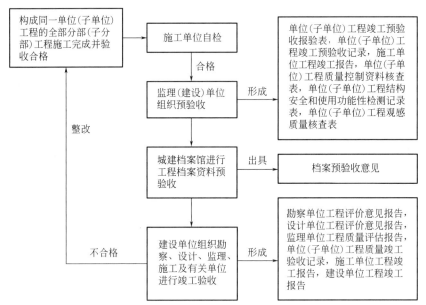

图 3-6　单位（子单位）工程竣工验收文件的形成流程图

第二节　施工质量文件的归档整理

一、归档文件质量要求

根据《建设工程文件归档规范》（GB/T 50328—2014）的规定，建设工程文件的归档整理应符合下列规定。

（1）归档的纸质工程文件应为原件。

（2）工程文件的内容及其深度应符合国家现行有关工程勘察、设计、施工、监理等标准的规定。

（3）工程文件的内容必须真实、准确，应与工程实际相符合。

（4）工程文件应采用碳素墨水、蓝黑墨水等耐久性强的书写材料，不得使用红色墨水、纯蓝墨水、圆珠笔、复写纸、铅笔等易褪色的书写材料。计算机输出的文字和图件应使用激光打印机，不应使用色带式打印机、水性墨打印机和热敏打印机。

（5）工程文件应字迹清楚，图样清晰，图表整洁，签字盖章手续应完备。

（6）工程文件中文字材料幅面尺寸规格宜为 A4 幅面（297mm×210mm）。图纸宜采用国家标准图幅。

（7）工程文件的纸张应采用能长期保存的韧力大、耐久性强的纸张。

（8）所有竣工图均应加盖竣工图章（如图 3-7），竣工图章的基本内容包括以下几点。

① "竣工图"字样、施工单位、编制人、审核人、技术负责人、编制日期、监理单位、监理工程师、总监理工程师。

② 竣工图章尺寸应为：50mm×80mm。

③ 竣工图章应使用不易褪色的印泥，应盖在图标栏上方空白处。

（9）竣工图的绘制与改绘应符合国家现行有关制图标准的规定。

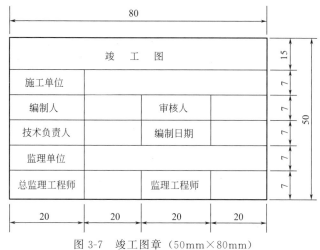

图 3-7　竣工图章（50mm×80mm）

二、归档整理

根据《建设工程文件归档规范》（GB/T 50328—2014）的规定，将移交城建档案馆的城镇道路工程文件列于表 3-1 中，施工文件（C 类）部分由施工单位按施工质量文件的形成过程收集和整理，收集和整理的原则是遵循自然形成的规律收集齐全、整理有序，便于查阅。表 3-1 中其他内容为各方质量责任主体须移交城建档案馆的文件，由各方按要求自行整理。

表 3-1　道路工程文件归档范围

类别	归 档 文 件	保存单位				
		建设单位	设计单位	施工单位	监理单位	城建档案馆
工程准备阶段文件（A 类）						
A1	立项文件					
1	项目建议书批复文件及项目建议书	▲				▲
2	可行性研究报告批复文件及可行性研究报告	▲				▲
3	专家论证意见、项目评估文件	▲				▲
4	有关立项的会议纪要、领导批示	▲				▲
A2	建设用地、拆迁文件					
1	选址申请及选址规划意见通知书	▲				▲
2	建设用地批准书	▲				▲
3	拆迁安置意见、协议、方案等	▲				△
4	建设用地规划许可证及其附件	▲				▲
5	土地使用证明文件及其附件	▲				▲
6	建设用地钉桩通知单	▲				▲

类别	归 档 文 件	保存单位				
		建设单位	设计单位	施工单位	监理单位	城建档案馆
A3	勘察、设计文件					
1	工程地质勘察报告	▲	▲			▲
2	水文地质勘察报告	▲	▲			▲
3	初步设计文件(说明书)	▲	▲			
4	设计方案审查意见	▲	▲			▲
5	人防、环保、消防等有关主管部门(对设计方案)审查意见	▲	▲			▲
6	设计计算书	▲	▲			△
7	施工图设计文件审查意见	▲	▲			▲
8	节能设计备案文件	▲				▲
A4	招投标文件					
1	勘察、设计招投标文件	▲	▲			
2	勘察、设计合同	▲	▲			▲
3	施工招投标文件	▲		▲	△	
4	施工合同	▲		▲	△	▲
5	工程监理招投标文件	▲			▲	
6	监理合同	▲			▲	▲
A5	开工审批文件					
1	建设工程规划许可证及其附件	▲		△	△	▲
2	建设工程施工许可证	▲		▲	▲	▲
A6	工程造价文件					
1	工程投资估算材料	▲				
2	工程设计概算材料	▲				
3	招标控制价格文件	▲				
4	合同价格文件	▲		▲		△
5	结算价格文件	▲		▲		△
A7	工程建设基本信息					
1	工程概况信息表	▲		△		▲
2	建设单位工程项目负责人及现场管理人员名册	▲				▲
3	监理单位工程项目总监及监理人员名册	▲			▲	▲
4	施工单位工程项目经理及质量管理人员名册	▲		▲		▲
	监理文件(B类)					
B1	监理管理文件					
1	监理规划	▲			▲	▲
2	监理实施细则	▲		△	▲	▲
3	监理月报	△			▲	

类别	归 档 文 件	保存单位				
		建设单位	设计单位	施工单位	监理单位	城建档案馆
B1	监理管理文件					
4	监理会议纪要	▲		△	▲	
5	监理工作日志				▲	
6	监理工作总结				▲	▲
7	工作联系单	▲		△	△	
8	监理工程师通知	▲		△	△	△
9	监理工程师通知回复单	▲		△	△	△
10	工程暂停令	▲		△	△	▲
11	工程复工报审表	▲		▲	▲	▲
B2	进度控制文件					
1	工程开工报审表	▲		▲	▲	▲
2	施工进度计划报审表	▲		△	△	
B3	质量控制文件					
1	质量事故报告及处理资料	▲		▲	▲	▲
2	旁站监理记录	△		△	▲	
3	见证取样和送检人员备案表	▲		▲	▲	
4	见证记录	▲		▲	▲	
5	工程技术文件报审表			△		
B4	造价控制文件					
1	工程款支付	▲		△	△	
2	工程款支付证书	▲		△	△	
3	工程变更费用报审表	▲		△	△	
4	费用索赔申请表	▲		△	△	
5	费用索赔审批表	▲		△	△	
B5	工期管理文件					
1	工程延期申请表	▲		▲	▲	▲
2	工程延期审批表	▲			▲	▲
B6	监理验收文件					
1	工程竣工移交书	▲		▲	▲	▲
2	监理资料移交书	▲			▲	
	施工文件（C类）					
C1	施工管理文件					
1	工程概况表	▲		▲	▲	△
2	施工现场质量管理检查记录			△	△	

类别	归 档 文 件	保存单位				
		建设单位	设计单位	施工单位	监理单位	城建档案馆
C1	施工管理文件					
3	企业资质证书及相关专业人员岗位证书	△		△	△	△
4	分包单位资质报审表	▲		▲	▲	
5	建设单位质量事故勘查记录	▲		▲	▲	▲
6	建设工程质量事故报告书	▲		▲	▲	▲
7	施工检测计划	△		△	△	
8	见证试验检测汇总表	▲		▲	▲	▲
9	施工日志			▲		
C2	施工技术文件					
1	工程技术文件报审表	△		△	△	
2	施工组织设计及施工方案	△		△	△	△
3	危险性较大分部分项工程施工方案	△		△	△	
4	技术交底记录	△		△		
5	图纸会审记录	▲	▲	▲	▲	▲
6	设计变更通知单	▲	▲	▲	▲	▲
7	工程洽商记录（技术核定单）	▲	▲	▲	▲	▲
C3	进度造价文件					
1	工程开工报审表	▲	▲	▲	▲	△
2	工程复工报审表	▲	▲	▲	▲	△
3	施工进度计划报审表			△	△	
4	施工进度计划			△	△	
5	人、机、料动态表			△	△	
6	工程延期申请表	▲		▲	▲	△
7	工程款支付申请表	▲		△	△	
8	工程变更费用报审表	▲		△	△	
9	费用索赔申请表	▲		△	△	
C4	施工物资文件					
	出厂质量证明文件及检测报告					
1	水泥产品合格证、出厂检验报告	△		▲	▲	△
2	各类砌块、砖块合格证、出厂检验报告			▲	▲	
3	砂、石料产品合格证、出厂检验报告	△		▲	▲	
4	钢材产品合格证、出厂检验报告	△		▲	▲	△
5	粉煤灰产品合格证、出厂检验报告	△		▲	▲	
6	混凝土外加剂产品合格证、出厂检验报告	△		▲	△	

类别	归 档 文 件	保存单位				
		建设单位	设计单位	施工单位	监理单位	城建档案馆
C4	施工物资文件					
	出厂质量证明文件及检测报告					
7	商品混凝土产品合格证	▲		▲	△	△
8	商品混凝土出厂检验报告	△		▲	△	
9	预制构件产品合格证、出厂检验报告	△		▲	△	
10	道路石油沥青产品合格证、出厂检验报告	△		▲	△	
11	沥青混合料(用粗集料、用细集料、用矿粉)产品合格证、出厂检验报告	△		▲	△	
12	沥青胶结料(用粗集料、用细集料、用矿粉)产品合格证、出厂检验报告	△		▲	△	
13	石灰产品合格证、出厂检验报告	△		▲	△	
14	土体试验检验报告	▲		▲	△	△
15	土的有机质含量检验报告	▲		▲	△	△
16	集料检验报告	▲		▲	△	△
17	石材检验报告	▲		▲	△	△
18	土工合成材料力学性能检验报告	▲		▲	△	△
19	其他施工物资产品合格证、出厂检验报告					
	进场检验通用表格					
1	材料、构配件进场验收记录			△	△	
2	见证取样送检汇总表			△	△	
	进场复试报告					
1	主要材料、半成品、构配件、设备进场复检汇总表	▲		▲	▲	△
2	见证取样送检检验成果汇总表			△	▲	
3	钢材进场复试报告	▲		▲	▲	△
4	水泥进场复试报告	▲		▲	▲	△
5	各类砌块、砖块进场复试报告	▲		▲	▲	△
6	砂、石进场复试报告	▲		▲	▲	△
7	粉煤灰进场复试报告	▲		▲	▲	△
8	混凝土外加剂进场复试报告	△		▲	▲	△
9	道路石油沥青进场复试报告	▲		▲	△	▲
10	沥青混合料(用粗集料、用细集料、用矿粉)进场复试报告	▲		▲	△	▲
11	沥青胶结材料进场复试报告	▲		▲	△	▲
12	石灰进场复试报告	▲		▲	△	
13	预制小型构件复检报告	▲		▲	△	
14	其他物资进场复试报告					

类别	归档文件	保存单位				
		建设单位	设计单位	施工单位	监理单位	城建档案馆
C5	施工记录文件					
1	测量交接桩记录	▲		▲	△	▲
2	工程定位测量记录	▲		▲	△	▲
3	水准点复测记录	▲		▲	△	▲
4	导线点复测记录	▲		▲	△	▲
5	测量复核记录	▲		▲	△	▲
6	沉降观测记录	▲		▲	△	▲
7	道路高程测量成果记录（路床、基层、面层）	▲		▲	△	▲
8	隐蔽工程检查验收记录	▲		▲	△	△
9	工程预检记录	▲		△	△	
10	中间检查交接记录	▲		△	△	△
11	水泥混凝土浇筑施工记录	▲		▲	△	△
12	同条件养护混凝土试件测温记录			△	△	
13	混凝土开盘鉴定			△	△	
14	沥青混合料到场及摊铺、碾压测温记录			▲	△	
15	桩施工成果汇总表	▲		▲	△	▲
16	桩施工记录	▲		▲	△	▲
17	其他施工记录文件					
C6	施工试验记录及检测文件					
1	土工击实试验报告	▲		▲	△	▲
2	沥青混合料马歇尔试验报告	▲		▲	△	▲
3	地基钎探试验报告	▲		▲	△	▲
4	路基压实度检验汇总表	▲		▲	△	△
5	基层/沥青面层压实度检验汇总表	▲		▲	△	△
6	压实度检验报告	▲		▲	△	△
7	压实度检验记录	▲		▲		
8	沥青混合料压实度检验报告	▲		▲	△	△
9	填土含水率检测记录	▲		▲	△	△
10	石灰（水泥）剂量检验报告（钙电击法）	▲		▲	△	△
11	石灰、水泥稳定土中含灰量检测记录（EDTA法）	▲		▲	△	△
12	基层混合料无侧限饱水抗压强度检验汇总表	▲		▲	△	△
13	无侧限饱水抗压强度检验报告	▲		▲	△	△
14	沥青混合料（矿料级配及沥青用量）检验报告	▲		▲	△	△
15	水泥混凝土强度检验汇总表	▲		▲	△	△
16	水泥混凝土抗压强度统计评定表	▲		▲	△	△

类别	归 档 文 件	保存单位				
		建设单位	设计单位	施工单位	监理单位	城建档案馆
C6	施工试验记录及检测文件					
17	水泥混凝土配合比申请单、通知单			△	△	
18	水泥混凝土抗压强度试验报告	▲		▲	△	△
19	水泥混凝土抗折强度统计评定表	▲		▲	△	▲
20	水泥混凝土抗折强度检验报告	▲		▲	△	▲
21	水泥混凝土配合比设计试验报告	▲		▲	△	
22	道路基层、面层厚度检测报告	▲		▲	△	△
23	砂浆试块强度检验汇总表	▲		▲	△	△
24	砂浆抗压强度统计评定表	▲		▲	△	△
25	砂浆抗压强度检验报告	▲		▲	△	△
26	砂浆配合比申请单、通知单			△	△	
27	砂浆配合比设计试验报告	▲		▲	△	
28	承载比(CBR)试验报告	▲		▲	△	
29	平整度检测报告(3m直尺、测平仪检查)	▲		▲	△	△
30	道路弯沉值测试成果汇总表	▲		▲	△	▲
31	道路(沥青面层)弯沉值检验报告	▲		▲	△	▲
32	道路(路床、基层)弯沉值检验报告	▲		▲	△	▲
33	道路弯沉值检验记录	▲		▲	△	
34	路面抗滑性能检验报告	▲		▲	△	△
35	相对密度试验报告	▲		▲	△	△
36	其他施工试验及检验文件					
C7	施工质量验收文件					
1	路基分部(子分部)工程质量验收记录	▲		▲	▲	▲
2	路基检验批质量检验记录	▲		△	△	
3	基层分部(子分部)工程质量验收记录	▲		▲	▲	▲
4	基层检验批质量检验记录			▲		
5	面层分部(子分部)工程质量验收记录	▲		▲	▲	▲
6	面层工程检验批质量检验记录	▲		△	△	
7	广场与停车场分部(子分部)工程质量验收记录	▲		▲	▲	▲
8	广场与停车场工程检验批质量检验记录	▲		△	△	
9	人行道分部(子分部)工程质量验收记录	▲		▲	▲	▲
10	人行道工程检验批质量检验记录	▲		△	△	
11	人行地道结构分部(子分部)工程质量验收记录	▲		▲	▲	▲
12	人行地道结构工程检验批质量检验记录	▲		△	△	
13	挡土墙分部(子分部)工程质量验收记录	▲		▲	▲	▲

类别	归 档 文 件	保存单位				
		建设单位	设计单位	施工单位	监理单位	城建档案馆
C7	施工质量验收文件					
14	挡土墙工程检验批质量检验记录表	▲		△	△	
15	附属构筑物分部、分项工程质量验收记录	▲		▲	▲	▲
16	附属构筑物工程检验批质量检验记录	▲		△	△	
17	道路工程各分部分项工程质量验收记录	▲		▲	△	
18	其他施工质量验收文件					
C8	施工验收文件					
1	单位(子单位)工程竣工预验收报验表	▲		▲	▲	
2	单位(子单位)工程质量竣工验收记录	▲	▲	▲	▲	▲
3	单位(子单位)工程质量控制资料核查记录	▲		▲	▲	▲
4	单位(子单位)工程安全和功能检验资料核查及主要功能抽查记录	▲		▲	▲	▲
5	单位(子单位)工程外观质量检查记录	▲		▲	▲	▲
6	施工资料移交书	▲		▲		
7	其他施工验收文件					
	竣工图(D类)					
1	道路竣工图	▲		▲		▲
	工程竣工文件(E类)					
E1	竣工验收与备案文件					
1	勘察单位工程评价意见报告	▲		△	△	▲
2	设计单位工程评价意见报告	▲	▲	△	△	▲
3	施工单位工程竣工报告	▲		▲	△	▲
4	监理单位工程质量评估报告	▲		△	▲	▲
5	建设单位工程竣工报告	▲		▲	△	▲
6	工程竣工验收会议纪要	▲	▲	▲	▲	▲
7	专家组竣工验收意见	▲	▲	▲	▲	▲
8	工程竣工验收证书	▲	▲	▲	▲	▲
9	规划、消防、环保、人防等部门出具的认可或准许使用文件	▲	▲	▲	▲	▲
10	市政工程质量保修单	▲	▲	▲		▲
11	市政基础设施工程竣工验收与备案表	▲	▲	▲	▲	▲
12	道路工程档案预验收意见	▲		△		▲
13	城建档案移交书	▲				▲
14	其他工程竣工验收与备案文件					

类别	归 档 文 件	保存单位				
		建设单位	设计单位	施工单位	监理单位	城建档案馆
E2	竣工决算文件					
1	施工决算文件	▲		△		△
2	监理决算文件	▲			▲	△
E3	工程声像文件					
1	开工前原貌、施工阶段、竣工新貌照片	▲		△	△	▲
2	工程建设过程的录音、录像文件(重大工程)	▲		△	△	▲
E4	其他工程文件					

注：表中符号"▲"表示必须归档保存；"△"表示选择性归档保存。

下篇

第四章
城镇道路案例工程

第一节　检验批划分方案

施工前，施工单位应根据施工组织设计确定的质量保证计划，确定工程质量控制的单位工程、分部工程、分项工程和检验批，报监理工程师批准后执行，并作为施工质量控制的基础。见表 4-1。

表 4-1　检验批划分方案

序号	分部工程	子分部工程	分项工程	检验批	检验批划分部位
1	路基	—	路基处理	换填土处理 软土路基	K2+000～K2+187 全幅 92 区、93 区
					K2+000～K2+187 全幅 94 区
					K2+000～K2+187 全幅 95 区、96 区
					K2+000～K2+187 左幅 95 区
					K2+000～K2+187 右幅 95 区
					K2+000～K2+187 左幅 90 区
					K2+000～K2+187 右幅 90 区
					K2+187～K2+402 全幅 95 区、96 区
					K2+187～K2+402 左幅 95 区
					K2+187～K2+402 右幅 95 区
					K2+187～K2+402 左幅 90 区
					K2+187～K2+402 右幅 90 区
					K2+803～K2+860 全幅 95 区、96 区
					K2+803～K2+860 左幅 95 区
					K2+803～K2+860 右幅 95 区
					K2+803～K2+860 左幅 90 区
					K2+803～K2+860 右幅 90 区

序号	分部工程	子分部工程	分项工程	检验批	检验批划分部位
1	路基	—	土方路基	填土路基	K2+402～K2+497 全幅 92 区、93 区
					K2+402～K2+497 全幅 94 区
					K2+402～K2+497 全幅 95 区、96 区
					K2+402～K2+497 左幅 95 区
					K2+402～K2+497 右幅 95 区
					K2+402～K2+497 左幅 90 区
					K2+402～K2+497 右幅 90 区
					K2+497～K2+700 全幅 92 区、93 区
					K2+497～K2+700 全幅 94 区
					K2+497～K2+700 全幅 95 区、96 区
					K2+497～K2+700 左幅 95 区
					K2+497～K2+700 右幅 95 区
					K2+497～K2+700 左幅 90 区
					K2+497～K2+700 右幅 90 区
					K2+700～K2+803 全幅 92 区、93 区
					K2+700～K2+803 全幅 94 区
					K2+700～K2+803 全幅 95 区、96 区
					K2+700～K2+803 左幅 95 区
					K2+700～K2+803 右幅 95 区
					K2+700～K2+803 左幅 90 区
					K2+700～K2+803 右幅 90 区
			石方路基	填石方路基	K2+497～K2+700 全幅
2	基层	—	级配碎石(碎砾石)基层	级配碎石(碎砾石)基层	K2+000～K2+860 左幅机动车道
					K2+000～K2+860 右幅机动车道
					K2+000～K2+860 左幅辅道
					K2+000～K2+860 右幅辅道
			水泥稳定土类基层	水泥稳定土类基层	K2+000～K2+860 左幅机动车道底基层
					K2+000～K2+860 右幅机动车道底基层
					K2+000～K2+860 左幅机动车道基层
					K2+000～K2+860 右幅机动车道基层
					K2+000～K2+860 左幅辅道底基层
					K2+000～K2+860 右幅辅道底基层
					K2+000～K2+860 左幅辅道基层
					K2+000～K2+860 右幅辅道基层
					K2+000～K2+860 左幅人行道基层
					K2+000～K2+860 右幅人行道基层

序号	分部工程	子分部工程	分项工程	检验批	检验批划分部位
3	面层	沥青混合料面层	热拌沥青混合料面层	热拌沥青混合料面层	K2+000～K2+860 左幅机动车道下面层
					K2+000～K2+860 左幅机动车道中面层
					K2+000～K2+860 左幅机动车道上面层
					K2+000～K2+860 右幅机动车道下面层
					K2+000～K2+860 右幅机动车道中面层
					K2+000～K2+860 右幅机动车道上面层
					K2+000～K2+860 左幅辅道下面层
					K2+000～K2+860 左幅辅道上面层
					K2+000～K2+860 右幅辅道下面层
					K2+000～K2+860 右幅辅道上面层
			透层	透层	K2+000～K2+860 左幅机动车道
					K2+000～K2+860 右幅机动车道
					K2+000～K2+860 左幅辅道
					K2+000～K2+860 右幅辅道
			封层	封层	K2+000～K2+860 左幅机动车道
					K2+000～K2+860 右幅机动车道
					K2+000～K2+860 左幅辅道
					K2+000～K2+860 右幅辅道
			黏层	黏层	K2+000～K2+860 左幅机动车道中黏层
					K2+000～K2+860 右幅机动车道中黏层
					K2+000～K2+860 左幅机动车道上黏层
					K2+000～K2+860 右幅机动车道上黏层
					K2+000～K2+860 左幅辅道上黏层
					K2+000～K2+860 右幅辅道上黏层
4	人行道	—	料石人行道铺砌面层（含盲道砖）	料石人行道铺砌面层（含盲道砖）	K2+000～K2+860 左幅人行道
					K2+000～K2+860 右幅人行道
5	附属构筑物分部工程	—	路缘石	路缘石	K2+000～K2+860 左幅机动车道右侧
					K2+000～K2+860 左幅机动车道左侧
					K2+000～K2+860 右幅机动车道左侧
					K2+000～K2+860 右幅机动车道右侧
					K2+000～K2+860 左幅辅道左侧
					K2+000～K2+860 左幅辅道右侧
					K2+000～K2+860 右幅辅道左侧
					K2+000～K2+860 右幅辅道右侧
			雨水支管与雨水口	雨水支管与雨水口	K2+000～K2+860 全幅横向排水管

序号	分部工程	子分部工程	分项工程	检验批	检验批划分部位
5	附属构筑物分部工程	—	排(截)水沟	排(截)水沟	K2+000～K2+390 左侧
					K2+750～K2+860 左侧
					K2+000～K2+470 右侧
					K2+710～K2+860 右侧
			护坡	护坡	K2+000～K2+390 左侧护坡
					K2+390～K2+490 左侧护坡
					K2+490～K2+650 左侧护坡
					K2+650～K2+750 左侧护坡
					K2+750～K2+860 左侧护坡
					K2+000～K2+470 右侧护坡
					K2+470～K2+710 右侧护坡
					K2+710～K2+860 右侧护坡

检验批划分方案说明如下。

(1) 路基分部工程的检验批可按地形、施工现场工作面情况，结合软基处理平面图、软基处理纵断面图等按路段划分。

(2) 路基分部工程的检验批可视工程实际情况划分，如土方路基或路基处理分项工程，可按实际填土或换填土层压实度分区分段划分，如 K2+000～K2+187 左幅 95 区；如果是高填土方，亦可按填方压实层每 N 层划分检验批，如 K2+000～K2+187 全幅第 1～5 层；其他情况，按实际填土或换填土层压实度分区（或分层）分段划分均可。

(3) 基层分部工程的检验批可视工程实际情况划分，如路面结构层设计最普遍的级配碎石（碎砾石）基层及水泥稳定土类基层分项工程，当施工现场采取整条路全幅施工时，检验批可按整条路全里程划分，如 K2+000～K2+860 全幅；当施工现场按路段施工时，检验批按路段划分，如 K2+000～K2+187 左幅机动车道。

(4) 面层分部工程一般情况下，施工现场均按路面结构层采取整条路全幅或半幅车道施工，检验批可按整条路全幅或半幅车道划分，如 K2+000～K2+860 左幅机动车道。

(5) 人行道分部工程

① 当人行道的路基与车行道为同一结构形式，且同时施工时，路基分部工程划分的检验批已经涵盖该内容，如案例工程中土方路基验收部位 K2+402～K2+497 全幅 92 区、93 区，其中 93 区为机动车道的压实度，92 区为辅道及人行道的压实度。

② 一般情况下，人行道的路床顶与车行道路床顶存在高差，规范要求人行道的路基压实度大于 90%，因此，存在高差部分的人行道路基工程按如 K2+402～K2+497 左幅 90 区等划分检验批。

③ 当人行道的基层标高与车行道的基层标高存在高差，且大多数情况下，人行道的基层材料配合比与车行道不同，因此，人行道的基层的分项工程按如 K2+000～K2+860 左幅人行道等划分检验批。

④ 人行道分部工程的验收主要是人行道铺砌（筑）面层的验收，一般情况下，施工现场均采取人行道的左幅或右幅全里程施工，因此，人行道分部工程的分项工程可按如 K2+000～K2+860 左幅人行道等划分检验批。

（6）附属构筑物分部工程

排（截）水沟、护坡：按附录二施工图边坡防护设计图施—路16并结合施工现场实际工作量划分。

第二节　单位工程施工管理资料

一、单位工程施工管理资料概述

本章依据《建设工程文件归档规范》（GB/T 50328—2014）及表3-1道路工程文件归档范围，同时结合各地、市公共工程（或市政工程）质量监督站编制的公共工程（或市政工程）单位（子单位）工程竣工验收文件和资料目录将施工现场管理检查记录、开工申请及开工令、测量复测记录、施工组织设计、施工方案、施工日记、技术交底及质量监督登记书、施工许可证、规划许可证等工程能够合法开工的证明文件一并纳入单位工程施工管理资料。

二、单位工程施工管理应具备的资料（见表4-2）

表4-2　单位工程施工管理应具备的资料

序号	文件和资料名称	备注
1	地质勘察报告	略
2	中标通知书	略
3	施工合同	略
4	施工图设计文件审查批准书(施工图审查)	略
5	质量监督登记书	略
6	规划许可证/施工许可证	略
7	图纸会审纪要/设计变更或洽商	附填写示例
8	施工组织设计/专项施工方案/方案报审表	附填写示例
9	施工现场质量管理检查记录表	附填写示例
10	设备进场报验资料	略
11	工程开工令/工程开工报审表	附填写示例
12	测量交接桩记录	附填写示例
13	导线点复测记录/测量成果报验表	附填写示例
14	水准点复测记录/施工控制测量成果报验表	附填写示例
15	技术交底单	附填写示例
16	分包单位的资质审查和管理记录	略
17	计量设备校核资料	略
18	质量问题整改通知书/整改完成情况报告	略
19	工程局部暂停施工通知书/工程复工通知书	略
20	工程质量事故处理记录及有关资料	略
21	行政处罚记录	略
22	施工日志	略
23	竣工图	略
24	其他资料	略

三、单位工程施工管理资料填写示例（见表4-3～表4-12）

表4-3　施工现场质量管理检查记录表

GB 50300—2013　　　　　　　　　　　　　　　　　　　　开工日期：××××年××月××日

工程名称	×××市×××道路工程	施工许可证(开工证)号		
建设单位		项目负责人		
设计单位		项目负责人		
监理单位		总监理工程师		
施工单位	×××市政集团工程有限责任公司	项目负责人	×××	项目技术负责人	×××

序号	项　目	内　容
1	项目部质量管理体系	过程控制、合格控制的质量管理体系;三检及交接检验制度;每周质量例会制度;每月度质量评定奖励制度;质量事故责任制度
2	现场质量责任制	岗位责任制;设计交底会制;技术交底制;挂牌制度
3	主要专业工种操作岗位证书	测量员、焊工、沥青混凝土摊铺机操作工、电工等专业工种,上岗证书齐全
4	分包单位管理制度	—
5	图纸会审记录	已经进行了图纸会审,四方签字确认完毕
6	地质勘察资料	地质勘探报告
7	施工技术标准	现场配备有设计要求的施工技术标准及质量验收规范
8	施工组织设计、施工方案编制及审批	施工组织设计、施工方案已编制并审批
9	物资采购管理制度	物资采购管理制度
10	施工设施和机械设备管理制度	施工设施和机械设备管理制度
11	计量设备配备	计量设备配备管理制度和计量设施的精确度及控制措施
12	检测试验管理制度	检测试验管理制度
13	工程质量检查验收制度	验收制度合理,符合法规及规范的要求,各项验收环节已经落实到人
14		

自检结果: 　　现场质量管理制度齐全	检查结论: 　　现场质量管理制度基本完善
施工单位项目负责人: 　　　　　　　　　　　　年　月　日	总监理工程师: (建设单位项目负责人) 　　　　　　　　　　　　年　月　日

表 4-4　工程开工令

工程名称：×××市×××道路工程   编号：01

致：×××市政集团工程有限责任公司　　　　　　　　　（施工单位）

　　经审查,本工程已具备施工合同约定的开工条件,现同意你方开始施工,开工日期为×××× 年×× 月×× 日。
　　附件:工程开工报审表

项目监理机构(盖章)

总监理工程师(签字、加盖执业印章)

年　　　月　　　日

注：本表一式三份,项目监理机构、建设单位、施工单位各一份。

表 4-5　工程开工报审表

工程名称：×××市×××道路工程　　　　　　　　　　　　　　　　　　　　　编号：01

致： _____（建设单位）　　　　　　　　（项目监理机构）

我方承担的　　×××市×××道路工程　　工程,已完成相关准备工作,具备开工条件,特申请于××××年××月××日开工,请予以审批。

项目附件:(证明文件资料)

施工现场质量管理检查记录表及其附件

施工单位(盖章)

项目经理(签字)_____

年　　　月　　　日

审核意见:

1. 检查施工许可证,施工现场主要管理人员和特殊工种作业人员资格证明文件符合要求;

2. 质量、技术、安全等管理体系已建立,各专业人员上岗证齐全;

3. 施工组织设计已审批,主要人员(项目经理、专业技术管理人员等)已到位,部分材料和机具已进场,符合开工条件;

4. 施工现场道路、水电、通讯等已达到开工条件,同意于××××年××月××日正式开工。

项目监理机构(盖章)

总监理工程师(签字、加盖执业印章)_____

年　　　月　　　日

审批意见:

建设单位(盖章)

建设单位代表(签字)_____

年　　　月　　　日

注：本表一式三份,项目监理机构、建设单位、施工单位各一份。

表 4-6 测量交接桩记录

工程名称	×××市×××道路工程		主持单位	×××建设集团有限公司	
交桩单位	×××建筑设计院		接桩单位	×××市政集团工程有限责任公司	
主持人	×××		交接桩日期	××××年××月××日	
交接桩类别	控制桩点		交桩施工范围	K2＋000～K2＋907.625	

交接桩内容	编 号	QD	JD1	ZD		
	交方测量成果	X:2628636.129 Y:467032.177	X:2628949.728 Y:467559.463	X:2629231.861 Y:467687.315		
	现场复测结果	X:2628636.127 Y:467032.177	X:2628949.728 Y:467559.461	X:2629231.809 Y:467687.315		
	结论	精度满足要求	精度满足要求	精度满足要求		

附图或说明	导线点位于×××路,用于×××道路工程施工测量

交接桩意见	经复测,精度满足要求

会签栏	主持单位(公章)	交桩单位(公章)	接桩单位(公章)	监理单位(公章)
	主持人:	交桩人:	接桩人:	见证人:

表 4-7 导线点复测记录

工程名称：×××市×××道路工程　　施工单位：×××市政集团工程有限责任公司　　复测部位：_____　　日期：____年__月__日

测点	测角	方位角	距离/m	纵坐标增量 ΔX/m	横坐标增量 ΔY/m	纵坐标 X/m	横坐标 Y/m	备注
N1						2861597.04	393082.52	（仅作参考：非本工程数据）
N2	193°21′30″	153°25′42″	119.189	−106.6	+53.315	2861490.44	393135.835	（仅作参考：非本工程数据）
N3	143°20′43″	166°47′12″	114.75	−111.712	+26.229	2861378.728	393162.064	（仅作参考：非本工程数据）
N4	165°57′59″	130°07′55″	123.7105	−79.738	+94.584	2861298.99	393256.648	（仅作参考：非本工程数据）
N5	110°11′23″	116°05′55″	382.9255	−168.455	+343.882	2861130.535	393600.53	（仅作参考：非本工程数据）
N6		146°17′18″	295.32	−245.667	+163.912	2860884.868	393764.442	（仅作参考：非本工程数据）

计算（另附简图）：

1. 角度闭合差：$f_{测}=+36''$，$f_{容}=±49''$

2. 坐标增量闭合差：$f_x=-0.212m$，$f_y=+0.215m$

3. 导线相对闭合差：$f=0.303m$，$K≈1/3420<1/2000$

结论：

精度符合设计要求

观测：　　　　复测：　　　　计算：　　　　施工项目技术负责人：

表 4-8　水准点复测记录

工程名称：×××市×××道路工程　施工单位：×××市政集团工程有限责任公司　　　复核部位：

日期：　　年　月　日

测点	后视/m (1)	前视/m (2)	高差/m (3)		高程/m (4)	备注
			＋ (3)＝(1)－(2)	－ (3)＝(1)－(2)		
D01	1.059				87.087	
	1.235	0.89	0.169		87.256	
BM1	1.231	1.109	0.126		87.256	
BM2	1.136	1.538		−0.307	87.382	
BM3		1.231		−0.095	87.075	
D01					86.980	

计算：

实测闭合差＝0　　　　　　　　　　　　　　　容许闭合差＝±42mm

结论：合格

观测：　　　复测：　　　　计算：　　　　　施工项目技术负责人：

表 4-9 施工控制测量成果报验表

工程名称：×××市×××道路工程   编号：CL-001

致：_____（项目监理机构） 我方已完成 ___×××市×××道路工程___ 的施工控制测量，经自检合格，请予以查验。 附： 1. 施工控制测量依据资料：规划红线、基准点、引进水准点标高文件资料。 2. 施工控制测量成果表：导线点复测记录，水准点复测记录。 3. 测量人员的资格证书及测量设备检定证书。 　　　　　　　　　　　　　　　　　　　　　　　　施工项目经理部（盖章） 　　　　　　　　　　　　　　　　　　　项目技术负责人（签字）_____ 　　　　　　　　　　　　　　　　　　　　　　　　　　　　年　月　日
审查意见：   　　　　　　　　　　　　测量复核符合要求   　　　　　　　　　　　　专业监理工程师（签字）_____ 　　　　　　　　　　　　　　　　　　　　　　年　月　日

注：本表一式三份，项目监理机构、建设单位、施工单位各一份。

《施工控制测量成果报验表》应用指南

（1）背景事件

施工单位在收到监理单位 5 月 28 日开具的工程开工令后，立即组织测量人员根据建设单位提供的规划红线、基准或基准点、引进水准点标高文件进行了工程平面控制网和高程控制网布设测量工作，施工项目经理部于 5 月 29 日报监理复核。

（2）规范对应条文

《建设工程监理规范》（GB/T 50319—2013）第 5.2.5 条、第 5.2.6 条。

（3）规范用表说明

测量放线的专业测量人员资格（测量人员的资格证书）及测量设备资料（施工测量放线使用测量仪器的名称、型号、编号、校验资料等）应经项目监理机构确认。

测量依据资料及测量成果包括下列内容。

① 平面、高程控制测量：需报送控制测量依据资料、控制测量成果表（包含平差计算表）及附图。

② 定位放样：报送放样依据、放样成果表及附图。

（4）适用范围

本表用于施工单位施工控制测量完成并自检合格后，报送项目监理机构复核确认。

（5）填表注意事项

收到施工单位报送的《施工控制测量成果报验表》后，报专业监理工程师批复。专业监理工程师按标准规范有关要求，进行控制网布设、测点保护、仪器精度、观测规范、记录清晰等方面的检查、审核，意见栏应填写是否符合技术规范、设计等的具体要求，重点应进行必要的内业及外业复核；符合规定时，由专业监理工程师签认。

注：《施工控制测量成果报验表》应用指南参考自《建设工程监理规范》（GB/T 50319—2013）应用指南第 98 页。

表 4-10 施工组织设计或（专项）施工方案报审表

工程名称：×××市×××道路工程 　　　　　　　　　　　　　　　　编号：01

致：＿＿＿＿＿＿＿＿＿＿＿＿＿＿＿＿＿＿＿＿＿＿＿＿＿＿＿＿（项目监理机构） 　　我方已完成＿＿＿×××市×××道路工程＿＿＿工程施工组织设计或（专项）施工方案的编制，并按规定已完成相关审批手续，请予以审查。 　　附：　√　施工组织设计 　　　　　　　专项施工方案 　　　　　　　施工方案 　　　　　　　　　　　　　　　　　　　　　　　　施工项目经理部（盖章） 　　　　　　　　　　　　　　　　　　　　　　项目经理（签字）＿＿＿＿＿＿＿＿＿ 　　　　　　　　　　　　　　　　　　　　　　　　　　　年　　月　　日
审查意见： 1. 编审程序符合相关规定； 2. 本施工组织设计编制内容能够满足本工程施工质量目标、进度目标、安全生产和文明施工目标均满足合同要求； 3. 施工平面布置满足工程质量进度要求； 4. 施工进度、施工方案及工程质量保证措施可行； 5. 资金、劳动力、材料、设备等资源供应计划与进度计划基本衔接； 6. 安全生产保障体系及采用的技术措施基本符合相关标准要求。 　　　　　　　　　　　　　　　　　　　　　　专业监理工程师（签字）＿＿＿＿＿＿＿＿＿ 　　　　　　　　　　　　　　　　　　　　　　　　　　年　　月　　日
审核意见： 　　同意专业监理工程师的意见，请严格按照施工组织设计组织施工。 　　　　　　　　　　　　　　　　　　　　　　　　项目监理机构（盖章） 　　　　　　　　　　　　　　　　　　总监理工程师（签字、加盖执业印章）＿＿＿＿＿＿＿＿＿ 　　　　　　　　　　　　　　　　　　　　　　　　　　年　　月　　日
审批意见（仅对超过一定规模的危险性较大的分部分项工程专项方案）：   　　　　　　　　　　　　　　　　　　　　　　　　建设单位（盖章） 　　　　　　　　　　　　　　　　　　　　　建设单位代表（签字）＿＿＿＿＿＿＿＿＿ 　　　　　　　　　　　　　　　　　　　　　　　　　　年　　月　　日

注：本表一式三份，项目监理机构、建设单位、施工单位各一份。

《施工组织设计或（专项）施工方案报审表》应用指南

（1）背景事件

施工单位已根据合同要求完成了本工程的《道路工程施工组织设计》，并经施工单位技术负责人审批，报监理单位审核。

（2）规范对应条文

《建设工程监理规范》（GB/T 50319—2013）第 5.1.6 条、第 5.1.7 条、第 5.2.2 条、第 5.2.3 条、第 5.5.3 条、第 5.5.4 条。

（3）规范用表说明

施工单位编制的施工组织设计或（专项）施工方案应由施工单位技术负责人审核签字并加盖施工单位公章。有分包单位的，分包单位编制的施工组织设计或（专项）施工方案均应由施工单位按规定完成相关审批手续后，报送项目监理机构审核。

（4）适用范围

本表除用于施工组织设计或（专项）施工方案报审及施工组织设计（方案）发生改变后的重新报审外，还可用于对危及结构安全或使用功能的分项工程整改方案的报审及重点部位、关键工序的施工工艺、四新技术的工艺方法和确保工程质量的措施的报审。

（5）填表注意事项

① 对分包单位编制的施工组织设计或（专项）施工方案均应由施工单位按相关规定完成相关审批手续后，报项目监理机构审核。

② 施工单位编制的施工组织设计经施工单位技术负责人审批同意并加盖施工单位公章后，与《施工组织设计报审表》一并报送项目监理机构。

③ 对危及结构安全或使用功能的分项工程整改方案的报审，在证明文件中应有建设单位、设计单位、监理单位各方共同认可的书面意见。

注：《施工组织设计或（专项）施工方案报审表》应用指南参考自《建设工程监理规范》（GB/T 50319—2013）应用指南第88页。

表 4-11　施工图设计文件会审记录

施管表 4

工程名称	×××市×××道路工程				
图纸会审部位	道路工程　施—路 01～26		日　　期	年　　月　　日	
会审中发现的问题：					
设计说明： "沥青混凝土路面结构达到临界状态时的设计年限"为旧规范用词，不符合要求，应采用现行规范用词。					
处理情况： 已修改为"沥青混凝土路面结构的设计使用年限"。					
参加会审单位及人员					
单位名称	姓名	职务	单位名称	姓名	职务
×××市政集团工程有限责任公司	（手写签名）	项目经理	×××监理公司	（手写签名）	监理工程师
×××市政集团工程有限责任公司	（手写签名）	技术负责人			
×××设计院	（手写签名）	设计负责人			
×××监理公司	（手写签名）	总监理工程师			

表 4-12　施工技术交底记录

工程名称	×××市×××道路工程	分部工程	路基
分项工程名称		石方路基	

交底内容：

一、施工准备

二、技术准备

1. 认真审核工程施工图纸及设计说明书，做好图纸会审记录。

2. 编制施工方案，制定质量、安全等技术保证措施，并经有关单位审批。对施工人员进行详细的技术、安全交底。

3. 根据设计文件，对导线点、中线、水准点进行复核，依据路线中桩确定路基填筑边界桩和坡脚桩。在距中线一定安全距离处设立控制桩，其间隔不宜大于 50m；在不大于 200m 的段落内埋设控制标高的控制桩。

4. 施工前先修筑试验路段，以确定能达到最大压实干密度的松铺厚度与压实机械组合，及相应的压实遍数、沉降差等施工参数。

三、材料要求

填石路基施工的主要材料为石料，片石粒径大小不宜小于 300mm，且小于 300mm 粒径的片石含量不超过 20％。

四、机具设备

1. 工程机械：自卸汽车、重型振动压路机、洒水车等。

2. 施工测量仪器和试验检验设备：全站仪、水准仪、经纬仪、灌砂筒、3m 靠尺、钢尺等。

五、施工工艺流程

测量放线—填料装运—路基填筑—摊铺整平—碾压成型—路基压实度检测验收

六、成品保护

1. 成型路基不得用作施工道路，施工中的重型车辆尽可能通过施工便道。

2. 分层碾压与边坡码砌同步进行，碾压宽度包括路肩同步碾压施工。

七、应注意的质量问题

1. 为防止路基出现整体下沉或局部下沉现象，应对工程地质不良地段，会同设计、监理人员进行现场查看，制定科学合理的施工技术措施，在施工过程中严格执行。原地面清表工作应按规范要求彻底清除地表种植土、树根等。

2. 压实度达不到标准时，应注意施工过程中严格控制填筑石料厚度、粒径，必须分层碾压，层层检测。

3. 防止路基出现边坡坍塌，做好边坡码砌和路基排水设施，保证排水畅通。

八、环境、职业健康安全管理措施

（一）环境管理措施

1. 现场生活垃圾及施工过程中产生的垃圾和废弃物不得随意丢弃，应根据不同情况分别处理，防止污染周围环境。

2. 现场存放油料必须对库房进行防渗漏处理，储存和使用应防止油料"跑、冒、滴、漏"，污染水体。

3. 对施工噪声应进行严格控制，夜间施工作业应采取有效措施，最大限度地减少噪声扰民。

4. 施工临时道路定期维修和养护，每天洒水 2～4 次，减少扬尘污染。

（二）职业健康安全管理措施

1. 进入施工现场必须按规定佩戴防护用具。

2. 填石路基施工期间，各种机械需设专人负责维护，操作手持证上岗，严格执行工程机械的安全技术操作规程。

3. 多台压路机同时作业时，压路机前后间距保持 3m 以上。

4. 施工现场的临时用电必须严格遵守《施工现场临时用电安全技术规范》(JGJ 46—2005)的规定。

5. 施工现场做好交通安全工作，由专人负责指挥车辆、机械。路口应设置明显的限速及其他交通标志。夜间施工，保证有足够的照明，路口及基准桩附近应设置警示标志。

6. 易燃、易爆品必须分开单独存放，并保持一定的安全距离。易燃易爆品的仓库、发电机房、变电所，应采取必要的安全防护措施，严禁用易燃材料修建。

交底单位		接收单位	
交底人		接收人	

第三节　路基分部工程

一、路基分部工程质量验收应具备的资料

根据附录二×××市×××道路工程施工图，该工程设计长度约 860m，道路等级为城市 I 级主干道，道路红线宽度为 55m，起点桩号为 K2＋000（$x = 2628636.129$，$y = 467032.177$），终点桩号为 K2＋860（$x = 2629185.337$，$y = 467666.232$）。根据道路纵断面设计，本工程路基大部分为填方，其中 K2＋497～K2＋700 水塘路段，抛填片石至水面以上 0.5m，然后回填良好的路基填土，本节将依据施工图纸结合路基工程的施工工序以表格的形式列出其验收资料。见表 4-13。

表 4-13　路基分部工程质量验收资料

序号	验收内容	验收资料	备注
1	路基工程施工方案		
2	路基工程施工技术交底		
3	施工日记		
4	交桩记录	测量交接桩记录	详见单位工程管理资料
5	复测记录	导线点复测记录	
		水准点复测记录	
6	路基处理材料——土工格栅	出厂合格证/拉伸试验报告（检测机构出具）	略
7	K2＋000～K2＋187 道路工程填土或换填土材料	土工试验（含水量、液限、塑限、标准击实、CBR 等）	略
		土壤最大干密度和最佳含水量试验报告	略
	K2＋000～K2＋187 全幅换填土路基 92 区、93 区（填筑每一层路基的压实度及 93 区顶路床高程、平整度、横坡等）	换填土处理软土路基检验批质量检验记录	略
		压实度检测——92 区、93 区压实度试验报告	略
		93 区顶路床高程、横坡测量记录	略
		质检表 4　隐蔽工程检查验收记录	略
	K2＋000～K2＋187 全幅换填土路基 94 区（填筑每一层路基的压实度及 94 区顶路床高程、平整度、横坡等）	换填土处理软土路基检验批质量检验记录	略
		压实度检测——94 区压实度试验报告	略
		94 区顶路床高程、横坡测量记录	略
		质检表 4　隐蔽工程检查验收记录	略
	K2＋000～K2＋187 全幅换填土路基 95 区、96 区（填筑每一层路基的压实度及 96 区顶路床高程、平整度、横坡等）	换填土处理软土路基检验批质量检验记录	附填写示例
		压实度检测——95 区、96 区压实度试验报告	略
		路床顶面高程、横坡测量记录	附填写示例
		弯沉值检测	略
		质检表 4　隐蔽工程检查验收记录	附填写示例
	K2＋000～K2＋187 左幅换填土路基 95 区（填筑每一层路基的压实度及 95 区顶路床高程、平整度、横坡等）	换填土处理软土路基检验批质量检验记录	略
		压实度检测——95 区压实度试验报告	略
		弯沉值检测	略
		路床顶面高程、横坡测量记录	略
		质检表 4　隐蔽工程检查验收记录	略

序号	验收内容	验收资料	备注
7	K2+000～K2+187 右幅换填土路基 95 区(填筑每一层路基的压实度及 95 区顶路床高程、平整度、横坡等)	换填土处理软土路基检验批质量检验记录	略
		压实度检测——95 区压实度试验报告	略
		弯沉值检测	略
		路床顶面高程、横坡测量记录	略
		质检表 4　隐蔽工程检查验收记录	略
	K2+000～K2+187 左幅换填土路基 90 区(填筑每一层路基的压实度及路床高程、平整度、横坡等)	换填土处理软土路基检验批质量检验记录	略
		压实度检测——90 区压实度试验报告	略
		路床顶面高程、横坡测量记录	附填写示例
		质检表 4　隐蔽工程检查验收记录	附填写示例
	K2+000～K2+187 右幅换填土路基 90 区(填筑每一层路基的压实度及路床高程、平整度、横坡等)	换填土处理软土路基检验批质量检验记录	略
		压实度检测——90 区压实度试验报告	略
		路床顶面高程、横坡测量记录	略
		质检表 4　隐蔽工程检查验收记录	略
8	K2+187～K2+402 道路工程填土或换填土材料	土工试验(含水量、液限、塑限、标准击实、CBR)	略
		土壤最大干密度和最佳含水量试验报告	略
	K2+187～K2+402 全幅路基换填土 95 区、96 区(填筑每一层路基的压实度及路床顶面高程、平整度、横坡等)	换填土处理软土路基检验批质量检验记录	略
		压实度检测——95 区、96 区压实度试验报告	略
		弯沉值检测	略
		路床顶面高程、横坡测量记录	略
		质检表 4　隐蔽工程检查验收记录	略
	K2+187～K2+402 左幅路基换填土 95 区(填筑每一层路基的压实度及路床顶面高程、平整度、横坡等)	换填土处理软土路基检验批质量检验记录	略
		压实度检测——95 区压实度试验报告	略
		弯沉值检测	略
		路床顶面高程、横坡测量记录	略
		质检表 4　隐蔽工程检查验收记录	略
	K2+187～K2+402 右幅路基换填土 95 区(填筑每一层路基的压实度及路床顶面高程、平整度、横坡等)	换填土处理软土路基检验批质量检验记录	略
		压实度检测——95 区压实度试验报告	略
		弯沉值检测	略
		路床顶面高程、横坡测量记录	略
		质检表 4　隐蔽工程检查验收记录	略
	K2+187～K2+402 左幅路基换填土 90 区(填筑每一层路基的压实度及路床顶面高程、平整度、横坡等)	换填土处理软土路基检验批质量检验记录	略
		压实度检测——90 区压实度试验报告	略
		路床顶面高程、横坡测量记录	略
		质检表 4　隐蔽工程检查验收记录	略
	K2+187～K2+402 右幅路基换填土 90 区(填筑每一层路基的压实度及路床顶面高程、平整度、横坡等)	换填土处理软土路基检验批质量检验记录	略
		压实度检测——90 区压实度试验报告	略
		路床顶面高程、横坡测量记录	略
		质检表 4　隐蔽工程检查验收记录	略

序号	验收内容	验收资料	备注
9	K2+803～K2+860 道路工程填土或换填土材料	土工试验(含水量、液限、塑限、标准击实、CBR)	略
		土壤最大干密度和最佳含水量试验报告	略
	K2+803～K2+860 全幅路基换填土 95 区、96 区(填筑每一层路基的压实度及路床顶面高程、平整度、横坡等)	换填土处理软土路基检验批质量检验记录	略
		压实度检测——95 区、96 区压实度试验报告	略
		弯沉值检测	略
		路床顶面高程、横坡测量记录	略
		质检表 4 隐蔽工程检查验收记录	略
	K2+803～K2+860 左幅路基换填土 95 区(填筑每一层路基的压实度及路床顶面高程、平整度、横坡等)	换填土处理软土路基检验批质量检验记录	略
		压实度检测——95 区压实度试验报告	略
		弯沉值检测	略
		路床顶面高程、横坡测量记录	略
		质检表 4 隐蔽工程检查验收记录	略
	K2+803～K2+860 右幅路基换填土 95 区(填筑每一层路基的压实度及路床顶面高程、平整度、横坡等)	换填土处理软土路基检验批质量检验记录	略
		压实度检测——95 区压实度试验报告	略
		弯沉值检测	略
		路床顶面高程、横坡测量记录	略
		质检表 4 隐蔽工程检查验收记录	略
	K2+803～K2+860 左幅路基换填土 90 区(填筑每一层路基的压实度及路床顶面高程、平整度、横坡等)	换填土处理软土路基检验批质量检验记录	略
		压实度检测——90 区压实度试验报告	略
		路床顶面高程、横坡测量记录	略
		质检表 4 隐蔽工程检查验收记录	略
	K2+803～K2+860 右幅路基换填土 90 区(填筑每一层路基的压实度及路床顶面高程、平整度、横坡等)	换填土处理软土路基检验批质量检验记录	略
		压实度检测——90 区压实度试验报告	略
		路床顶面高程、横坡测量记录	略
		质检表 4 隐蔽工程检查验收记录	略
10	K2+402～K2+497 道路工程填筑材料	土工试验(含水量、液限、塑限、标准击实、CBR)	略
		土壤最大干密度和最佳含水量试验报告	略
	K2+402～K2+497 全幅路基填土 92 区、93 区(填筑每一层路基的压实度及 93 区顶面高程、平整度、横坡等)	填土路基检验批质量检验记录	附填写示例
		压实度检测——92 区、93 区压实度试验报告	略
		93 区顶面高程、横坡测量记录	附填写示例
		质检表 4 隐蔽工程检查验收记录	附填写示例
	K2+402～K2+497 全幅路基填土 94 区(填筑每一层路基的压实度及 94 区顶面高程、平整度、横坡等)	填土路基检验批质量检验记录	附填写示例
		压实度检测——94 区压实度试验报告	略
		94 区顶面高程、横坡测量记录	附填写示例
		质检表 4 隐蔽工程检查验收记录	附填写示例

序号	验收内容	验收资料	备注
10	K2+402～K2+497 全幅路基填土 95 区、96 区（填筑每一层路基的压实度及 96 区路床顶面高程、平整度、横坡等）	填土路基检验批质量检验记录	附填写示例
		压实度检测——95 区、96 区压实度试验报告	略
		弯沉值检测	略
		路床顶面高程、横坡测量记录	附填写示例
		质检表 4　隐蔽工程检查验收记录	附填写示例
	K2+402～K2+497 左幅路基填土 95 区（填筑每一层路基的压实度及路床顶面高程、平整度、横坡等）	填土路基检验批质量检验记录	附填写示例
		压实度检测——95 区压实度试验报告	略
		弯沉值检测	略
		路床顶面高程、横坡测量记录	附填写示例
		质检表 4　隐蔽工程检查验收记录	附填写示例
	K2+402～K2+497 右幅路基填土 95 区（填筑每一层路基的压实度及路床顶面高程、平整度、横坡等）	填土路基检验批质量检验记录	略
		压实度检测——95 区压实度试验报告	略
		弯沉值检测	略
		路床顶面高程、横坡测量记录	略
		质检表 4　隐蔽工程检查验收记录	略
	K2+402～K2+497 左幅路基填土 90 区（填筑每一层路基的压实度及路床顶面高程、平整度、横坡等）	填土路基检验批质量检验记录	附填写示例
		压实度检测——90 区压实度试验报告	略
		路床顶面高程、横坡测量记录	附填写示例
		质检表 4　隐蔽工程检查验收记录	附填写示例
	K2+402～K2+497 右幅路基填土 90 区（填筑每一层路基的压实度及路床顶面高程、平整度、横坡等）	填土路基检验批质量检验记录	略
		压实度检测——90 区压实度试验报告	略
		路床顶面高程、横坡测量记录	略
		质检表 4　隐蔽工程检查验收记录	略
11	K2+497～K2+700 道路工程填筑材料	土工试验（含水量、液限、塑限、标准击实、CBR）	略
		土壤最大干密度和最佳含水量试验报告	略
	K2+497～K2+700 全幅路基填土 92 区、93 区（填筑每一层路基的压实度及 93 区顶面高程、平整度、横坡等）	填土路基检验批质量检验记录	略
		压实度检测——92 区、93 区压实度试验报告	略
		93 区顶面高程、横坡测量记录	略
		质检表 4　隐蔽工程检查验收记录	略
	K2+497～K2+700 全幅路基填土 94 区（填筑每一层路基的压实度及 94 区顶面高程、平整度、横坡等）	填土路基检验批质量检验记录	略
		压实度检测——94 区压实度试验报告	略
		94 区顶面高程、横坡测量记录	略
		质检表 4　隐蔽工程检查验收记录	略
	K2+497～K2+700 全幅路基填土 95 区、96 区（填筑每一层路基的压实度及 96 区路床顶面高程、平整度、横坡等）	填土路基检验批质量检验记录	略
		压实度检测——95 区、96 区压实度试验报告	略
		弯沉值检测	略
		路床顶面高程、横坡测量记录	略
		质检表 4　隐蔽工程检查验收记录	略

序号	验收内容	验收资料	备注
11	K2+497～K2+700 左幅路基填土 95 区(填筑每一层路基的压实度及路床顶面高程、平整度、横坡等)	填土路基检验批质量检验记录	略
		压实度检测——95 区压实度试验报告	略
		弯沉值检测	略
		路床顶面高程、横坡测量记录	略
		质检表 4　隐蔽工程检查验收记录	略
	K2+497～K2+700 右幅路基填土 95 区(填筑每一层路基的压实度及路床顶面高程、平整度、横坡等)	填土路基检验批质量检验记录	略
		压实度检测——95 区压实度试验报告	略
		弯沉值检测	略
		路床顶面高程、横坡测量记录	略
		质检表 4　隐蔽工程检查验收记录	略
	K2+497～K2+700 左幅路基填土 90 区(填筑每一层路基的压实度及路床顶面高程、平整度、横坡等)	填土路基检验批质量检验记录	略
		压实度检测——90 区压实度试验报告	略
		路床顶面高程、横坡测量记录	略
		质检表 4　隐蔽工程检查验收记录	略
	K2+497～K2+700 右幅路基填土 90 区(填筑每一层路基的压实度及路床顶面高程、平整度、横坡等)	填土路基检验批质量检验记录	略
		压实度检测——90 区压实度试验报告	略
		路床顶面高程、横坡测量记录	略
		质检表 4　隐蔽工程检查验收记录	略
12	K2+700～K2+803 道路工程填筑材料	土工试验(含水量、液限、塑限、标准击实、CBR)	略
		土壤最大干密度和最佳含水量试验报告	略
	K2+700～K2+803 全幅路基填土 92 区、93 区(填筑每一层路基的压实度及 93 区顶面高程、平整度、横坡等)	填土路基检验批质量检验记录	略
		压实度检测——92 区、93 区压实度试验报告	略
		93 区顶面高程、横坡测量记录	略
		质检表 4　隐蔽工程检查验收记录	略
	K2+700～K2+803 全幅路基填土 94 区(填筑每一层路基的压实度及 94 区顶面高程、平整度、横坡等)	填土路基检验批质量检验记录	略
		压实度检测——94 区压实度试验报告	略
		94 区顶面高程、横坡测量记录	略
		质检表 4　隐蔽工程检查验收记录	略
	K2+700～K2+803 全幅路基填土 95 区、96 区(填筑每一层路基的压实度及 96 区路床顶面高程、平整度、横坡等)	填土路基检验批质量检验记录	略
		压实度检测——95 区、96 区压实度试验报告	略
		弯沉值检测	略
		路床顶面高程、横坡测量记录	略
		质检表 4　隐蔽工程检查验收记录	略
	K2+700～K2+803 左幅路基填土 95 区(填筑每一层路基的压实度及路床顶面高程、平整度、横坡等)	填土路基检验批质量检验记录	略
		压实度检测——95 区压实度试验报告	略
		弯沉值检测	略
		路床顶面高程、横坡测量记录	略
		质检表 4　隐蔽工程检查验收记录	略

序号	验收内容	验收资料	备注
12	K2+700～K2+803 右幅路基填土 95 区(填筑每一层路基的压实度及路床顶面高程、平整度、横坡等)	填土路基检验批质量检验记录	略
		压实度检测——95 区压实度试验报告	略
		弯沉值检测	略
		路床顶面高程、横坡测量记录	略
		质检表 4 隐蔽工程检查验收记录	略
	K2+700～K2+803 左幅路基填土 90 区(填筑每一层路基的压实度及路床顶面高程、平整度、横坡等)	填土路基检验批质量检验记录	略
		压实度检测——90 区压实度试验报告	略
		路床顶面高程、横坡测量记录	略
		质检表 4 隐蔽工程检查验收记录	略
	K2+700～K2+803 右幅路基填土 90 区(填筑每一层路基的压实度及路床顶面高程、平整度、横坡等)	填土路基检验批质量检验记录	略
		压实度检测——90 区压实度试验报告	略
		路床顶面高程、横坡测量记录	略
		质检表 4 隐蔽工程检查验收记录	略
13	K2+497～K2+700 全幅填石方路基原材料	石料检验报告/进场复试报告	略
	K2+497～K2+700 全幅路基	填石方路基检验批质量检验记录	附填写实例
		压实密度检测——压实密度试验报告	略
		路床高程、横坡测量记录	附填写实例
		质检表 4 隐蔽工程检查验收记录	略
14	土方路基分项工程	分项工程质量检验记录	附填写实例
15	石方路基分项工程	分项工程质量检验记录	附填写实例
16	路基处理分项工程	分项工程质量检验记录	附填写实例
17	路基分部工程	路基分部工程检验记录	附填写实例
18	路基中间验收	路基工程质量验收报告	附填写实例

二、路基分部工程验收资料填写示例

路基分部工程验收资料填写示例见表 4-14～表 4-39。

表 4-14　分部工程报验表

工程名称：×××市×××道路工程　　　　　　　　　　　　　　　　　　　　　　编号：01

致：＿＿＿＿＿＿＿＿＿＿＿＿＿＿＿＿＿＿＿＿＿＿＿＿＿＿（项目监理机构）

我方已完成＿＿＿＿＿＿路基工程施工＿＿＿＿＿＿（分部工程），经自检合格，现将有关资料报上，请予以验收。

附件：

1. 路基分部工程质量检验记录；

2. 路基分部工程质量控制资料；

3. 路基分部工程安全和功能检验(检测)资料。

施工项目经理部(盖章)

项目技术负责人(签字)＿＿＿＿＿＿

年　　月　　日

验收意见：

1. 路基工程施工已完成；

2. 各分项工程所含的检验批质量符合设计和规范要求；

3. 路基工程安全和功能检验资料核查及主要功能抽查符合设计和规范要求；

4. 路基工程实体检测结果合格。

专业监理工程师(签字)＿＿＿＿＿＿

年　　月　　日

验收意见：

同意验收。

项目监理机构(盖章)

总监理工程师(签字)＿＿＿＿＿＿＿＿＿＿

年　　月　　日

注：本表一式三份，项目监理机构、建设单位、施工单位各一份。

表 4-15　路基分部工程检验记录（一）

CJJ 1—2008　　　　　　　　　　　　　　　　　　　　　　　　　　　　路质检表　　编号：01

工程名称	×××市×××道路工程			
施工单位	×××市政集团工程有限责任公司			
项目经理	×××		技术负责人	×××
序号	分项工程名称	检验批数	合格率/%	质量情况
1	土方路基	21	99.84	合格
2	石方路基	1	100.00	合格
3	路基处理	17	99.66	合格
质量控制资料	共 9 项,经查符合要求 9 项,经核定符合规范要求 0 项			
安全和功能检验 （检测）报告	共核查 2 项,符合要求2项,经返工处理符合要求 0 项			
观感质量验收	共抽查1项,符合要求 1 项,不符合要求 0 项;观感质量评价:好			
分部工程检验结果	合格		平均合格率/%	99.83

勘察单位	项目勘察负责人： （公章） 　年　月　日	设计单位	项目设计负责人： （公章） 　年　月　日
施工单位	项目经理： （公章） 　年　月　日	监理单位	总监理工程师： （公章） 　年　月　日
		建设单位	项目负责人： （公章） 　年　月　日

表 4-16 路基分部工程检验记录（二）

CJJ 1—2008   路质检表 附表

序号	检查内容	份数	监理(建设)单位检查意见
1	工程地质勘察报告	1	√
2	图纸会审/设计变更/洽商记录	1 / 0 / 1	√
3	工程定位测量、放线记录	2	√
4	测量复核记录	27	√
5	沉降观测记录	1	√
6	土方路基弯沉值检测报告	172	√
7	原材料合格证/出厂检验报告(砂、石、土工材料等)	1 / 1	√
8	原材料进场复验报告	—	—
9	砂垫层材料进场检验报告	—	—
10	隐蔽工程验收记录、施工记录	27	√
11	分项工程质量验收记录	3	√
12	土方路基压实度检测报告	267	√
13	软土路基压实度检测报告	52	√
14	复合地基承载力检验报告	—	—

检查人：

注：检查意见分两种：合格打"√"，不合格打"×"。

表 4-17　土方路基分项工程质量检验记录

CJJ 1—2008　　　　　　　　　　　　　　　　　　　　　　　　　　　　　　　　　　　　　　路质检表　编号：01

工程名称	×××市×××道路工程	分部工程名称	路基分部	检验批数	21
施工单位	×××市政集团工程有限责任公司	项目经理	×××	项目技术 负责人	×××

序号	检验批部位、区段	施工单位自检情况		监理（建设）单位验收情况 验收意见
		合格率/%	检验结论	
1	K2＋402～K2＋497 全幅 92 区、93 区填土方路基	100.00	合格	
2	K2＋402～K2＋497 全幅 94 区填土方路基	100.00	合格	
3	K2＋402～K2＋497 全幅 95 区、96 区填土方路基	100.00	合格	
4	K2＋497～K2＋700 全幅 92 区、93 区填土方路基	100.00	合格	
5	K2＋497～K2＋700 全幅 94 区填土方路基	100.00	合格	
6	K2＋497～K2＋700 全幅 95 区、96 区填土方路基	100.00	合格	
7	K2＋700～K2＋803 全幅 92 区、93 区填土方路基	100.00	合格	
8	K2＋700～K2＋803 全幅 94 区填土方路基	100.00	合格	
9	K2＋700～K2＋803 全幅 95 区、96 区填土方路基	100.00	合格	所含检验批无遗漏，各检验批所 覆盖的区段和所含内容无遗漏，所 查检验批全部合格
10	K2＋402～K2＋497 左幅 95 区填土方路基	100.00	合格	
11	K2＋402～K2＋497 右幅 95 区填土方路基	100.00	合格	
12	K2＋497～K2＋700 左幅 95 区填土方路基	100.00	合格	
13	K2＋497～K2＋700 右幅 95 区填土方路基	100.00	合格	
14	K2＋700～K2＋803 左幅 95 区填土方路基	100.00	合格	
15	K2＋700～K2＋803 右幅 95 区填土方路基	100.00	合格	
16	K2＋402～K2＋497 左幅 90 区填土方路基	96.67	合格	
17	K2＋402～K2＋497 右幅 90 区填土方路基	100.00	合格	

序号	检验批部位、区段	施工单位自检情况		监理(建设)单位验收情况
		合格率/%	检验结论	验收意见
18	K2+497～K2+700 左幅 90 区填土方路基	100.00	合格	所含检验批无遗漏,各检验批所覆盖的区段和所含内容无遗漏,所查检验批全部合格
19	K2+497～K2+700 右幅 90 区填土方路基	100.00	合格	
20	K2+700～K2+803 左幅 90 区填土方路基	100.00	合格	
21	K2+700～K2+803 右幅 90 区填土方路基	100.00	合格	
平均合格率/%		99.84		

施工单位检查结果	所含检验批无遗漏,各检验批所覆盖的区段和所含内容无遗漏,全部符合要求,本分项符合要求 项目技术负责人: 　　　　　　年　　月　　日	验收结论	本分项合格 监理工程师: (建设单位项目专业技术负责人) 　　　　　　年　　月　　日

表 4-18　土方路基报审、报验表

工程名称:　×××市×××道路工程　　　　　　　　　　　　　　　　　　　　　　　编号:001

致:_____(项目监理机构)

　　我方已完成_____K2+402～K2+497 全幅 92 区、93 区填土方路基_____工作,经自检合格,现将有关资料报上,请予以审查或验收。

　　附件:

　　填土方路基检验批质量检验记录

　　隐蔽工程检查验收记录

　　高程测量记录

　　　　　　　　　　　　　　　　　　　　　　　施工项目经理部(盖章)

　　　　　　　　　　　　　　　　　　项目经理或项目技术负责人(签字)_____

　　　　　　　　　　　　　　　　　　　　　　　　　　　　　年　　月　　日

　　审查或验收意见:

　　　　　经现场验收检查,符合设计和规范要求,同意进行下一道工序。

　　　　　　　　　　　　　　　　　　　　　　　　项目监理机构(盖章)

　　　　　　　　　　　　　　　　　　　专业监理工程师(签字)_____

　　　　　　　　　　　　　　　　　　　　　　　　　　　　　年　　月　　日

注:本表一式三份,项目监理机构、建设单位、施工单位各一份。

表 4-19 填土方路基检验批质量检验记录（一）

工程名称	×××市×××道路工程		
施工单位	×××市政集团工程有限责任公司		
分部工程名称	路基	分项工程名称	土方路基
验收部位	K2＋402～K2＋497 全幅 92 区、93 区	工程数量	长 95m，宽 55m
项目经理	×××	技术负责人	×××
施工员	×××	施工班组长	×××

质量验收规定的检查项目及验收标准								检查方法	施工单位检查评定记录	监理单位验收记录

质量验收规定的检查项目及验收标准

		填挖类型	路床顶面以下深度/cm	道路类别	压实度/%（重型击实）	检验频率		检查方法	施工单位检查评定记录	监理单位验收记录
						范围	点数			
主控项目	1 路基压实度	填方	0～80	城市快速路、主干路	≥95	1000m²	每层3点	环刀法、灌水法或灌砂法	—	—
				次干路	≥93				—	—
				支路及其他小路	≥90				—	—
			＞80～150	城市快速路、主干路	≥93				—	—
				次干路	≥90				—	—
				支路及其他小路	≥90				—	—
			＞150	城市快速路、主干路	≥90				压实度≥设计值93%，符合设计要求，详见压实度试验报告	合格
				次干路	≥90				—	—
				支路及其他小路	≥87				—	—
	2	弯沉值/mm		不应大于设计值		每车道、每20m测1点		弯沉仪检测	—	—

质量验收规定的检查项目及验收标准			检验频率		施工单位检查评定记录										监理单位验收记录
检查项目	允许偏差	范围/m	点数		实测值或偏差值/mm									应测点数	合格点数	合格率/%

		检查项目	允许偏差	范围/m	点数		1	2	3	4	5	6	7	8	9	应测点数	合格点数	合格率/%	监理单位验收记录
一般项目	1	土路基允许偏差	路床纵断高程/mm	−20,+10	20	1		0	−1	1	−1	4	3				6	6	100	合格
			路床中线偏位/mm	≤30	100	2		1	5								2	2	100	合格
			路床平整度/mm	≤15	20	路宽/m	<9	1	2	5	3	12	0	7	6	14	2	18	18	100	合格
								2	2	7	10	10	12	12	7	11				
							9~15	2													
							>15 ✓	3													
			路床宽度/mm	≥设计值+B（56000）	40	1		56010		56015		56010					3	3	100	合格
			路床横坡	±0.3%且不反坡	20	路宽/m	<9	2	0.28	−0.13	−0.15	−0.25	0.2	0.21	0.26	0.12	0.18	36	36	100	合格
									−0.22	−0.16	0.2	−0.14	0.21	−0.19	−0.14	0.14	−0.26				
							9~15	4	−0.29	0.04	−0.26	−0.3	−0.26	−0.2	−0.02	0.25	−0.22				
									0.25	0.07	0.28	0.27	0.27	0.02	0.14	−0.09	0.15				
							>15 ✓	6													
			边坡	不陡于设计值 左 1:1.75 右 1:1.5	20	2		1:1.75	1:1.75	1:1.75		1:1.75					10	10	100	合格
								1:1.75													
								1:1.5	1:1.5	1:1.5		1:1.5									
								1:1.5													
	2	路床外观质量	路床应平整、坚实，无显著轮迹、翻浆、波浪、起皮等现象，路堤边坡应密实、稳定、平顺等					✓													合格

平均合格率/%				100															

施工单位检查评定结果	主控项目全部符合要求，一般项目满足规范要求，本检验批符合要求
	项目专业质量检查员：　　　　　　　　　　　　　　　　年　月　日
监理（建设）单位验收结论	主控项目全部合格，一般项目满足规范要求，本检验批合格
	监理工程师：（建设单位项目专业技术负责人）　　　　年　月　日

注：B 为施工时必要的附加宽度。

表 4-20　路床高程测量记录（一）

工程名称		×××市×××道路工程			施工单位		×××市政集团工程有限责任公司			
复核部位		K2+402～K2+497 全幅 92 区、93 区			日　期		年　月　日			
原施测人		×××			测量复核人		×××			

桩号		位　置	后视/m	视线高程/m	前视/m	实测高程/m	设计高程/m	偏差值/mm	实测横坡/%	横坡偏差值/%	备注
		BM1	1.235	88.491							87.256
K2+	402	中线　1.50　m			4.376	84.115	84.115	0			
		左距中 5.50 m			4.447	84.044	84.055		1.78	0.28	
		左距中 9.50 m			4.502	83.989	83.995		1.37	−0.13	
		左距中 13.50 m			4.556	83.935	83.935		1.35	−0.15	
		右距中 5.50 m			4.426	84.065	84.055		1.25	−0.25	
		右距中 9.50 m			4.494	83.997	83.995		1.7	0.2	
		右距中 13.50 m			4.562	83.929	83.935		1.71	0.21	
K2+	422	中线　1.50　m			4.461	84.030	84.031	−1			
		左距中 5.50 m			4.531	83.960	83.971		1.76	0.26	
		左距中 9.50 m			4.596	83.895	83.911		1.62	0.12	
		左距中 13.50 m			4.663	83.828	83.851		1.68	0.18	
		右距中 5.50 m			4.512	83.979	83.971		1.28	−0.22	
		右距中 9.50 m			4.566	83.925	83.911		1.34	−0.16	
		右距中 13.50 m			4.634	83.857	83.851		1.7	0.2	
K2+	442	中线　1.50　m			4.544	83.947	83.946	1			
		左距中 5.50 m			4.598	83.893	83.886		1.36	−0.14	
		左距中 9.50 m			4.667	83.824	83.826		1.71	0.21	
		左距中 13.50 m			4.719	83.772	83.766		1.31	−0.19	
		右距中 5.50 m			4.598	83.893	83.886		1.36	−0.14	
		右距中 9.50 m			4.664	83.827	83.826		1.64	0.14	
		右距中 13.50 m			4.714	83.777	83.766		1.24	−0.26	
K2+	462	中线　1.50　m			4.631	83.860	83.861	−1			
		左距中 5.50 m			4.679	83.812	83.801		1.21	−0.29	
		左距中 9.50 m			4.741	83.750	83.741		1.54	0.04	
		左距中 13.50 m			4.791	83.700	83.681		1.24	−0.26	
		右距中 5.50 m			4.679	83.812	83.801		1.2	−0.3	
		右距中 9.50 m			4.729	83.762	83.741		1.24	−0.26	
		右距中 13.50 m			4.781	83.710	83.681		1.3	−0.2	
K2+	482	中线　1.50　m			4.711	83.780	83.776	4			
		左距中 5.50 m			4.770	83.721	83.716		1.48	−0.02	
		左距中 9.50 m			4.840	83.651	83.656		1.75	0.25	
		左距中 13.50 m			4.891	83.600	83.596		1.28	−0.22	
		右距中 5.50 m			4.781	83.710	83.716		1.75	0.25	
		右距中 9.50 m			4.844	83.647	83.656		1.57	0.07	
		右距中 13.50 m			4.915	83.576	83.596		1.78	0.28	

桩号		位 置	后视/m	视线高程/m	前视/m	实测高程/m	设计高程/m	偏差值/mm	实测横坡/%	横坡偏差值/%	备注
K2+	497	中线 1.50 m			4.775	83.716	83.713	3			
		左距中 5.50 m			4.846	83.645	83.653		1.77	0.27	
		左距中 9.50 m			4.917	83.574	83.593		1.77	0.27	
		左距中 13.50 m			4.977	83.514	83.533		1.52	0.02	
		右距中 5.50 m			4.841	83.650	83.653		1.64	0.14	
		右距中 9.50 m			4.897	83.594	83.593		1.41	−0.09	
		右距中 13.50 m			4.963	83.528	83.533		1.65	0.15	

观测：　　　　　　　复测：　　　　　　　计算：　　　　　　　施工项目技术负责人：

注：备注栏中的 87.256 为已知水准点 BM1 的高程，单位为 m。

路床高程测量记录填写说明

（1）路床设计高程

① 93 区顶路床设计高程＝路面设计高程－[93 区机动车道结构层厚度(0.9)＋93 区路床顶面以下深度(1.5)]

如：K2＋497 距中线 1.5 的路面设计高程 86.113，其 93 区顶路床设计高程＝86.113－0.9－1.5＝83.713。

② 94 区顶路床设计高程＝路面设计高程－[94 区机动车道结构层厚度(0.9)＋94 区路床顶面以下深度(0.8)]

③ 96 区顶路床设计高程＝路面设计高程－[96 区机动车道结构层厚度(0.9)＋96 区路床顶面以下深度(0)]

④ 95 区顶路床设计高程＝路面设计高程－[95 区辅道结构层厚度(0.65)＋95 区路床顶面以下深度(0)]

⑤ 90 区顶路床设计高程＝路面设计高程－人行道 90 区结构层厚度 (0.27)

（2）实测高程＝视线高程－前视

（3）路床纵断高程偏差值＝实测高程－设计高程

注：品茗软件检验批表格的路床纵断高程偏差值与路床高程测量记录的偏差值关联，输入检验批表格的路床纵断高程偏差值（或通过学习数据自动生成）即可自动生成路床高程测量记录的偏差值。

（4）实测横坡值＝（同一桩号或里程的 A 点实测高程－B 点实测高程)/AB 两点间距

（5）横坡偏差值＝实测横坡值－横坡设计值

注：品茗软件检验批表格的横坡偏差值与路床高程测量记录的横坡偏差值关联，输入检验批表格的横坡偏差值（或通过学习数据自动生成）即可自动生成路床高程测量记录的横坡偏差值。

（6）品茗软件只需填写水准点数据、路面设计高程、（结构层＋路床顶面以下深度）及横坡设计值，软件即可自动计算路床高程测量记录表的其他数据。

表 4-21　填土方路基检验批质量检验记录（二）

工程名称	×××市×××道路工程			
施工单位	×××市政集团工程有限责任公司			
分部工程名称	路基		分项工程名称	土方路基
验收部位	K2＋402～K2＋497 全幅 94 区		工程数量	长 95m,宽 55m
项目经理	×××		技术负责人	×××
施工员	×××		施工班组长	×××

质量验收规定的检查项目及验收标准

		填挖类型	路床顶面以下深度/cm	道路类别	压实度/%（重型击实）	检验频率		检查方法	施工单位检查评定记录	监理单位验收记录
						范围	点数			
主控项目	1	路基压实度		0～80	城市快速路、主干路	≥95				—	—
					次干路	≥93					
					支路及其他小路	≥90				—	—
			填方	＞80～150	城市快速路、主干路	≥93	1000m²	每层3点	环刀法、灌水法、或灌砂法	压实度≥设计值94%,符合设计要求,详见压实度试验报告	合格
					次干路	≥90					
					支路及其他小路	≥90				—	—
				＞150	城市快速路、主干路	≥90				—	—
					次干路	≥90					
					支路及其他小路	≥87				—	—
	2	弯沉值/mm			不应大于设计规定	每车道、每20m 测 1 点		弯沉仪检测	—	—

质量验收规定的检查项目及验收标准			检验频率		施工单位检查评定记录											监理单位验收记录
检查项目		允许偏差	范围/m	点数	实测值或偏差值/mm									应测点数	合格点数	合格率/%
					1	2	3	4	5	6	7	8	9			
一般项目	1 土路基允许偏差	路床纵断高程/mm	−20,+10	20	1	1	−2	0	−3	0	−3				6	6	100	合格
		路床中线偏位/mm	≤30	100	2	9	13								2	2	100	合格
		路床平整度/mm	≤15	20	路宽/m <9 — 1	2	2	1	1	6	4	7	2	1	18	18	100	合格
						1	1	5	1	3	1	4	1	6				
					路宽/m 9~15 — 2													
					路宽/m >15 √ — 3													
		路床宽度/mm	≥设计值+B (56000)	40	1	56018		56015		56010					3	3	100	合格
		路床横坡	±0.3%且不反坡	20	路宽/m <9 — 2	−0.22	0.07	−0.14	0.21	0	0.22	0.24	−0.08	−0.2	36	36	100	合格
						−0.24	0.26	0.1	−0.16	0.25	−0.08	−0.2	−0.09	−0.11				
					路宽/m 9~15 — 4	0.02	−0.04	−0.27	−0.1	−0.25	0	0.16	−0.18	0.23				
						0.12	−0.08	−0.09	0.22	−0.14	−0.24	0.15	−0.16	0.16				
					路宽/m >15 √ — 6													
		边坡	不陡于设计值 左 1:1.5 右 1:1.5	20	2	1:1.5	1:1.5	1:1.5		1:1.5					10	10	100	合格
						1:1.5												
						1:1.5	1:1.5	1:1.5		1:1.5								
						1:1.5												
	2 路床外观质量	路床应平整、坚实,无显著著轮迹、翻浆、波浪、起皮等现象,路堤边坡应密实、稳定、平顺等							√									合格
平均合格率/%								100									

施工单位检查评定结果	主控项目全部符合要求,一般项目满足规范要求,本检验批符合要求 项目专业质量检查员：	年　月　日
监理(建设)单位验收结论	主控项目全部合格,一般项目满足规范要求,本检验批合格 监理工程师： (建设单位项目专业技术负责人)	年　月　日

注：B为施工时必要的附加宽度。

表 4-22　路床高程测量记录（二）

工程名称	×××市×××道路工程		施工单位	×××市政集团工程有限责任公司					
复核部位	K2＋402～K2＋497 全幅路基填土 94 区		日　期	年　月　日					
原施测人	×××		测量复核人	×××					

桩号		位置		后视/m	视线高程/m	前视/m	实测高程/m	设计高程/m	偏差值/mm	实测横坡/%	横坡偏差值/%	备注
		BM1		1.235	88.491							87.256
K2＋	402	中线	1.50 m			3.675	84.816	84.815	1			
		左距中	5.50 m			3.726	84.765	84.755		1.28	－0.22	
		左距中	9.50 m			3.789	84.702	84.695		1.57	0.07	
		左距中	13.50 m			3.843	84.648	84.635		1.36	－0.14	
		右距中	5.50 m			3.743	84.748	84.755		1.71	0.21	
		右距中	9.50 m			3.803	84.688	84.695		1.5	0	
		右距中	13.50 m			3.872	84.619	84.635		1.72	0.22	
K2＋	422	中线	1.50 m			3.762	84.729	84.731	－2			
		左距中	5.50 m			3.832	84.659	84.671		1.74	0.24	
		左距中	9.50 m			3.888	84.603	84.611		1.42	－0.08	
		左距中	13.50 m			3.940	84.551	84.551		1.3	－0.2	
		右距中	5.50 m			3.812	84.679	84.671		1.26	－0.24	
		右距中	9.50 m			3.883	84.608	84.611		1.76	0.26	
		右距中	13.50 m			3.947	84.544	84.551		1.6	0.1	
K2＋	442	中线	1.50 m			3.845	84.646	84.646	0			
		左距中	5.50 m			3.899	84.592	84.586		1.34	－0.16	
		左距中	9.50 m			3.969	84.522	84.526		1.75	0.25	
		左距中	13.50 m			4.025	84.466	84.466		1.42	－0.08	
		右距中	5.50 m			3.897	84.594	84.586		1.3	－0.2	
		右距中	9.50 m			3.953	84.538	84.526		1.41	－0.09	
		右距中	13.50 m			4.009	84.482	84.466		1.39	－0.11	
K2＋	462	中线	1.50 m			3.933	84.558	84.561	－3			
		左距中	5.50 m			3.994	84.497	84.501		1.52	0.02	
		左距中	9.50 m			4.052	84.439	84.441		1.46	－0.04	
		左距中	13.50 m			4.101	84.390	84.381		1.23	－0.27	
		右距中	5.50 m			3.989	84.502	84.501		1.4	－0.1	
		右距中	9.50 m			4.039	84.452	84.441		1.25	－0.25	
		右距中	13.50 m			4.099	84.392	84.381		1.5	0	
K2＋	482	中线	1.50 m			4.015	84.476	84.476	0			
		左距中	5.50 m			4.081	84.410	84.416		1.66	0.16	
		左距中	9.50 m			4.134	84.357	84.356		1.32	－0.18	
		左距中	13.50 m			4.203	84.288	84.296		1.73	0.23	
		右距中	5.50 m			4.080	84.411	84.416		1.62	0.12	
		右距中	9.50 m			4.137	84.354	84.356		1.42	－0.08	
		右距中	13.50 m			4.193	84.298	84.296		1.41	－0.09	
K2＋	497	…				…	…	…		…	…	

观测：　　　　　复测：　　　　　计算：　　　　　施工项目技术负责人：

表 4-23　填土方路基检验批质量检验记录（三）

工程名称	×××市×××道路工程		
施工单位	×××市政集团工程有限责任公司		
分部工程名称	路基	分项工程名称	土方路基
验收部位	K2＋402～K2＋497 全幅 95 区、96 区	工程数量	长 95m，宽 55m
项目经理	×××	技术负责人	×××
施工员	×××	施工班组长	×××

		质量验收规定的检查项目及验收标准					检查方法	施工单位检查评定记录	监理单位验收记录
		填挖类型	路床顶面以下深度/cm	道路类别	压实度/%（重型击实）	检验频率			
						范围	点数			
主控项目	1	路基压实度	0～80	城市快速路、主干路	≥95	1000m²	每层3点	环刀法、灌水法、或灌砂法	压实度≥设计值96％，符合设计要求，详见压实度试验报告	合格
				次干路	≥93				—	—
				支路及其他小路	≥90				—	—
		填方	>80～150	城市快速路、主干路	≥93				—	—
				次干路	≥90				—	—
				支路及其他小路	≥90				—	—
			>150	城市快速路、主干路	≥90				—	—
				次干路	≥90				—	—
				支路及其他小路	≥87				—	—
	2	弯沉值/mm		不应大于设计值(322.9)		每车道、每20m测1点		弯沉仪检测	符合要求，详见弯沉值试验报告	合格

质量验收规定的检查项目及验收标准			检验频率		施工单位检查评定记录										应测点数	合格点数	合格率/%	监理单位验收记录
检查项目		允许偏差	范围/m	点数	实测值或偏差值/mm										应测点数	合格点数	合格率/%	验收记录
					1	2	3	4	5	6	7	8	9					
一般项目	1 土路基允许偏差	路床纵断高程/mm	−20,+10	20	1	2	0	7	5	3	−2				6	6	100	合格
		路床中线偏位/mm	≤30	100	2	6	21								2	2	100	合格
		路床平整度/mm	≤15	20	<9 1	6	1	1	0	2	2	6	4	2	18	18	100	合格
						9	1	1	1	1	6	9	1	0				
					9~15 2													
					>15 √ 3													
		路床宽度/mm	≥设计值+B (56000)	40	1	56016		56010		56020					3	3	100	合格
		路床横坡	±0.3%且不反坡	20	<9 2	−0.21	0.29	0.29	−0.26	−0	0.11	0.02	0.26	−0.07	36	36	100	合格
						−0.27	−0.18	−0	0.28	−0.07	−0.13	0.06	0.1	−0.23				
					9~15 4	−0.12	−0.04	−0.25	0	0.04	0.2	−0.06	0.13	0.27				
						0.11	0.28	0.25	0.14	−0.26	−0.16	0.07	−0.09	−0.27				
					>15 √ 6													
		边坡	不陡于设计值 左 1:1.5 1:1.5 右	20	2	1:1.5	1:1.5	1:1.5		1:1.5					10	10	100	合格
						1:1.5												
						1:1.5	1:1.5	1:1.5		1:1.5								
						1:1.5												
	2	路床外观质量	路床应平整、坚实，无显著轮迹、翻浆、波浪、起皮等现象，路堤边坡应密实、稳定、平顺等		√													合格
平均合格率/%					100													

施工单位检查评定结果	主控项目全部符合要求，一般项目满足规范要求，本检验批符合要求	
	项目专业质量检查员：	年　月　日
监理（建设）单位验收结论	主控项目全部合格，一般项目满足规范要求，本检验批合格	
	监理工程师： （建设单位项目专业技术负责人）	年　月　日

注：B 为施工时必要的附加宽度。

表 4-24　路床高程测量记录（三）

工程名称	×××市×××道路工程		施工单位		×××市政集团工程有限责任公司					
复核部位	K2＋402～K2＋497 全幅 95 区、96 区		日　期		年　月　日					
原施测人	×××		测量复核人		×××					
桩号		位置	后视/m	视线高程/m	前视/m	实测高程/m	设计高程/m	偏差值/mm	实测横坡/%	横坡偏差值/%	备注
BM1			1.235	88.491							87.256
K2＋	402	中线　　1.50　　m			2.874	85.617	85.615	2			
		左距中　5.50　　m			2.926	85.565	85.555		1.29	−0.21	
		左距中　9.50　　m			2.997	85.494	85.495		1.79	0.29	
		左距中　13.50　m			3.069	85.422	85.435		1.79	0.29	
		右距中　5.50　　m			2.924	85.567	85.555		1.24	−0.26	
		右距中　9.50　　m			2.984	85.507	85.495		1.5	−0	
		右距中　13.50　m			3.048	85.443	85.435		1.61	0.11	
K2＋	422	中线　　1.50　　m			2.960	85.531	85.531	0			
		左距中　5.50　　m			3.021	85.470	85.471		1.52	0.02	
		左距中　9.50　　m			3.091	85.400	85.411		1.76	0.26	
		左距中　13.50　m			3.148	85.343	85.351		1.43	−0.07	
		右距中　5.50　　m			3.009	85.482	85.471		1.23	−0.27	
		右距中　9.50　　m			3.062	85.429	85.411		1.32	−0.18	
		右距中　13.50　m			3.122	85.369	85.351		1.5	−0	
K2＋	442	中线　　1.50　　m			3.038	85.453	85.446	7			
		左距中　5.50　　m			3.109	85.382	85.386		1.78	0.28	
		左距中　9.50　　m			3.166	85.325	85.326		1.43	−0.07	
		左距中　13.50　m			3.221	85.270	85.266		1.37	−0.13	
		右距中　5.50　　m			3.100	85.391	85.386		1.56	0.06	
		右距中　9.50　　m			3.164	85.327	85.326		1.6	0.1	
		右距中　13.50　m			3.215	85.276	85.266		1.27	−0.23	
K2＋	462	中线　　1.50　　m			3.125	85.366	85.361	5			
		左距中　5.50　　m			3.180	85.311	85.301		1.38	−0.12	
		左距中　9.50　　m			3.239	85.252	85.241		1.46	−0.04	
		左距中　13.50　m			3.289	85.202	85.181		1.25	−0.25	
		右距中　5.50　　m			3.185	85.306	85.301		1.5	0	
		右距中　9.50　　m			3.247	85.244	85.241		1.54	0.04	
		右距中　13.50　m			3.315	85.176	85.181		1.7	0.2	
K2＋	482	中线　　1.50　　m			3.212	85.279	85.276	3			
		左距中　5.50　　m			3.270	85.221	85.216		1.44	−0.06	
		左距中　9.50　　m			3.335	85.156	85.156		1.63	0.13	
		左距中　13.50　m			3.406	85.085	85.096		1.77	0.27	
		右距中　5.50　　m			3.276	85.215	85.216		1.61	0.11	
		右距中　9.50　　m			3.348	85.143	85.156		1.78	0.28	
		右距中　13.50　m			3.418	85.073	85.096		1.75	0.25	
K2＋	497	…			…	…	…		…	…	

观测：　　　　　　　复测：　　　　　　　计算：　　　　　　　施工项目技术负责人：

表 4-25 填土方路基检验批质量检验记录（四）

CJJ 1—2008　　　　路质检表　编号：010

工程名称	×××市×××道路工程		
施工单位	×××市政集团工程有限责任公司		
分部工程名称	路基	分项工程名称	土方路基
验收部位	K2＋402～K2＋497 左幅 95 区	工程数量	长 95m，宽 55m
项目经理	×××	技术负责人	×××
施工员	×××	施工班组长	×××

质量验收规定的检查项目及验收标准							检验频率		检查方法	施工单位检查评定记录	监理单位验收记录
			填挖类型	路床顶面以下深度/cm	道路类别	压实度/%（重型击实）	范围	点数			
主控项目	1	路基压实度	填方	0～80	城市快速路、主干路	≥95	$1000m^2$	每层3点	环刀法、灌水法、或灌砂法	符合要求，详见压实度试验报告	合格
					次干路	≥93				—	—
					支路及其他小路	≥90				—	—
				＞80～150	城市快速路、主干路	≥93				—	—
					次干路	≥90				—	—
					支路及其他小路	≥90				—	—
				＞150	城市快速路、主干路	≥90				—	—
					次干路	≥90				—	—
					支路及其他小路	≥87				—	—
	2	弯沉值/mm			不应大于设计值(322.9)		每车道、每20m测1点		弯沉仪检测	符合要求，详见弯沉值试验报告	合格

续表

<table>
<tr><td colspan="5">质量验收规定的检查项目及验收标准</td><td colspan="4">检验频率</td><td colspan="12">施工单位检查评定记录</td><td rowspan="3">监理单位验收记录</td></tr>
<tr><td colspan="4" rowspan="2">检查项目</td><td rowspan="2">允许偏差</td><td rowspan="2">范围/m</td><td colspan="3" rowspan="2">点数</td><td colspan="9">实测值或偏差值/mm</td><td rowspan="2">应测点数</td><td rowspan="2">合格点数</td><td rowspan="2">合格率/%</td></tr>
<tr><td>1</td><td>2</td><td>3</td><td>4</td><td>5</td><td>6</td><td>7</td><td>8</td><td>9</td></tr>
<tr><td rowspan="22">一般项目</td><td rowspan="21">1</td><td rowspan="21">土路基允许偏差</td><td>路床纵断高程/mm</td><td>−20，+10</td><td>20</td><td colspan="3">1</td><td>0</td><td>1</td><td>2</td><td>1</td><td>0</td><td>1</td><td></td><td></td><td></td><td>6</td><td>6</td><td>100</td><td>合格</td></tr>
<tr><td>路床中线偏位/mm</td><td>≤30</td><td>100</td><td colspan="3">2</td><td>23</td><td>21</td><td></td><td></td><td></td><td></td><td></td><td></td><td></td><td>2</td><td>2</td><td>100</td><td>合格</td></tr>
<tr><td rowspan="6">路床平整度/mm</td><td rowspan="6">≤15</td><td rowspan="6">20</td><td rowspan="6">路宽/m</td><td rowspan="2"><9</td><td rowspan="2">1</td><td>5</td><td>7</td><td>1</td><td>5</td><td>1</td><td>1</td><td>1</td><td>1</td><td>1</td><td rowspan="6">12</td><td rowspan="6">12</td><td rowspan="6">100</td><td rowspan="6">合格</td></tr>
<tr><td>1</td><td>2</td><td>2</td><td></td><td></td><td></td><td></td><td></td><td></td></tr>
<tr><td rowspan="2">9～15√</td><td rowspan="2">2</td><td></td><td></td><td></td><td></td><td></td><td></td><td></td><td></td><td></td></tr>
<tr><td></td><td></td><td></td><td></td><td></td><td></td><td></td><td></td><td></td></tr>
<tr><td rowspan="2">>15</td><td rowspan="2">3</td><td></td><td></td><td></td><td></td><td></td><td></td><td></td><td></td><td></td></tr>
<tr><td></td><td></td><td></td><td></td><td></td><td></td><td></td><td></td><td></td></tr>
<tr><td>路床宽度/mm</td><td>≥设计值+B(12500)</td><td>40</td><td colspan="3">1</td><td colspan="2">12500</td><td colspan="2">12510</td><td colspan="2">12500</td><td colspan="3"></td><td>3</td><td>3</td><td>100</td><td>合格</td></tr>
<tr><td rowspan="6">路床横坡</td><td rowspan="6">±0.3%且不反坡</td><td rowspan="6">20</td><td rowspan="6">路宽/m</td><td rowspan="2"><9</td><td rowspan="2">2</td><td>0.03</td><td>−0.28</td><td>0.14</td><td>−0.17</td><td>0.17</td><td>0.02</td><td>−0.06</td><td>0.26</td><td>−0.04</td><td rowspan="6">24</td><td rowspan="6">24</td><td rowspan="6">100</td><td rowspan="6">合格</td></tr>
<tr><td>0.28</td><td>0.19</td><td>0.06</td><td>−0.19</td><td>0.16</td><td>−0.08</td><td>−0.11</td><td>−0.28</td><td>0.15</td></tr>
<tr><td rowspan="2">9～15√</td><td rowspan="2">4</td><td>−0.15</td><td>−0.25</td><td>−0.07</td><td>0.17</td><td>0.08</td><td>0.04</td><td></td><td></td><td></td></tr>
<tr><td></td><td></td><td></td><td></td><td></td><td></td><td></td><td></td><td></td></tr>
<tr><td rowspan="2">>15</td><td rowspan="2">6</td><td></td><td></td><td></td><td></td><td></td><td></td><td></td><td></td><td></td></tr>
<tr><td></td><td></td><td></td><td></td><td></td><td></td><td></td><td></td><td></td></tr>
<tr><td rowspan="6">边坡</td><td rowspan="6">不陡于设计值
左：1∶1.5
右：</td><td rowspan="6">20</td><td colspan="3" rowspan="6">2</td><td colspan="2">1∶1.5</td><td colspan="2">1∶1.5</td><td colspan="2">1∶1.5</td><td colspan="3">1∶1.5</td><td rowspan="6">10</td><td rowspan="6">10</td><td rowspan="6">100</td><td rowspan="6">合格</td></tr>
<tr><td colspan="2">1∶1.5</td><td colspan="2">1∶1.5</td><td colspan="2">1∶1.5</td><td colspan="3">1∶1.5</td></tr>
<tr><td colspan="2">1∶1.5</td><td colspan="2">1∶1.5</td><td colspan="2"></td><td colspan="3"></td></tr>
<tr><td colspan="2"></td><td colspan="2"></td><td colspan="2"></td><td colspan="3"></td></tr>
<tr><td colspan="2"></td><td colspan="2"></td><td colspan="2"></td><td colspan="3"></td></tr>
<tr><td colspan="2"></td><td colspan="2"></td><td colspan="2"></td><td colspan="3"></td></tr>
<tr><td>2</td><td colspan="2">路床外观质量</td><td colspan="5">路床应平整、坚实，无显著轮迹、翻浆、波浪、起皮等现象，路堤边坡应密实、稳定、平顺等</td><td colspan="12">√</td><td>合格</td></tr>
<tr><td colspan="6">平均合格率/%</td><td colspan="16">100</td></tr>
<tr><td colspan="4">施工单位检查评定结果</td><td colspan="18">主控项目全部符合要求，一般项目满足规范要求，本检验批符合要求
项目专业质量检查员：　　年　月　日</td></tr>
<tr><td colspan="4">监理(建设)单位验收结论</td><td colspan="18">主控项目全部合格，一般项目满足规范要求，本检验批合格
监理工程师：
(建设单位项目专业技术负责人)　　年　月　日</td></tr>
</table>

注：B 为施工时必要的附加宽度。

表 4-26　路床高程测量记录（四）

工程名称	×××市×××道路工程			施工单位		×××市政集团工程有限责任公司				
复核部位	K2+402～K2+497左幅95区			日期		年　月　日				
原施测人	×××			测量复核人		×××				

桩号		位置		后视/m	视线高程/m	前视/m	实测高程/m	设计高程/m	偏差值/mm	实测横坡/%	横坡偏差值/%	备注
BM1				1.235	88.491							87.256
K2+	402	中线	0.00　m			2.836	85.655	85.655	0			
		左距中	4.00　m			2.897	85.594	85.595		1.53	0.03	
		左距中	7.50　m			2.940	85.551	85.543		1.22	−0.28	
		左距中	9.50　m			2.913	85.578	85.573		−1.36	0.14	
		左距中	12.00　m			2.871	85.620	85.610		−1.67	−0.17	
K2+	422	中线	0.00　m			2.919	85.572	85.571	1			
		左距中	4.00　m			2.986	85.505	85.511		1.67	0.17	
		左距中	7.50　m			3.039	85.452	85.459		1.52	0.02	
		左距中	9.50　m			3.008	85.483	85.489		−1.56	−0.06	
		左距中	12.00　m			2.977	85.514	85.526		−1.24	0.26	
K2+	442	中线	0.00　m			3.003	85.488	85.486	2			
		左距中	4.00　m			3.061	85.430	85.426		1.46	−0.04	
		左距中	7.50　m			3.124	85.367	85.374		1.78	0.28	
		左距中	9.50　m			3.098	85.394	85.404		−1.31	0.19	
		左距中	12.00　m			3.062	85.430	85.441		−1.44	0.06	
K2+	462	中线	0.00　m			3.089	85.402	85.401	1			
		左距中	4.00　m			3.141	85.350	85.341		1.31	−0.19	
		左距中	7.50　m			3.200	85.292	85.289		1.66	0.16	
		左距中	9.50　m			3.168	85.323	85.319		−1.58	−0.08	
		左距中	12.00　m			3.128	85.363	85.356		−1.61	−0.11	
K2+	482	中线	0.00　m			3.175	85.316	85.316	0			
		左距中	4.00　m			3.224	85.267	85.256		1.22	−0.28	
		左距中	7.50　m			3.282	85.209	85.204		1.65	0.15	
		左距中	9.50　m			3.249	85.242	85.234		−1.65	−0.15	
		左距中	12.00　m			3.205	85.286	85.271		−1.75	−0.25	
K2+	497	中线	0.00　m			3.237	85.254	85.253	1			
		左距中	4.00　m			3.294	85.197	85.193		1.43	−0.07	
		左距中	7.50　m			3.353	85.138	85.141		1.67	0.17	
		左距中	9.50　m			3.324	85.167	85.171		−1.42	0.08	
		左距中	12.00　m			3.288	85.203	85.208		−1.46	0.04	

观测：　　　　　复测：　　　　　计算：　　　　　施工项目技术负责人：

表 4-27　填土方路基检验批质量检验记录（五）

CJJ 1—2008

路质检表　编号：016

工程名称	×××市×××道路工程		
施工单位	×××市政集团工程有限责任公司		
分部工程名称	路基	分项工程名称	土方路基
验收部位	K2+402～K2+497 左幅 90 区	工程数量	长 95m,宽 4.5m
项目经理	×××	技术负责人	×××
施工员	×××	施工班组长	×××

质量验收规定的检查项目及验收标准							检查方法	施工单位检查评定记录	监理单位验收记录
主控项目	1 路基压实度	填挖类型	路床顶面以下深度/cm	道路类别	压实度/%（重型击实）	检验频率			
						范围	点数			
主控项目	1 路基压实度	填方	0～80	城市快速路、主干路	≥95	1000m²	每层3点	环刀法、灌水法、或灌砂法	人行道路基压实度≥90%,符合规范要求,详见压实度试验报告	合格
				次干路	≥93				—	
				支路及其他小路	≥90				—	
			>80～150	城市快速路、主干路	≥93				—	
				次干路	≥90				—	
				支路及其他小路	≥90				—	
			>150	城市快速路、主干路	≥90				—	
				次干路	≥90				—	
				支路及其他小路	≥87				—	
	2	弯沉值/mm		不应大于设计规定		每车道、每20m 测 1 点		弯沉仪检测	—	—

质量验收规定的检查项目及验收标准			检验频率		施工单位检查评定记录												监理单位验收记录
检查项目		允许偏差	范围/m	点数	实测值或偏差值/mm									应测点数	合格点数	合格率/%	
					1	2	3	4	5	6	7	8	9				
一般项目	1 土路基允许偏差	路床纵断高程/mm	−20,+10	20	1	0	−2	−3	−11	2	−4				6	6	100	合格
		路床中线偏位/mm	≤30	100	2	3	6								2	2	100	合格
		路床平整度/mm	≤15	20	路宽/m <9√ 1	11	2	13	6	11	19				6	5	83.33	合格
					9~15 2												
					>15 3												
		路床宽度/mm	≥设计值+B (5000)	40	1	5015		5010		5000					3	3	100	合格
		路床横坡	±0.3% 且不反坡	20	路宽/m <9√ 2	−0.19	−0.14	0.04	−0.11	0.09	0.23	−0.05	−0.2	0.27	12	12	100	合格
						0.27	0.13	0.25										
					9~15 4												
					>15 6												
		边坡 不陡于设计值 左 右	1:1.5	20	2	1:1.5	1:1.5	1:1.5		1:1.5					10	10	100	合格
						1:1.5	1:1.5	1:1.5		1:1.5								
						1:1.5	1:1.5											
	2	路床外观质量	路床应平整、坚实，无显著轮迹、翻浆、波浪、起皮等现象，路堤边坡应密实、稳定、平顺等		√													合格
平均合格率/%					96.67												

施工单位检查评定结果	主控项目全部符合要求，一般项目满足规范要求，本检验批符合要求 项目专业质量检查员：	年 月 日
监理（建设）单位验收结论	主控项目全部合格，一般项目满足规范要求，本检验批合格 监理工程师： （建设单位项目专业技术负责人）	年 月 日

注：B 为施工时必要的附加宽度。

表 4-28　路床高程测量记录（五）

工程名称	×××市×××道路工程		施工单位		×××市政集团工程有限责任公司					
复核部位	K2+402～K2+497 左幅 90 区		日　期		年　月　日					
原施测人	×××		测量复核人		×××					

桩号		位置		后视/m	视线高程/m	前视/m	实测高程/m	设计高程/m	偏差值/mm	实测横坡/%	横坡偏差值/%	备注
		BM1		1.235	88.491							87.256
K2+	402	中线	0.00　m			2.568	85.923	85.923	0			
		左距	2.00　m			2.534	85.957	85.953	·	−1.69	−0.19	
		左距	4.50　m			2.493	85.998	85.991		−1.64	−0.14	
K2+	422	中线	0.00　m			2.654	85.837	85.839	−2			
		左距	2.00　m			2.625	85.866	85.869		−1.46	0.04	
		左距	4.50　m			2.585	85.906	85.907		−1.61	−0.11	
K2+	442	中线	0.00　m			2.740	85.751	85.754	−3			
		左距	2.00　m			2.708	85.783	85.784		−1.59	−0.09	
		左距	4.50　m			2.676	85.815	85.822		−1.27	0.23	
K2+	462	中线	0.00　m			2.833	85.658	85.669	−11			
		左距	2.00　m			2.802	85.689	85.699		−1.55	−0.05	
		左距	4.50　m			2.759	85.732	85.737		−1.7	−0.2	
K2+	482	中线	0.00　m			2.905	85.586	85.584	2			
		左距	2.00　m			2.880	85.611	85.614		−1.23	0.27	
		左距	4.50　m			2.850	85.641	85.652		−1.23	0.27	
K2+	497	中线	0.00　m			2.974	85.517	85.521	−4			
		左距	2.00　m			2.947	85.544	85.551		−1.37	0.13	
		左距	4.50　m			2.915	85.576	85.589		−1.25	0.25	

观测：　　　　　　复测：　　　　　　计算：　　　　　　施工项目技术负责人：

表 4-29　石方路基分项工程质量检验记录

CJJ 1—2008　　　　　　　　　　　　　　　　　　　　　　　　　　路质检表　编号：02

工程名称	×××市×××道路工程		分部工程名称	路基分部	检验批数	1
施工单位	×××市政集团工程有限责任公司		项目经理	×××	项目技术负责人	×××

序号	检验批部位、区段	施工单位自检情况		监理（建设）单位验收情况 验收意见
		合格率/%	检验结论	
1	K2＋497～K2＋700 全幅填石方路基	100.00	合格	
				所含检验批无遗漏，各检验批所覆盖的区段和所含内容无遗漏，所查检验批全部合格

平均合格率/%	100.00

施工单位检查结果	所含检验批无遗漏，各检验批所覆盖的区段和所含内容无遗漏，全部符合要求，本分项符合要求 项目技术负责人 　　　　　　年 月 日	验收结论	本分项合格 监理工程师： （建设单位项目专业技术负责人） 　　　　　　年 月 日

表4-30　填石方路基检验批质量检验记录

工程名称	×××市×××道路工程		
施工单位	×××市政集团工程有限责任公司		
分部工程名称	路基	分项工程名称	石方路基
验收部位	K2+497～K2+700 全幅	工程数量	长203m,宽55m
项目经理	×××	技术负责人	×××
施工员	×××	施工班组长	×××

质量验收规定的检查项目及验收标准			检查数量	施工单位检查评定记录	监理单位验收记录
主控项目	压实密度	符合试验路段确定的施工工艺,沉降差不应大于试验路段确定的沉降差	每1000m²,抽检3点	符合要求,详见压实度试验报告	合格

质量验收规定的检查项目及验收标准		检验频率		施工单位检查评定记录 实测值或偏差值/mm										应测点数	合格点数	合格率/%	监理单位验收记录
检查项目	允许偏差	范围/m	点数	1	2	3	4	5	6	7	8	9					
一般项目 1 填石方路基允许偏差 路床纵断高程/mm	−20,+10	20	1	0	2	−5	2	−6	1	2	1	2	12	12	100	合格
				−8	2	1										
路床中线偏位/mm	≤30	100	2	5	7	3							3	3	100	合格
路床平整度/mm	≤15	20	路宽/m <9　1	13	12	11	2	10	11	13	5	4	33	33	100	合格
			9～15　2	10	12	5	12	1	2	8	3	8				
				6	12	6	4	5	7	5	5					
			>15√　3	11	0	9	3	6	3							
路床宽度/mm	≥设计值+B	40	1	55115	55115		55118			55120			6	6	100	合格
				55123		55125										
路床横坡	±0.3%且不反坡	20	路宽/m <9　2	−0.2	−0.1	0	−0.2	0.1	−0.1	−0.2	0	0.1	72	72	100	合格
				−0.3	0	−0.3	0.2	−0.3	0	−0.1	0.1	0.1				
			9～15　4	−0.1	0.1	0.2	−0.1	0.2	0.1	−0.2	−0.1	0.1				
				0.2	−0.1	−0.2	0.1	0.2	−0.1	−0.3	0.1	0.1				
				−0.2	0.2	−0.1	0	−0.2	0.1	0.1	−0.3	−0.2				
			>15√　6	0	−0.3	0.1	0.1	−0.2	0.1	0	0.1	−0.3				
				−0.2	−0.1	−0.2	−0.2	−0.2	−0.1	−0.2	−0.1	−0.1				
边坡	不陡于设计值 左1:1.75 右1:1.75	20	2	1:1.75	1:1.75	1:1.75	1:1.75	1:1.75	1:1.75				22	22	100	合格
				1:1.75	1:1.75	1:1.75	1:1.75	1:1.75								
				1:1.75	1:1.75	1:1.75	1:1.75	1:1.75	1:1.75							
				1:1.75	1:1.75	1:1.75	1:1.75	1:1.75	1:1.75							
2 边坡外观质量	边坡应稳定、平顺,无松石			√												合格
3 路床外观质量	路床顶面应嵌缝牢固、表面均匀、平整、稳定,无推移、浮石			√												合格
平均合格率/%			100													

施工单位 检查评定结果	主控项目全部符合要求,一般项目满足规范要求,本检验批符合要求 项目专业质量检查员: 年 月 日
监理(建设) 单位验收结论	主控项目全部合格,一般项目满足规范要求,本检验批合格 监理工程师: (建设单位项目专业技术负责人) 年 月 日

注:B 为施工时必要的附加宽度。

表 4-31 路床高程测量记录(六)

工程名称		×××市×××道路工程			施工单位		×××市政集团工程有限责任公司				
复核部位		K2+497~K2+700 全幅			日 期		年 月 日				
原施测人		×××			测量复核人		×××				

桩号		位置		后视 /m	视线高 程/m	前视 /m	实测高 程/m	设计高 程/m	偏差值 /mm	实测横 坡/%	横坡偏 差值/%	备注
		ZD1		1.235	88.491							77.316
K2+	500	中线	1.50 m			1.471	77.080	77.080	0			
		左距	5.50 m			1.543	77.009	76.998		1.3	−0.2	
		左距	9.50 m			1.599	76.953	76.938		1.4	−0.1	
		左距	13.50 m			1.659	76.893	76.878		1.5	0	
		右距	5.50 m			1.543	77.009	76.998		1.3	−0.2	
		右距	9.50 m			1.607	76.945	76.938		1.6	0.1	
		右距	13.50 m			1.662	76.889	76.878		1.4	−0.1	
K2+	520	中线	1.50 m			1.469	77.082	77.080	2			
		左距	5.50 m			1.541	77.011	76.998		1.3	−0.2	
		左距	9.50 m			1.601	76.951	76.938		1.5	0	
		左距	13.50 m			1.665	76.887	76.878		1.6	0.1	
		右距	5.50 m			1.535	77.016	76.998		1.2	−0.3	
		右距	9.50 m			1.595	76.956	76.938		1.5	0	
		右距	13.50 m			1.643	76.908	76.878		1.2	−0.3	
K2+	540	中线	1.50 m			1.476	77.075	77.080	−5			
		左距	5.50 m			1.570	76.982	76.998		1.7	0.2	
		左距	9.50 m			1.618	76.934	76.938		1.2	−0.3	
		左距	13.50 m			1.678	76.874	76.878		1.5	0	
		右距	5.50 m			1.553	76.998	76.998		1.4	−0.1	
		右距	9.50 m			1.617	76.934	76.938		1.6	0.1	
		右距	13.50 m			1.681	76.870	76.878		1.6	0.1	

桩号		位置		后视/m	视线高程/m	前视/m	实测高程/m	设计高程/m	偏差值/mm	实测横坡/%	横坡偏差值/%	备注
K2+	560	中线	1.50 m			1.469	77.082	77.080	2			
		左距	5.50 m			1.546	77.005	76.998		1.4	−0.1	
		左距	9.50 m			1.610	76.941	76.938		1.6	0.1	
		左距	13.50 m			1.678	76.873	76.878		1.7	0.2	
		右距	5.50 m			1.546	77.005	76.998		1.4	−0.1	
		右距	9.50 m			1.614	76.937	76.938		1.7	0.2	
		右距	13.50 m			1.666	76.885	76.878		1.3	−0.2	
K2+	580	中线	1.50 m			1.477	77.074	77.080	−6			
		左距	5.50 m			1.565	76.986	76.998		1.6	0.1	
		左距	9.50 m			1.625	76.926	76.938		1.5	0	
		左距	13.50 m			1.685	76.866	76.878		1.5	0	
		右距	5.50 m			1.571	76.981	76.998		1.7	0.2	
		右距	9.50 m			1.623	76.929	76.938		1.3	−0.2	
		右距	13.50 m			1.675	76.877	76.878		1.3	−0.2	
...	...	...				...	...	...		...		

观测： 复测： 计算： 施工项目技术负责人：

注：表中 77.316 为已知 ZD1 高程。

路床高程测量记录（填石方路基）
填写说明

（1）路床设计高程＝抛石顶设计标高；B 点设计高程＝同一桩号或里程的 A 点设计高程－AB 两点间距×设计横坡值。

如 K2＋500 距中线为 0 的路床设计高程＝抛石顶设计标高 77.080，设计横坡值 1.5，其左距为 5.5m 的路床设计高程＝77.080－（5.5－0）×1.5/100＝76.998。

（2）实测高程＝视线高程－前视。

（3）路床纵断高程偏差值＝实测高程－设计高程。

注：品茗软件检验批表格的路床纵断高程偏差值与路床高程测量记录的偏差值关联，输入检验批表格的路床纵断高程偏差值（或通过学习数据自动生成）即可自动生成路床高程测量记录的偏差值。

（4）实测横坡值＝（同一桩号或里程的 A 点实测高程－B 点实测高程）/AB 两点间距。

（5）横坡偏差值＝实测横坡值－横坡设计值。

注：品茗软件检验批表格的横坡偏差值与路床高程测量记录的横坡偏差值关联，输入检验批表格的横坡偏差值（或通过学习数据自动生成）即可自动生成路床高程测量记录的横坡偏差值。

（6）品茗软件只需填写水准点数据、路面设计高程、（结构层＋路床顶面以下深度）及横坡设计值，软件即可自动计算路床高程测量记录表的其他数据。

表 4-32 路基处理分项工程质量检验记录

工程名称	×××市×××道路工程	分部工程名称	路基分部	检验批数	17
施工单位	×××市政集团工程有限责任公司	项目经理	×××	项目技术负责人	×××

序号	检验批部位、区段	施工单位自检情况		监理(建设)单位验收情况
		合格率/%	检验结论	验收意见
1	K2+000～K2+187 全幅 92 区、93 区换填土处理软土路基	100.00	合格	
2	K2+000～K2+187 全幅 94 区换填土处理软土路基	100.00	合格	
3	K2+000～K2+187 全幅 95 区、96 区换填土处理软土路基	100.00	合格	
4	K2+187～K2+402 全幅 95 区、96 区换填土处理软土路基	100.00	合格	
5	K2+803～K2+860 全幅 95 区、96 区换填土处理软土路基	100.00	合格	
6	K2+000～K2+187 左幅 95 区换填土处理软土路基	100.00	合格	
7	K2+000～K2+187 右幅 95 区换填土处理软土路基	100.00	合格	
8	K2+187～K2+402 左幅 95 区换填土处理软土路基	97.78	合格	所含检验批无遗漏,各检验批所覆盖的区段和所含内容无遗漏,所查检验批全部合格
9	K2+187～K2+402 右幅 95 区换填土处理软土路基	100.00	合格	
10	K2+803～K2+860 左幅 95 区换填土处理软土路基	100.00	合格	
11	K2+803～K2+860 右幅 95 区换填土处理软土路基	100.00	合格	
12	K2+000～K2+187 左幅 90 区换填土处理软土路基	100.00	合格	
13	K2+000～K2+187 右幅 90 区换填土处理软土路基	100.00	合格	
14	K2+187～K2+402 左幅 90 区换填土处理软土路基	100.00	合格	
15	K2+187～K2+402 右幅 90 区换填土处理软土路基	100.00	合格	
16	K2+803～K2+860 左幅 90 区换填土处理软土路基	97.27	合格	
17	K2+803～K2+860 右幅 90 区换填土处理软土路基	99.09	合格	
平均合格率/%		99.66		

施工单位检查结果	所含检验批无遗漏,各检验批所覆盖的区段和所含内容无遗漏,全部符合要求,本分项符合要求 项目技术负责人： 　　　　年　月　日	验收结论	本分项合格 监理工程师： (建设单位项目专业技术负责人) 　　　　　　　　　年　月　日

表 4-33　换填土处理软土路基检验批质量检验记录

CJJ 1—2008　　　　　　　　　　　　　　　　　　　　　　　　　　　　路质检表　编号：003

工程名称	×××市×××道路工程		
施工单位	×××市政集团工程有限责任公司		
分部工程名称	路基	分项工程名称	路基处理
验收部位	K2＋000～K2＋187 全幅 95 区、96 区	工程数量	长 187m，宽 55m
项目经理	×××	技术负责人	×××
施工员	×××	施工班组长	×××

质量验收规定的检查项目及验收标准							检查方法	施工单位检查评定记录	监理单位验收记录
		填挖类型	路床顶面以下深度/cm	道路类别	压实度/%（重型击实）	检验频率			
						范围	点数		
主控项目	1　路基压实度	填方	0～80	城市快速路、主干路	≥95	1000m²	每层3点	环刀法、灌水法、或灌砂法	压实度≥设计值96%，符合设计要求，详见压实度试验报告	合格
				次干路	≥93				—	—
				支路及其他小路	≥90				—	—
			>80～150	城市快速路、主干路	≥93				—	—
				次干路	≥90				—	—
				支路及其他小路	≥90				—	—
			>150	城市快速路、主干路	≥90				—	—
				次干路	≥90				—	—
				支路及其他小路	≥87				—	—
	2　弯沉值/mm			不应大于设计值(322.9)		每车道、每20m测1点		弯沉仪检测	符合要求，详见弯沉值试验报告	合格

质量验收规定的检查项目及验收标准		检验频率			施工单位检查评定记录												监理单位验收记录
检查项目	允许偏差	范围/m	点数		实测值或偏差值/mm									应测点数	合格点数	合格率/%	
					1	2	3	4	5	6	7	8	9				

一般项目	1 土路基允许偏差	路床纵断高程/mm	−20,+10	20	1		−2	−4	1	4	−3	1	2	−2	2	11	11	100	合格
							−8	−3											
		路床中线偏位/mm	≤30	100	2		13	9	15	7						4	4	100	合格
		路床平整度/mm	≤15	20	路宽/m	<9	1	1	11	14	1	3	3	9	14	14	33	33	100	合格
								8	10	9	6	0	9	1	2	10				
						9~15	2	14	9	6	12	1	8	10	8	8				
								3	14	12	1	9	13							
						>15√	3													
		路床宽度/mm	≥设计值＋B (56000)	40	1		56000		56012		56016		56000			6	6	100	合格
							56016		56000										
		路床横坡	±0.3%且不反坡	20	路宽/m	<9	2	0.29	−0.02	−0.04	0	−0.11	0.24	−0.06	−0.13	−0.04	66	66	100	合格
								0.29	−0.05	0.15	−0.1	−0.09	0.11	0.24	0.2	−0.18				
								0.21	−0.09	−0.13	0.07	0.14	0.12	0.15		0.02				
								−0.13	0.1	−0.16	−0.28	0.24	0	0.19	0.18	−0.19				
						9~15	4	0.18	−0.1	0.13	0.07	−0	0.18	−0.21	0.2	0.12				
								−0.29	0.09	−0.22	0	0	−0.15	0.17	−0.23	0.12				
								−0.25	0.22	−0.16	0.15	0.07	−0.27	−0.05	−0.21	0.07				
								−0.07	−0	0										
						>15√	6													
		边坡	不陡于设计值 左 1:1.5 / 1:1.75; 右 1:1.5	20	2		1:1.5		1:1.5		1:1.5		1:1.5			20	20	100	合格
							1:1.75		1:1.75		1:1.75		1:1.75						
							1:1.75		1:1.75										
							1:1.5		1:1.5		1:1.5		1:1.5						
							1:1.5		1:1.5		1:1.5		1:1.5						
							1:1.5		1:1.5										
	2	路床外观质量	路床应平整、坚实，无显著轮迹、翻浆、波浪、起皮等现象，路堤边坡应密实、稳定、平顺等							√									合格
平均合格率/%										100								

施工单位 检查评定结果	主控项目全部符合要求,一般项目满足规范要求,本检验批符合要求 项目专业质量检查员:	年　月　日
监理(建设) 单位验收结论	主控项目全部合格,一般项目满足规范要求,本检验批合格 监理工程师: (建设单位项目专业技术负责人)	年　月　日

注:B 为施工时必要的附加宽度。

表 4-34　路床高程测量记录(七)

工程名称	×××市×××道路工程		施工单位	×××市政集团工程有限责任公司
复核部位	K2+000~K2+187 全幅 95 区、96 区		日期	年　月　日
原施测人	×××		测量复核人	×××

桩号		位置		后视 /m	视线高 程/m	前视 /m	实测高 程/m	设计高 程/m	偏差值 /mm	实测横 坡/%	横坡偏 差值/%	备注
		BM1		1.235	88.491							87.256
K2+	0	中线	1.50　m			3.313	85.178	85.180	−2			
		左距	5.50　m			3.385	85.106	85.120		1.79	0.29	
		左距	9.50　m			3.444	85.047	85.060		1.48	−0.02	
		左距	13.50　m			3.502	84.989	85.000		1.46	−0.04	
		右距	5.50　m			3.373	85.118	85.120		1.5	0	
		右距	9.50　m			3.429	85.062	85.060		1.39	−0.11	
		右距	13.50　m			3.498	84.993	85.000		1.74	0.24	
K2+	20	中线	1.50　m			3.405	85.086	85.090	−4			
		左距	5.50　m			3.463	85.028	85.030		1.44	−0.06	
		左距	9.50　m			3.517	84.974	84.970		1.37	−0.13	
		左距	13.50　m			3.576	84.915	84.910		1.46	−0.04	
		右距	5.50　m			3.477	85.014	85.030		1.79	0.29	
		右距	9.50　m			3.535	84.956	84.970		1.45	−0.05	
		右距	13.50　m			3.601	84.890	84.910		1.65	0.15	

桩号		位置			后视/m	视线高程/m	前视/m	实测高程/m	设计高程/m	偏差值/mm	实测横坡/%	横坡偏差值/%	备注
K2+	40	中线	1.50	m			3.390	85.101	85.100	1			
		左距	5.50	m			3.446	85.045	85.040		1.4	−0.1	
		左距	9.50	m			3.502	84.989	84.980		1.41	−0.09	
		左距	13.50	m			3.567	84.924	84.920		1.61	0.11	
		右距	5.50	m			3.460	85.031	85.040		1.74	0.24	
		右距	9.50	m			3.528	84.963	84.980		1.7	0.2	
		右距	13.50	m			3.580	84.911	84.920		1.32	−0.18	
K2+	60	中线	1.50	m			3.307	85.184	85.180	4			
		左距	5.50	m			3.375	85.116	85.120		1.71	0.21	
		左距	9.50	m			3.432	85.059	85.060		1.41	−0.09	
		左距	13.50	m			3.487	85.004	85.000		1.37	−0.13	
		右距	5.50	m			3.370	85.121	85.120		1.57	0.07	
		右距	9.50	m			3.435	85.056	85.060		1.64	0.14	
		右距	13.50	m			3.500	84.991	85.000		1.62	0.12	
K2+	80	中线	1.50	m			3.224	85.267	85.270	−3			
		左距	5.50	m			3.290	85.201	85.210		1.65	0.15	
		左距	9.50	m			3.350	85.141	85.150		1.5	0	
		左距	13.50	m			3.411	85.080	85.090		1.52	0.02	
		右距	5.50	m			3.279	85.212	85.210		1.37	−0.13	
		右距	9.50	m			3.343	85.148	85.150		1.6	0.1	
		右距	13.50	m			3.396	85.095	85.090		1.34	−0.16	
…	…	…					…	…	…	…	…		

观测：　　　　　　　复测：　　　　　　计算：　　　　　　施工项目技术负责人：

表 4-35　隐蔽工程汇总表

工程名称：×××市×××道路工程　　　　　　　　　　　　　　　　　　共　2　页，第　1　页

序号	(子)分部分项工程检验批名称	部　位	验　收　内　容	隐检日期	备注
1	填土路基检验批	K2＋402～K2＋497 全幅 92 区、93 区	路床外观质量；压实度、高程、路床中线偏位、平整度、宽度、横坡	××××.××.××	
2	填土路基检验批	K2＋402～K2＋497 全幅 94 区	路床外观质量；压实度、高程、路床中线偏位、平整度、宽度、横坡	××××.××.××	
3	填土路基检验批	K2＋402～K2＋497 全幅 95 区、96 区	路床外观质量；压实度、弯沉、高程、路床中线偏位、平整度、宽度、横坡	××××.××.××	
4	填土路基检验批	K2＋402～K2＋497 左幅 95 区	路床外观质量；压实度、弯沉、高程、路床中线偏位、平整度、宽度、横坡	××××.××.××	
5	填土路基检验批	K2＋402～K2＋497 右幅 95 区	路床外观质量；压实度、弯沉、高程、路床中线偏位、平整度、宽度、横坡	××××.××.××	
6	填土路基检验批	K2＋402～K2＋497 左幅 90 区	路床外观质量；压实度、高程、路床中线偏位、平整度、宽度、横坡	××××.××.××	
7	填土路基检验批	K2＋402～K2＋497 右幅 90 区	路床外观质量；压实度、高程、路床中线偏位、平整度、宽度、横坡	××××.××.××	
8	填土路基检验批	K2＋497～K2＋700 全幅 92 区、93 区	路床外观质量；压实度、高程、路床中线偏位、平整度、宽度、横坡	××××.××.××	
9	填土路基检验批	K2＋497～K2＋700 全幅 94 区	路床外观质量；压实度、高程、路床中线偏位、平整度、宽度、横坡	××××.××.××	
10	填土路基检验批	K2＋497～K2＋700 全幅 95 区、96 区	路床外观质量；压实度、弯沉、高程、路床中线偏位、平整度、宽度、横坡	××××.××.××	
11	填土路基检验批	K2＋497～K2＋700 左幅 95 区	路床外观质量；压实度、弯沉、高程、路床中线偏位、平整度、宽度、横坡	××××.××.××	
12	填土路基检验批	K2＋497～K2＋700 右幅 95 区	路床外观质量；压实度、弯沉、高程、路床中线偏位、平整度、宽度、横坡	××××.××.××	
13	填土路基检验批	K2＋497～K2＋700 左幅 90 区	路床外观质量；压实度、高程、路床中线偏位、平整度、宽度、横坡	××××.××.××	
14	填土路基检验批	K2＋497～K2＋700 右幅 90 区	路床外观质量；压实度、高程、路床中线偏位、平整度、宽度、横坡	××××.××.××	
15	填土路基检验批	K2＋700～K2＋803 全幅 92 区、93 区	路床外观质量；压实度、高程、路床中线偏位、平整度、宽度、横坡	××××.××.××	
16	填土路基检验批	K2＋700～K2＋803 全幅 94 区	路床外观质量；压实度、高程、路床中线偏位、平整度、宽度、横坡	××××.××.××	
17	填土路基检验批	K2＋700～K2＋803 全幅 95 区、96 区	路床外观质量；压实度、弯沉、高程、路床中线偏位、平整度、宽度、横坡	××××.××.××	
18	填土路基检验批	K2＋700～K2＋803 左幅 95 区	路床外观质量；压实度、弯沉、高程、路床中线偏位、平整度、宽度、横坡	××××.××.××	
19	填土路基检验批	K2＋700～K2＋803 右幅 95 区	路床外观质量；压实度、弯沉、高程、路床中线偏位、平整度、宽度、横坡	××××.××.××	

资料员：

序号	(子)分部分项工程检验批名称	部　位	验收内容	隐检日期	备注
20	填土路基检验批	K2＋700～K2＋803 左幅 90 区	路床外观质量；压实度、高程、路床中线偏位、平整度、宽度、横坡	××××.××.××	
21	填土路基检验批	K2＋700～K2＋803 右幅 90 区	路床外观质量；压实度、高程、路床中线偏位、平整度、宽度、横坡	××××.××.××	
22	换填土处理软土路基	K2＋000～K2＋187 全幅 92 区、93 区	路床外观质量；压实度、高程、路床中线偏位、平整度、宽度、横坡	××××.××.××	
23	换填土处理软土路基	K2＋000～K2＋187 全幅 94 区	路床外观质量；压实度、高程、路床中线偏位、平整度、宽度、横坡	××××.××.××	
24	换填土处理软土路基	K2＋000～K2＋187 全幅 95 区、96 区	路床外观质量；压实度、弯沉、高程、路床中线偏位、平整度、宽度、横坡	××××.××.××	
25	换填土处理软土路基	K2＋000～K2＋187 左幅 95 区	路床外观质量；压实度、弯沉、高程、路床中线偏位、平整度、宽度、横坡	××××.××.××	
26	换填土处理软土路基	K2＋000～K2＋187 右幅 95 区	路床外观质量；压实度、弯沉、高程、路床中线偏位、平整度、宽度、横坡	××××.××.××	
27	换填土处理软土路基	K2＋000～K2＋187 左幅 90 区	路床外观质量；压实度、高程、路床中线偏位、平整度、宽度、横坡	××××.××.××	
28	换填土处理软土路基	K2＋000～K2＋187 右幅 90 区	路床外观质量；压实度、高程、路床中线偏位、平整度、宽度、横坡	××××.××.××	
29	换填土处理软土路基	K2＋187～K2＋402 全幅 95 区、96 区	路床外观质量；压实度、弯沉、高程、路床中线偏位、平整度、宽度、横坡	××××.××.××	
30	换填土处理软土路基	K2＋187～K2＋402 左幅 95 区	路床外观质量；压实度、弯沉、高程、路床中线偏位、平整度、宽度、横坡	××××.××.××	
31	换填土处理软土路基	K2＋187～K2＋402 右幅 95 区	路床外观质量；压实度、弯沉、高程、路床中线偏位、平整度、宽度、横坡	××××.××.××	
32	换填土处理软土路基	K2＋187～K2＋402 左幅 90 区	路床外观质量；压实度、高程、路床中线偏位、平整度、宽度、横坡	××××.××.××	
33	换填土处理软土路基	K2＋187～K2＋402 右幅 90 区	路床外观质量；压实度、高程、路床中线偏位、平整度、宽度、横坡	××××.××.××	
34	换填土处理软土路基	K2＋803～K2＋860 全幅 95 区、96 区	路床外观质量；压实度、弯沉、高程、路床中线偏位、平整度、宽度、横坡	××××.××.××	
35	换填土处理软土路基	K2＋803～K2＋860 左幅 95 区	路床外观质量；压实度、弯沉、高程、路床中线偏位、平整度、宽度、横坡	××××.××.××	
36	换填土处理软土路基	K2＋803～K2＋860 右幅 95 区	路床外观质量；压实度、弯沉、高程、路床中线偏位、平整度、宽度、横坡	××××.××.××	
37	换填土处理软土路基	K2＋803～K2＋860 左幅 90 区	路床外观质量；压实度、高程、路床中线偏位、平整度、宽度、横坡	××××.××.××	
38	换填土处理软土路基	K2＋803～K2＋860 右幅 90 区	路床外观质量；压实度、高程、路床中线偏位、平整度、宽度、横坡	××××.××.××	
39	填石方路基检验批	K2＋497～K2＋700 全幅	路床外观质量；压实度、弯沉、高程、路床中线偏位、平整度、宽度、横坡	××××.××.××	

资料员：

表 4-36　隐蔽工程检查验收记录（一）

工程名称	×××市×××道路工程	施工单位	×××市政集团工程有限责任公司
隐检项目	填土方路基	隐检范围	K2＋402～K2＋497 全幅 92 区、93 区

隐检内容及检查情况	一、隐检内容 (1)路床外观质量； (2)实测项目：压实度、高程、路床中线偏位、平整度、宽度、横坡、边坡。 二、检查情况 　经检查，路床平整、坚实，无显著轮迹、翻浆、波浪、起皮等现象，路堤边坡密实、稳定、平顺。各项隐检项目均符合《城镇道路工程施工与质量验收规范》(CJJ 1—2008)要求。实测项目详见"检验批质量检验记录"及"高程测量记录"。
验收意见	该检验批的各项隐检内容均符合设计及规范要求，同意进入下道分项工程施工。
处理情况及结论	— 复查人：　　　　　　　　　　　　年　月　日

建设单位	监理单位	施工项目技术负责	施工员	质检员

表 4-37 隐蔽工程检查验收记录（二）

年 月 日

工程名称	×××市×××道路工程	施工单位	×××市政集团工程有限责任公司
隐检项目	填土方路基	隐检范围	K2＋402～K2＋497 全幅 95 区、96 区

隐检内容及检查情况	一、隐检内容 (1)路床外观质量； (2)实测项目：压实度、弯沉、高程、路床中线偏位、平整度、宽度、横坡、边坡。 二、检查情况 经检查，路床平整、坚实，无显著轮迹、翻浆、波浪、起皮等现象，路堤边坡密实、稳定、平顺。各项隐检项目均符合《城镇道路工程施工与质量验收规范》(CJJ 1—2008)要求。实测项目详见"检验批质量检验记录"及"高程测量记录"。
验收意见	该检验批的各项隐检内容均符合设计及规范要求，同意进入下道分项工程施工。
处理情况及结论	—

复查人： 年 月 日

建设单位	监理单位	施工项目技术负责	施工员	质检员

表 4-38　路基压实度汇总表

工程名称：×××市×××道路工程　　　　　　　　　　施工单位：×××市政集团工程有限责任公司

检测桩号	测点位置/m		层 次	压实度/%		检测日期	备注
	左	右		设计	实测		
K2+040	3		第1层	93	94.6	××××.××.××	
K2+040		6	第1层	93	94.5	××××.××.××	
K2+040	9		第1层	93	94.3	××××.××.××	
K2+080	3		第1层	93	94.5	××××.××.××	
K2+080		6	第1层	93	94.6	××××.××.××	
K2+080	9		第1层	93	94.2	××××.××.××	
K2+130	3		第1层	93	94	××××.××.××	
K2+130		6	第1层	93	94.3	××××.××.××	
K2+130	9		第1层	93	94.2	××××.××.××	
K2+180	3		第1层	93	94.4	××××.××.××	
K2+180		6	第1层	93	94.3	××××.××.××	
K2+180	9		第1层	93	94.2	××××.××.××	

施工项目技术负责人：＿＿＿＿＿＿＿＿　　　　　　填表人：＿＿＿＿＿＿＿＿　　　　　　年　月　日

表 4-39 路基工程质量验收报告

工程名称	×××市×××道路工程		建设单位	
路基施工单位	×××市政集团工程有限责任公司		监理单位	
验收区段	K2+000～K2+402			
施工周期	××××年××月××日至××××年××月××日		验收日期	××××-××-××

实体质量检查情况	(1)路床平整、坚实,无显著轮迹、翻浆、波浪、起皮等现象,路堤边坡密实、稳定、平顺。 (2)路基压实度符合设计要求。 (3)路基弯沉值符合设计要求。 (4)路床纵断高程、路床中线偏位、平整度、宽度、横坡、边坡符合设计要求。
资料检查情况	(1)质量控制资料共 9 项,经查符合要求; (2)安全和功能检验(检测)报告共 1 项,经查符合要求; (3)K2+000～K2+402 路基工程资料完整,符合设计及施工规范要求。

路基施工单位评定意见: 　　资料完整,施工质量符合设计及规范要求。 项目经理:　　　　　　　　　　　(公章) 　　　　　　　　　　　　　　年　月　日	总包或接收单位验收意见: 项目经理:　　　　　　　　　　　(公章) 　　　　　　　　　　　　　　年　月　日

勘察单位验收意见: 　　符合设计和规范要求 项目勘察负责人: 　　(公章) 　　　　　　年　月　日	设计单位验收意见: 　　符合设计要求 项目设计负责人: 　　(公章) 　　　　　　年　月　日	建设或监理单位验收意见: 　　同意验收,进入下一道工序施工 项目负责人或项目总监理工程师: 　　(公章) 　　　　　　年　月　日

第四节 基层分部工程

一、基层分部工程质量验收应具备的资料

根据附录二×××市×××道路工程施工图，该工程设计长度约860m，道路等级为城市Ⅰ级主干道，道路红线宽度为55m，起点桩号为K2+000($x=2628636.129$，$y=467032.177$)，终点桩号为K2+860($x=2629185.337$，$y=467666.232$)。本节将根据施工图路面结构组合形式，结合基层分部工程的施工工序以表格的形式列出其验收资料。见表4-40。

表4-40 基层分部工程质量验收资料

序号	验收内容	验收资料	备注
1	基层分部工程施工方案		略
2	基层分部工程施工技术交底		略
3	施工日记		略
4	基层原材料	原材料进场验收记录/进场材料报验单	略
		级配碎石检验报告	略
		水泥稳定碎石水泥或石灰剂量检测报告	略
5	K2+000～K2+860 左幅机动车道 25cm级配碎石基层	级配碎石(碎砾石)基层检验批质量检验记录	附填写示例
		压实度检测——97压实度试验报告	略
		弯沉值检测	略
		高程、横坡测量记录	附填写示例
		质检表4隐蔽工程检查验收记录	附填写示例
6	K2+000～K2+860 右幅机动车道 25cm级配碎石基层	级配碎石(碎砾石)基层检验批质量检验记录	略
		压实度检测——97压实度试验报告	略
		弯沉值检测	略
		高程、横坡测量记录	略
		质检表4隐蔽工程检查验收记录	略
7	K2+000～K2+860 左幅辅道 20cm级配碎石基层	级配碎石(碎砾石)基层检验批质量检验记录	附填写示例
		压实度检测——97压实度试验报告	略
		弯沉值检测	略
		高程、横坡测量记录	附填写示例
		质检表4隐蔽工程检查验收记录	附填写示例
8	K2+000～K2+860 右幅辅道 20cm级配碎石基层	级配碎石(碎砾石)基层检验批质量检验记录	略
		压实度检测——97压实度试验报告	略
		弯沉值检测	略
		高程、横坡测量记录	略
		质检表4隐蔽工程检查验收记录	略

序号	验收内容	验收资料	备注
9	K2＋000～K2＋860 左幅机动车道 20cm 4％水泥稳定碎石底基层	水泥稳定土类基层检验批质量检验记录	附填写示例
		压实度检测——97 压实度试验报告	略
		弯沉值检测	略
		7d 无侧限抗压强度报告：每 2000m² 抽检 1 组（6 块）	略
		高程、横坡测量记录	附填写示例
		质检表 4 隐蔽工程检查验收记录	附填写示例
10	K2＋000～K2＋860 右幅机动车道 20cm 4％水泥稳定碎石底基层	水泥稳定土类基层检验批质量检验记录	略
		压实度检测——97 压实度试验报告	略
		弯沉值检测	略
		7d 无侧限抗压强度报告：每 2000m² 抽检 1 组（6 块）	略
		高程、横坡测量记录	略
		质检表 4 隐蔽工程检查验收记录	略
11	K2＋000～K2＋860 左幅机动车道 25cm 6％水泥稳定碎石基层	水泥稳定土类基层检验批质量检验记录	附填写示例
		压实度检测——98 压实度试验报告	略
		弯沉值检测	略
		7d 无侧限抗压强度报告：每 2000m² 抽检 1 组（6 块）	略
		高程、横坡测量记录	附填写示例
		质检表 4 隐蔽工程检查验收记录	附填写示例
12	K2＋000～K2＋860 右幅机动车道 25cm 6％水泥稳定碎石基层	水泥稳定土类基层检验批质量检验记录	略
		压实度检测——98 压实度试验报告	略
		弯沉值检测	略
		7d 无侧限抗压强度报告：每 2000m² 抽检 1 组（6 块）	略
		高程、横坡测量记录	略
		质检表 4 隐蔽工程检查验收记录	略
13	K2＋000～K2＋860 左幅辅道 15cm 4％水泥稳定碎石底基层	水泥稳定土类基层检验批质量检验记录	附填写示例
		压实度检测——97 压实度试验报告	略
		弯沉值检测	略
		7d 无侧限抗压强度报告：每 2000m² 抽检 1 组（6 块）	略
		高程、横坡测量记录	附填写示例
		质检表 4 隐蔽工程检查验收记录	附填写示例
14	K2＋000～K2＋860 右幅辅道 15cm 4％水泥稳定碎石底基层	水泥稳定土类基层检验批质量检验记录	略
		压实度检测——97 压实度试验报告	略
		弯沉值检测	略
		7d 无侧限抗压强度报告：每 2000m² 抽检 1 组（6 块）	略
		高程、横坡测量记录	略
		质检表 4 隐蔽工程检查验收记录	略

序号	验收内容	验收资料	备注
15	K2+000～K2+860 左幅辅道 20cm 6％水泥稳定碎石基层	水泥稳定土类基层检验批质量检验记录	附填写示例
		压实度检测——98 压实度试验报告	略
		弯沉值检测	略
		7d 无侧限抗压强度报告：每 2000m² 抽检 1 组（6 块）	略
		高程、横坡测量记录	附填写示例
		质检表 4 隐蔽工程检查验收记录	附填写示例
16	K2+000～K2+860 右幅辅道 20cm 6％水泥稳定碎石基层	水泥稳定土类基层检验批质量检验记录	略
		压实度检测——98 压实度试验报告	略
		弯沉值检测	略
		7d 无侧限抗压强度报告：每 2000m² 抽检 1 组（6 块）	略
		高程、横坡测量记录	略
		质检表 4 隐蔽工程检查验收记录	略
17	K2+000～K2+860 左幅人行道 18cm 6％水泥稳定碎石基层	水泥稳定土类基层检验批质量检验记录	附填写示例
		压实度检测——90 压实度试验报告	略
		高程、横坡测量记录	附填写示例
		质检表 4 隐蔽工程检查验收记录	附填写示例
18	K2+000～K2+860 右幅人行道 18cm 6％水泥稳定碎石基层	水泥稳定土类基层检验批质量检验记录	略
		压实度检测——90 压实度试验报告	略
		高程、横坡测量记录	略
		质检表 4 隐蔽工程检查验收记录	附填写示例
19	基层压实度汇总表		附填写示例
20	基层弯沉值汇总表		略
21	级配碎石基层分项工程	分项工程质量检验记录	附填写示例
22	水泥稳定土类基层分项工程	分项工程质量检验记录	附填写示例
23	基层分部工程	基层分部工程检验记录	附填写示例

二、基层分部工程验收资料填写示例

基层分部工程验收资料填写示例见表 4-41～表 4-67。

表 4-41　基层分部工程检验记录（一）

CJJ 1—2008　　　　　　　　　　　　　　　　　　　　　　　　　　路质检表　编号：02

工程名称		×××市×××道路工程			
施工单位		×××市政集团工程有限责任公司			
项目经理		×××	技术负责人	×××	
序号	分项工程名称	检验批数		合格率/%	质量情况
1	级配碎石(碎砾石)基层	4		99.31	合格
2	水泥稳定土类基层	10		99.66	合格
质量控制资料		共　9　项,经查符合要求　9　项,经核定符合规范要求　0　项			
安全和功能检验(检测)报告		共核查4项,符合要求4项,经返工处理符合要求　0　项			
观感质量验收		共抽查14项,符合要求　14　项,不符合要求　0　项;观感质量评价:好			
分部工程检验结果		合格	平均合格率/%	99.49	

施工单位	项目经理: （公章） 　　年　月　日	监理单位	总监理工程师: （公章） 　　年　月　日
建设单位	项目负责人: （公章） 　　年　月　日	设计单位	项目设计负责人: （公章） 　　年　月　日

表 4-42　基层分部工程检验记录（二）

CJJ 1—2008

路质检表　附表

序号	检查内容	份数	监理(建设)单位检查意见
1	图纸会审、设计变更、洽商记录	2	√
2	原材料合格证/出厂(场)检验报告	2 / 2	√
3	原材料进场复检报告	4	√
4	测量复核记录	12	√
5	基层、底基层试件 7d 无侧限抗压强度报告	26	√
6	级配碎石及级配碎砾石的颗粒检验报告	—	—
7	级配碎石及级配砾石压碎指标检测报告	2	√
8	沥青混合料马歇尔击实试件密度报告	—	
9	级配单(石灰土、砂砾碎石、石灰粉煤灰钢渣)	2	√
10	隐蔽工程验收记录、施工记录	12	√
11	分项工程质量验收记录	2	√
12	基层、底基层压实度检验报告	10	√
13	基层、底基层弯沉检测报告	8	√
14	级配碎石及级配碎砾石的压实度检验报告	4	√
15	级配碎石及级配碎砾石的弯沉检验报告	4	√
16	沥青混合料弯沉检测报告	—	—

检查人：

注：检查意见分两种：合格打"√"，不合格打"×"。

表 4-43 级配碎石基层分项工程质量检验记录

CJJ 1—2008

路质检表 编号：06

工程名称	×××市×××道路工程		分部工程名称	基层分部	检验批数	4
施工单位	×××市政集团工程有限责任公司		项目经理	×××	项目技术负责人	×××

序号	检验批部位、区段	施工单位自检情况		监理(建设)单位验收情况验收意见
		合格率/%	检验结论	
1	K2+000～K2+860 左幅机动车道级配碎石（碎砾石）基层	100.00	合格	
2	K2+000～K2+860 右幅机动车道级配碎石（碎砾石）基层	99.62	合格	
3	K2+000～K2+860 左幅辅道级配碎石(碎砾石)基层	100.00	合格	
4	K2+000～K2+860 右幅辅道级配碎石(碎砾石)基层	97.62	合格	所含检验批无遗漏,各检验批所覆盖的区段和所含内容无遗漏,所查检验批全部合格
	平均合格率/%	99.31		

施工单位检查结果	所含检验批无遗漏,各检验批所覆盖的区段和所含内容无遗漏,全部符合要求,本分项符合要求 项目技术负责人 　　　　　年　月　日	验收结论	本分项合格 监理工程师： (建设单位项目专业技术负责人) 　　　　　年　月　日

表 4-44 级配碎石 (碎砾石) 基层检验批质量检验记录 (一)

路质检表　编号：001

工程名称	×××市×××道路工程		
施工单位	×××市政集团工程有限责任公司		
分部工程名称	基层	分项工程名称	级配碎石(碎砾石)基层
验收部位	K2+000～K2+860左幅机动车道	工程数量	长860m,宽12m
项目经理	×××	技术负责人	×××
施工员	×××	施工班组长	×××

质量验收规定的检查项目及验收标准				检查数量	检验方法	施工单位检查评定记录	监理单位验收记录
主控项目	1	压实度	基层	≥97%	每1000m², 每压实层抽检1点	环刀法、灌水法、或灌砂法	—	—
			底基层	≥95%	每1000m², 每压实层抽检1点		压实度≥设计值97%,符合设计要求,详见压实度试验报告	合格
	2	弯沉值/mm		不应大于设计值(199.5)	每车道、每20m,测1点	弯沉仪检测	符合要求,详见弯沉值试验报告	合格
	3	碎石与嵌缝料质量及级配		级配碎石及级配碎砾石材料应符合下列规定。 (1)轧制碎石的材料可为各种类型的岩石(软质岩石除外)、砾石。轧制碎石的砾石粒径应为碎石最大粒径的3倍以上,碎石中不应有黏土块、植物根叶、腐殖质等有害物质。 (2)碎石中针片状颗粒的总含量不应超过20%。 (3)级配碎石及级配碎砾石颗粒范围和技术指标应符合规范表7.7.1—1的规定。 (4)级配碎石及级配碎砾石石料的压碎值应符合规范表7.7.1—2的规定。 (5)碎石或碎砾石应为多棱角块体,软弱颗粒含量应小于5%;扁平细长碎石含量应小于20%。			√	合格

质量验收规定的检查项目及验收标准			检验频率			施工单位检查评定记录													监理单位验收记录
						实测值或偏差值/mm									应测点数	合格点数	合格率/%		
检查项目		允许偏差	范围	点数		1	2	3	4	5	6	7	8	9					
一般项目	1 级配碎石及级配碎砾石基层和底基层的允许偏差	中线偏位/mm ≤20	100m	1		10	11	8	0	4	5	13	10	3	9	9	100		合格
		纵断高程/mm 基层 ±15	20m√	1		0	2	4	5	−3	2	1	2	4	44	44	100		合格
						2	3	8	8	3	3	1	−1	−2					
		底基层 ±20				5	3	2	8	5	2	1	3	−2					
						2	3	4	8	3	3	1	−1	1					
						2	4	8	8	3	3	1	−1						
		平整度/mm 基层 ≤10 底基层 ≤15	20m√	路宽/m <9:1 9~15√:2 >15:3		见附表（表4-45）第一条									88	88	100		合格
		宽度/mm ≥设计值+B(12400)	40m	1		见附表（表4-45）第三条									22	22	100		合格
		横坡 ±0.3%且不反坡	20m	路宽/m <9:2		−0.2	0.1	−0.2	0.1	0.2	0.2	0.1	0.2	0	176	176	100		合格
						0	−0.3	−0.1	0.2	−0.2	0.2	0.2	0.1	−0.3					
						−0.3	−0.2	0.2	−0.3	0.2	0.1	0	0.2	−0.3					
						0.2	0	−0.1	−0.2	−0.3	0.1	0	0.1						
						0.1	0.1	0	0	0	−0.2	−0.1	0.2						
						−0.2	−0.2	0.2	−0.1	0.1	−0.1	0	−0.3						
				9~15√:4		−0.3	−0.2	0.2	−0.2	−0.3	−0.1	0.1	0.1	−0.3					
						0.2	−0.1	−0.3	−0.2	0	−0.1	0.2	−0.3	0					
						−0.1	0.2	−0.3	0.2	−0.1	0	0.1	−0.3	−0.2					
						−0.3	−0.1	−0.3	−0.3	−0.1	0	0.2	−0.1	0.2					
						0	−0.2	0.1	0.1	0	−0.3	0.1	−0.2	0.2					
						−0.3	0	0.2	0.2	0	−0.2	0.2	−0.1						
				>15:6		−0.2	0.2	0	−0.2	0.1	−0.1	0	−0.2	−0.2					
						0.2	−0.2	−0.2	−0.1	0	−0.1	−0.2	−0.2	−0.1					
						−0.3	0.1	0.2	0.1	−0.1	0	0.2	0	0.1					
						−0.1	0.2	0.1	−0.2	−0.2	−0.2	0	0.2	−0.1					
						−0.1	0.1	0	−0.1	0	−0.3	−0.1	0.2	−0.1					
						−0.2	0.1	−0.1	0.1	0.2	−0.1	0.2	0.2						
						0	0.1	0.1	0	0.2	0.2								
		厚度/mm 碎石 +20,−10 砾石 +20,−10%层厚	1000 m²	1		见附表（表4-45）第四条									11	11	100		合格
	2 外观质量	表面应平整、坚实，无推移、松散、浮石现象				√													合格
平均合格率/%						100.00													

施工单位检查评定结果	主控项目全部符合要求,一般项目满足规范要求,本检验批符合要求		
	项目专业质量检查员:		年 月 日
监理(建设)单位验收结论	主控项目全部合格,一般项目满足规范要求,本检验批合格		
	监理工程师: (建设单位项目专业技术负责人)		年 月 日

注:1. 主控项目第3项按不同材料进场批次,每批抽检不应少于1次;查检验报告。

2. B 为施工时必要的附加宽度。

表 4-45　K2＋000～K2＋860 左幅机动车道级配碎石基层实测项目评定附表

第一条	1	11	9	4	5	2	7	8	13	2	0	1	9	13	12	0	6	4	5	5
	4	4	0	4	12	3	10	8	2	6	6	6	13	13	11	6	3	0	7	11
	14	13	7	6	5	12	1	14	11	4	5	6	7	6	6	6	13	2	4	6
	8	5	12	1	8	3	1	14	5	5	6	3	5	5	11	2	3	7	5	12
	0	13	2	9	5	9	4	7												
第二条																				
第三条	12400	12410	12400	12400	12400	12420	12410	12400	12400	12420	12400	12400	12400	12400	12410	12400	12400	12410	12400	12400
	12400	12410																		
第四条	−3	16	−3	12	2	−6	5	19	1	11	−5									
第五条																				
第六条																				
第七条																				

表 4-46　基层高程测量记录（一）

工程名称	×××市×××道路工程			施工单位		×××市政集团工程有限责任公司			
复核部位	K2+000～K2+860 左幅机动车道			日　期		年　月　日			
原施测人	×××			测量复核人		×××			

桩号		位置	后视/m	视线高程/m	前视/m	实测高程/m	设计高程/m	偏差值/mm	实测横坡/%	横坡偏差值/%	备注
BM1			1.235	88.491							87.256
K2+	0	中线　　1.50 m			3.061	85.430	85.430	0			
		左距中　4.50 m			3.100	85.391	85.385		1.3	−0.2	
		左距中　7.50 m			3.148	85.343	85.340		1.6	0.1	
		左距中　10.5 m			3.187	85.304	85.295		1.3	−0.2	
		左距中　13.5 m			3.235	85.256	85.250		1.6	0.1	
K2+	20	中线　　1.50 m			3.149	85.342	85.340	2			
		左距中　4.50 m			3.200	85.291	85.295		1.7	0.2	
		左距中　7.50 m			3.251	85.240	85.250		1.7	0.2	
		左距中　10.5 m			3.299	85.192	85.205		1.6	0.1	
		左距中　13.5 m			3.350	85.141	85.160		1.7	0.2	
K2+	40	中线　　1.50 m			3.137	85.354	85.350	4			
		左距中　4.50 m			3.182	85.309	85.305		1.5	0	
		左距中　7.50 m			3.233	85.258	85.260		1.7	0.2	
		左距中　10.5 m			3.269	85.222	85.215		1.2	−0.3	
		左距中　13.5 m　·			3.311	85.180	85.170		1.4	−0.1	
K2+	60	中线　　1.50 m			3.056	85.435	85.430	5			
		左距中　4.50 m			3.107	85.384	85.385		1.7	0.2	
		左距中　7.50 m			3.146	85.345	85.340		1.3	−0.2	
		左距中　10.5 m			3.197	85.294	85.295		1.7	0.2	
		左距中　13.5 m			3.248	85.243	85.250		1.7	0.2	
K2+	80	中线　　1.50 m			2.974	85.517	85.520	−3			
		左距中　4.50 m			3.022	85.469	85.475		1.6	0.1	
		左距中　7.50 m			3.058	85.433	85.430		1.2	−0.3	
		左距中　10.5 m			3.094	85.397	85.385		1.2	−0.3	
		左距中　13.5 m			3.133	85.358	85.340		1.3	−0.2	
K2+	100	中线　　1.50 m			2.879	85.612	85.610	2			
		左距中　4.50 m			2.930	85.561	85.565		1.7	0.2	
		左距中　7.50 m			2.966	85.525	85.520		1.2	−0.3	
		左距中　10.5 m			3.017	85.474	85.475		1.7	0.2	
		左距中　13.5 m			3.065	85.426	85.430		1.6	0.1	

桩号		位置	后视/m	视线高程/m	前视/m	实测高程/m	设计高程/m	偏差值/mm	实测横坡/%	横坡偏差值/%	备注
K2+	120	中线 1.50 m			2.790	85.701	85.700	1			
		左距中 4.50 m			2.835	85.656	85.655		1.5	0	
		左距中 7.50 m			2.886	85.605	85.610		1.7	0.2	
		左距中 10.5 m			2.922	85.569	85.565		1.2	−0.3	
		左距中 13.5 m			2.973	85.518	85.520		1.7	0.2	
…	…	…			…	…	…		…	…	

观测：　　　　　　　复测：　　　　　　　计算：　　　　　　　施工项目技术负责人：

基层高程测量记录
填写说明

（1）基层设计高程＝路面设计高程－上层结构层厚度

如 K2＋000 路面设计高程 86.080m，机动车道路面结构层厚为 0.9m，级配碎石层厚为 0.25m，级配碎石基层设计高程＝86.080－（0.9－0.25）＝85.430（m）

注：人行道水泥稳定碎石层设计高程＝路面设计高程＋路缘石设计外露高度－上层结构层厚度。

（2）实测高程＝视线高程－前视

（3）基层纵断高程偏差值＝实测高程－设计高程

注：品茗软件检验批表格的基层纵断高程偏差值与基层高程测量记录的偏差值关联，输入检验批表格的基层纵断高程偏差值（或通过学习数据自动生成）即可自动生成基层高程测量记录的偏差值。

（4）实测横坡值＝（同一桩号或里程的 A 点实测高程－B 点实测高程）/AB 两点间距

（5）横坡偏差值＝实测横坡值－横坡设计值

注：品茗软件检验批表格的横坡偏差值与基层高程测量记录的横坡偏差值关联，输入检验批表格的横坡偏差值（或通过学习数据自动生成）即可自动生成路床高程测量记录的横坡偏差值。

（6）品茗软件只需填写水准点数据、路面设计高程、上层结构层厚度及横坡设计值，软件即可自动计算基层高程测量记录表的其他数据。

表 4-47　级配碎石（碎砾石）基层检验批质量检验记录（二）

工程名称	×××市×××道路工程		
施工单位	×××市政集团工程有限责任公司		
分部工程名称	基层	分项工程名称	级配碎石(碎砾石)基层
验收部位	K2＋000～K2＋860左幅辅道	工程数量	长 860m，宽 7.5m
项目经理	×××	技术负责人	×××
施工员	×××	施工班组长	×××

	质量验收规定的检查项目及验收标准			检查数量	检验方法	施工单位检查评定记录	监理单位验收记录
主控项目	1	压实度	基层 ≥97％	每1000m²，每压实层抽检1点	环刀法、灌水法、或灌砂法	—	—
			底基层 ≥95％	每1000m²，每压实层抽检1点		压实度≥设计值97％,符合设计要求,详见压实度试验报告	合格
	2	弯沉值/mm	不应大于设计值(143.9)	每车道、每20m,测1点	弯沉仪检测	符合要求,详见弯沉值试验报告	合格
	3	碎石与嵌缝料质量及级配	级配碎石及级配碎砾石材料应符合下列规定。 (1)轧制碎石的材料可为各种类型的岩石(软质岩石除外)、砾石。轧制碎石的砾石粒径应为碎石最大粒径的3倍以上,碎石中不应有黏土块、植物根叶、腐殖质等有害物质。 (2)碎石中针片状颗粒的总含量不应超过20％。 (3)级配碎石及级配碎砾石颗粒范围和技术指标应符合规范表7.7.1－1的规定。 (4)级配碎石及级配碎砾石石料的压碎值应符合规范表7.7.1－2的规定。 (5)碎石或碎砾石应为多棱角块体,软弱颗粒含量应小于5％;扁平细长碎石含量应小于20％。			√	合格

质量验收规定的检查项目及验收标准			检验频率		施工单位检查评定记录												监理单位验收记录
					实测值或偏差值/mm									应测点数	合格点数	合格率/%	
检查项目		允许偏差	范围	点数	1	2	3	4	5	6	7	8	9				
一般项目	1 级配碎石及级配碎砾石基层和底基层的允许偏差	中线偏位/mm	≤20	100m	1	1	2	1	0	0	2	1	3	2	9	9	100	合格
		纵断高程/mm 基层 ±15	20m√	1	0	−6	3	−4	2	1	−2	0	1	44	100	44	合格
					1	−3	−5	2	1	2	1	0	1				
					1	2	1	−4	1	1	2	1	1				
		底基层 ±20			2	1	−3	1	−2	1	2	0	1				
					1	−3	2	−6	0	−5	1	−3					
		平整度/mm 基层 ≤10	20m√	路宽/m <9√ 1	见附表(表4-48)第一条									44	44	100	合格
		底基层 ≤15		9~15 2													
				>15 3													
		宽度/mm	≥设计值+B (7900)	40m	1	见附表(表4-48)第二条									22	22	100	合格
		横坡	±0.3%且不反坡	20m	路宽/m <9√ 2	−0.3	0.2	−0.2	−0.3	0	0	−0.3	0	−0.2	88	88	100	合格
						−0.1	0.1	−0.1	0.1	−0.2	−0.1	−0.3	−0.3	0				
						−0.1	0.2	−0.3	−0.2	−0.3	−0.2	−0.1	0.1	0.1				
						0.1	0	0.1	0	0.2	0.1	−0.2	0.1	0				
						−0.3	0	0	0.1	0	0.1	−0.3	0.1	0				
				9~15 4	0	0.1	0.1	0.1	−0.1	0.2	0.1	−0.1	0				
					0.2	0.1	−0.3	0	−0.2	0.1	−0.2	0.1					
					0	−0.3	0.1	0.1	−0.3	0.1	−0.2	−0.1	−0.2				
					−0.2	0	−0.3	0.1	0	−0.3	−0.3	−0.1					
					−0.3	−0.2	0	−0.2	0.1	0.1	0.2	−0.1					
				>15 6													
		厚度/mm 碎石 +20,−10	1000	1	1	−1	−2	2	1	3	−1			7	7	100	合格
		砾石 +20,−10%层厚															
	2	外观质量	表面应平整、坚实,无推移、松散、浮石现象		√												合格
平均合格率/%					100												

施工单位检查评定结果	主控项目全部符合要求,一般项目满足规范要求,本检验批符合要求 项目专业质量检查员:　　　　　　　　　　　　　　　　　　　　年　月　日
监理(建设)单位验收结论	主控项目全部合格,一般项目满足规范要求,本检验批合格 监理工程师: (建设单位项目专业技术负责人)　　　　　　　　　　　　　　　年　月　日

注:1. 主控项目第3项按不同材料进场批次,每批抽检不应少于1次;查检验报告。

2. B为施工时必要的附加宽度。

表 4-48　K2＋000～K2＋860 左幅辅道级配碎石基层实测项目评定附表

	2	11	2	0	7	2	14	8	12	2	13	3	5	12	10	4	11	10	9	5
	12	11	4	8	12	3	8	5	5	0	6	12	10	1	8	12	7	8	12	0
第一条	12	1	12	6																
第二条	7900	7920	7900	7900	7900	7915	7900	7918	7900	7900	7900	7900	7900	7920	7900	7900	7900	7918	7900	7900
	7915	7900																		
第三条																				
第四条																				
第五条																				
第六条																				
第七条																				

表 4-49　基层高程测量记录（二）

工程名称	×××市×××道路工程			施工单位		×××市政集团工程有限责任公司				
复核部位	K2+000～K2+860 左幅辅道			日　期		年　月　日				
原施测人	×××			测量复核人		×××				

桩号		位置	后视/m	视线高程/m	前视/m	实测高程/m	设计高程/m	偏差值/mm	实测横坡/%	横坡偏差值/%	备注
		BM1	1.235	88.491							87.256
K2+	0	中线　0.00　m			3.071	85.420	85.420	0			
		左距中 4.00　m			3.119	85.372	85.360		1.2	−0.3	
		左距中 7.50　m			3.179	85.313	85.308		1.7	0.2	
K2+	20	中线　0.00　m			3.167	85.324	85.330	−6			
		左距中 4.00　m			3.219	85.272	85.270		1.3	−0.2	
		左距中 7.50　m			3.261	85.230	85.218		1.2	−0.3	
K2+	40	中线　0.00　m			3.148	85.343	85.340	3			
		左距中 4.00　m			3.208	85.283	85.280		1.5	0	
		左距中 7.50　m			3.260	85.231	85.228		1.5	0	
K2+	60	中线　0.00　m			3.075	85.416	85.420	−4			
		左距中 4.00　m			3.123	85.368	85.360		1.2	−0.3	
		左距中 7.50　m			3.176	85.316	85.308		1.5	0	
K2+	80	中线　0.00　m			2.979	85.512	85.510	2			
		左距中 4.00　m			3.031	85.460	85.450		1.3	−0.2	
		左距中 7.50　m			3.080	85.411	85.398		1.4	−0.1	
K2+	100	中线　0.00　m			2.890	85.601	85.600	1			
		左距中 4.00　m			2.954	85.537	85.540		1.6	0.1	
		左距中 7.50　m			3.003	85.488	85.488		1.4	−0.1	
K2+	120	中线　0.00　m			2.803	85.688	85.690	−2			
		左距中 4.00　m			2.867	85.624	85.630		1.6	0.1	
		左距中 7.50　m			2.912	85.579	85.578		1.3	−0.2	
K2+	140	中线　0.00　m			2.711	85.780	85.780	0			
		左距中 4.00　m			2.767	85.724	85.720		1.4	−0.1	
		左距中 7.50　m			2.809	85.682	85.668		1.2	−0.3	
K2+	160	中线　0.00　m			2.620	85.871	85.870	1			
		左距中 4.00　m			2.668	85.823	85.810		1.2	−0.3	
		左距中 7.50　m			2.721	85.771	85.758		1.5	0	
K2+	180	中线　0.00　m			2.530	85.961	85.960	1			
		左距中 4.00　m			2.586	85.905	85.900		1.4	−0.1	
		左距中 7.50　m			2.646	85.846	85.848		1.7	0.2	
K2+	200	中线　0.00　m			2.444	86.047	86.050	−3			
		左距中 4.00　m			2.492	85.999	85.990		1.2	−0.3	
		左距中 7.50　m			2.538	85.954	85.938		1.3	−0.2	
K2+	220	中线　0.00　m			2.356	86.135	86.140	−5			
		左距中 4.00　m			2.404	86.087	86.080		1.2	−0.3	
		左距中 7.50　m			2.450	86.042	86.028		1.3	−0.2	
…	…	…			…	…	…	…	…		

观测：　　　　　　复测：　　　　　　计算：　　　　　　施工项目技术负责人：

表 4-50 水泥稳定土类基层分项工程质量检验记录

CJJ 1—2008

路质检表 编号：04

工程名称	×××市×××道路工程		分部工程名称	基层分部	检验批数	10
施工单位	×××市政集团工程有限责任公司		项目经理	×××	项目技术负责人	×××

序号	检验批部位、区段	施工单位自检情况		监理(建设)单位验收情况验收意见
		合格率/%	检验结论	
1	K2+000～K2+860 左幅机动车道底基层水泥稳定土类基层	100.00	合格	
2	K2+000～K2+860 右幅机动车道底基层水泥稳定土类基层	99.62	合格	
3	K2+000～K2+860 左幅机动车道基层水泥稳定土类基层	100.00	合格	
4	K2+000～K2+860 右幅机动车道基层水泥稳定土类基层	100.00	合格	
5	K2+000～K2+860 左幅辅道底基层水泥稳定土类基层	100.00	合格	
6	K2+000～K2+860 右幅辅道底基层水泥稳定土类基层	98.15	合格	所含检验批无遗漏,各检验批所覆盖的区段和所含内容无遗漏,所查检验批全部合格
7	K2+000～K2+860 左幅辅道基层水泥稳定土类基层	100.00	合格	
8	K2+000～K2+860 右幅辅道基层水泥稳定土类基层	99.24	合格	
9	K2+000～K2+860 左幅人行道水泥稳定土类基层	100.00	合格	
10	K2+000～K2+860 右幅人行道水泥稳定土类基层	99.62	合格	
	平均合格率/%	99.66		
施工单位检查结果	所含检验批无遗漏,各检验批所覆盖的区段和所含内容无遗漏,全部符合要求,本分项符合要求。 项目技术负责人： 年 月 日	验收结论	本分项合格 监理工程师： (建设单位项目专业技术负责人) 年 月 日	

表 4-51 水泥稳定土类基层检验批质量检验记录（一）

CJJ 1—2008

路质检表　编号：001

工程名称	×××市×××道路工程		
施工单位	×××市政集团工程有限责任公司		
分部工程名称	基层	分项工程名称	水泥稳定土类基层
验收部位	K2+000～K2+860 左幅机动车道底基层	工程数量	长 860m,宽 12m
项目经理	×××	技术负责人	×××
施工员	×××	施工班组长	×××

质量验收规定的检查项目及验收标准				检查数量	检验方法	施工单位检查评定记录	监理单位验收记录
主控项目	1	压实度	基层	城市快速路、主干路 ≥97%	每 1000m²,每压实层抽检 1 点	环刀法、灌水法、或灌砂法	—	—
				其他等级道路 ≥95%			—	—
			底基层	城市快速路、主干路 ≥95%	每 1000m²,每压实层抽检 1 点		压实度≥设计值 97%,符合设计要求,详见压实度试验报告	合格
				其他等级道路 ≥93%			—	—
	2	7d 无侧限抗压强度	基层	应符合设计要求	每 2000m² 抽检 1 组（6 块）	现场取样试验	—	—
			底基层				符合要求,详见试验报告	合格
	3	原材料	水泥应符合下列要求:①应选用初凝时间大于 3h、终凝时间不小于 6h 的 32.5 级、42.5 级普通硅酸盐水泥、矿渣硅酸盐、火山灰硅酸盐水泥。水泥应有出厂合格证与生产日期,复验合格方可使用。②水泥贮存期超过 3 个月或受潮,应进行性能试验,合格后方可使用			—	—
			土应符合下列要求:①土的均匀系数不应小于 5,宜大于 10,塑性指数宜为 10～17;②土中小于 0.6mm 颗粒的含量应小于 30%;③宜选用粗粒土、中粒土			—	—
			粒料应符合下列要求:①级配碎石、砂砾、未筛分碎石、碎石土、砾石和煤矸石、粒状矿渣等材料均可作粒料原材;②当作基层时,粒料最大粒径不宜超过 37.5mm;③当作底基层时,粒料最大粒径,对城市快速路、主干路不应超过 37.5mm;对次干路及以下道路不应超过 53mm;④各种粒料,应按其自然级配状况,经人工调整使其符合规范表 7.5.2 的规定;⑤碎石、砾石、煤矸石等的压碎值,对城市快速路、主干路基层与底基层不应大于 30%;对其他道路基层不应大于 30%,对底基层不应大于 35%;⑥集料中有机质含量不应超过 2%;⑦集料中硫酸盐含量不应超过 0.25%;⑧钢渣尚应符合规范第 7.4.1 条的有关规定			—	—
			水应符合国家现行标准《混凝土用水标准》(JGJ 63—2006)的规定。宜使用饮用水及不含油类等杂质的清洁中性水,pH 值宜为 6～8			—	—
	4	集中搅拌水泥稳定土类材料	产品合格证				√	合格
			水泥用量、粒料级配、混合料配比、R7 强度标准值				√	合格

质量验收规定的检查项目及验收标准			检验频率			施工单位检查评定记录												监理单位验收记录
检查项目			允许偏差	范围	点数	应测点数									应测点数	合格点数	合格率/%	
						1	2	3	4	5	6	7	8	9				
一般项目	1 水泥稳定土类基层及底基层允许偏差	中线偏位/mm	≤20	100m	1	2	3	2	1	3	4	3	2	1	9	9	100	合格
		纵断高程/mm 基层±15 底基层±20		√20m	1	2	-8	2	3	2	1	2	0	1	44	44	100	合格
						1	1	2	1	1	1	1	2	1				
						-1	1	1	2	1	0	1	-4	1				
						1	-6	-5	3	3	2	3	0	1				
						1	1	2	1	1	-3	2	1					
		平整度/mm 基层≤10 底基层≤15		√20m	路宽/m <9→1 9~15√→2 >15→3	见附表（表4-52）第一条									88	88	100	合格
		宽度/mm	≥设计值+B（12400）	40m	1	见附表（表4-52）第二条									22	22	100	合格
		横坡	±0.3%且不反坡	20m	路宽/m <9→2	0.1	0.2	-0.2	-0.1	-0.3	-0.2	-0.2	-0.2	0.2	176	176	100	合格
						-0.3	0.2	0	-0.3	0	0.1	0.2	-0.3	0				
						-0.1	-0.2	-0.3	-0.1	-0.3	0.2	-0.1	-0.2	-0.2				
						0.2	-0.1	0	-0.1	0	0.2	0.1	0.2	0.1				
						-0.3	-0.3	0.1	0.2	0.1	0.2	0	0.2	0.1				
						-0.3	0.2	0.1	0.2	-0.1	-0.1	0.2	0.2	0.1				
					9~15√→4	-0.2	-0.1	0.1	-0.1	0.2	-0.1	-0.1	0	0.1				
						0.2	0.2	0.1	0	-0.1	0.2	0.2	-0.1	0.2				
						-0.1	-0.1	-0.2	-0.1	0.2	0.2	0.1	-0.3	0.1				
						-0.2	-0.2	-0.2	0	0.2	-0.2	0.1	-0.2	0.2				
						0	-0.2	-0.3	0.2	-0.1	0	0.2	-0.1	-0.2				
						-0.2	-0.3	-0.1	-0.1	0.2	-0.2	-0.1	-0.3	0.1				
						0.2	-0.1	0.2	0	0.2	-0.2	-0.3	-0.3	0.1				
					>15→6	-0.3	0.2	-0.1	0	0	0.1	0	-0.1	0.1				
						-0.1	0.2	-0.3	-0.2	0	0	-0.3	0.2	0.2				
						-0.3	0.1	0.1	-0.2	-0.3	-0.2	-0.1	0.1	0.1				
						0.2	-0.1	0.1	0	0.2	0	0.1	0.2	0.1				
						0.1	-0.3	-0.1	-0.1	0.1	0.1	0.2	0.2	-0.3				
						-0.2	-0.1	-0.3	0.1	0.2	-0.2	0.2	0.2	0.1				
						0.2	0.2	-0.3	-0.3	0.2								
		厚度/mm	±10	1000m²	1	见附表（表4-52）第三条									11	11	100	合格
	2 外观质量	表面应平整、坚实，接缝平顺，无明显露粗、细骨料集中现象，无推移、裂缝、贴皮、松散、浮料				√												合格
平均合格率/%						100.00												
施工单位检查评定结果			主控项目全部符合要求，一般项目满足规范要求，本检验批符合要求 项目专业质量检查员： 年 月 日															
监理（建设）单位验收结论			主控项目全部合格，一般项目满足规范要求，本检验批合格 监理工程师： （建设单位项目专业技术负责人） 年 月 日															

注：1. 主控项目第3条按不同材料进场批次，每批检查1次；查检验报告、复验。

2. B 为施工时必要的附加宽度；

3. 基层、底基层试件做7d无侧限抗压强度，应符合设计要求。

表 4-52　K2＋000～K2＋860 左幅机动车道水泥稳定土类基层底基层实测项目评定附表

第一条	8	11	1	6	0	0	5	8	2	7	10	14	2	7	3	14	9	3	10	1
	8	4	2	1	10	13	11	2	0	3	6	10	0	10	10	3	11	9	5	14
	11	7	6	0	5	5	4	8	7	9	6	8	7	6	7	14	2	3	9	11
	0	9	6	14	1	0	0	9	2	8	8	12	14	13	10	6	0	3	9	8
	14	2	11	8	6	7	13	3												
第二条	12400	12410	12400	12400	12400	12420	12400	12400	12400	12420	12400	12400	12400	12400	12410	12400	12400	12410	12400	12400
	12400	12410																		
第三条	2	3	−3	2	2	1	5	4	1	3	2									
第四条																				
第五条																				
第六条																				
第七条																				

表 4-53　基层高程测量记录（三）

工程名称	×××市×××道路工程			施工单位		×××市政集团工程有限责任公司				
复核部位	K2＋000～K2＋860左幅机动车道底基层			日　期		年　月　日				
原施测人	×××			测量复核人		×××				
桩号	位　置	后视/m	视线高程/m	前视/m	实测高程/m	设计高程/m	偏差值/mm	实测横坡/%	横坡偏差值/%	备注
BM1		1.235	88.491							87.256
K2＋ 0	中线　1.50　m			2.859	85.632	85.630	2			
	左距中　4.50　m			2.907	85.584	85.585		1.6	0.1	
	左距中　7.50　m			2.958	85.533	85.540		1.7	0.2	
	左距中　10.5　m			2.997	85.494	85.495		1.3	−0.2	
	左距中　13.5　m			3.039	85.452	85.450		1.4	−0.1	
K2＋ 20	中线　1.50　m			2.959	85.532	85.540	−8			
	左距中　4.50　m			2.995	85.496	85.495		1.2	−0.3	
	左距中　7.50　m			3.034	85.457	85.450		1.3	−0.2	
	左距中　10.5　m			3.073	85.418	85.405		1.3	−0.2	
	左距中　13.5　m			3.112	85.379	85.360		1.3	−0.2	
K2＋ 40	中线　1.50　m			2.939	85.552	85.550	2			
	左距中　4.50　m			2.990	85.501	85.505		1.7	0.2	
	左距中　7.50　m			3.026	85.465	85.460		1.2	−0.3	
	左距中　10.5　m			3.077	85.414	85.415		1.7	0.2	
	左距中　13.5　m			3.122	85.369	85.370		1.5	0	
K2＋ 60	中线　1.50　m			2.858	85.633	85.630	3			
	左距中　4.50　m			2.894	85.597	85.585		1.2	−0.3	
	左距中　7.50　m			2.939	85.552	85.540		1.5	0	
	左距中　10.5　m			2.987	85.504	85.495		1.6	0.1	
	左距中　13.5　m			3.038	85.453	85.450		1.7	0.2	
K2＋ 80	中线　1.50　m			2.769	85.722	85.720	2			
	左距中　4.50　m			2.805	85.686	85.675		1.2	−0.3	
	左距中　7.50　m			2.850	85.641	85.630		1.5	0	
	左距中　10.5　m			2.892	85.599	85.585		1.4	−0.1	
	左距中　13.5　m			2.931	85.560	85.540		1.3	−0.2	
K2＋ 100	中线　1.50　m			2.680	85.811	85.810	1			
	左距中　4.50　m			2.716	85.775	85.765		1.2	−0.3	
	左距中　7.50　m			2.758	85.733	85.720		1.4	−0.1	
	左距中　10.5　m			2.794	85.697	85.675		1.2	−0.3	
	左距中　13.5　m			2.845	85.646	85.630		1.7	0.2	
K2＋ 120	中线　1.50　m			2.589	85.902	85.900	2			
	左距中　4.50　m			2.631	85.860	85.855		1.4	−0.1	
	左距中　7.50　m			2.670	85.821	85.810		1.3	−0.2	
	左距中　10.5　m			2.709	85.782	85.765		1.3	−0.2	
	左距中　13.5　m			2.754	85.737	85.720		1.5	0	
…	…		…	…	…	…	…	…	…	

观测：　　　　　　复测：　　　　　　计算：　　　　　　施工项目技术负责人：

注：87.256为已知水准点BM1的高程，单位为m。

表 4-54 水泥稳定土类基层检验批质量检验记录（二）

路质检表 编号：003

工程名称	×××市×××道路工程		
施工单位	×××市政集团工程有限责任公司		
分部工程名称	基层	分项工程名称	水泥稳定土类基层
验收部位	K2＋000～K2＋860 左幅机动车道基层	工程数量	长 860m，宽 12m
项目经理	×××	技术负责人	×××
施工员	×××	施工班组长	×××

		质量验收规定的检查项目及验收标准			检查数量	检验方法	施工单位检查评定记录	监理单位验收记录
主控项目	1	压实度	基层	城市快速路、主干路	≥97％	每1000m²，每压实层抽检1点	环刀法、灌水法、或灌砂法	压实度≥设计值98％，符合设计要求，详见压实度试验报告	合格
				其他等级道路	≥95％			—	—
			底基层	城市快速路、主干路	≥95％	每1000m²，每压实层抽检1点		—	—
				其他等级道路	≥93％			—	—
	2	7d无侧限抗压强度	基层	应符合设计要求		每2000m²抽检1组（6块）	现场取样试验	符合要求，详见7d无侧限抗压强度试验报告	合格
			底基层					—	—
	3	原材料	水泥应符合下列要求：①应选用初凝时间大于 3h、终凝时间不小于 6h 的 32.5 级、42.5 级普通硅酸盐水泥、矿渣硅酸盐、火山灰硅酸盐水泥。水泥应有出厂合格证与生产日期，复验合格方可使用。②水泥贮存期超过 3 个月或受潮，应进行性能试验，合格后方可使用					—	—
			土应符合下列要求：①土的均匀系数不应小于5，宜大于 10，塑性指数宜为 10～17；②土中小于 0.6mm 颗粒的含量应小于 30％；③宜选用粗粒土、中粒土					—	—
			粒料应符合下列要求：①级配碎石、砂砾、未筛分碎石、碎石土、砾石和煤矸石、粒状矿渣等材料均可作粒料原材；②当作基层时，粒料最大粒径不宜超过37.5mm；③当作底基层时，粒料最大粒径，对城市快速路、主干路不应超过 37.5mm；对次干路及以下道路不应超过 53mm；④各种粒料，应按其自然级配状况，经人工调整使其符合规范表 7.5.2 的规定；⑤碎石、砾石、煤矸石等的压碎值：对城市快速路、主干路基层与底基层不应大于 30％；对其他道路基层不应大于 30％，对底基层不应大于 35％；⑥集料中有机质含量不应超过 2％；⑦集料中硫酸盐含量不应超过 0.25％；⑧钢渣尚应符合规范第 7.4.1 条的有关规定					—	—
			水应符合国家现行标准《混凝土用水标准》（JGJ 63—2006）的规定。宜使用饮用水及不含油类等杂质的清洁中性水，pH 值宜为 6～8					—	—
	4	集中搅拌水泥稳定土类材料	产品合格证					√	合格
			水泥用量、粒料级配、混合料配合比、R7 强度标准值					√	合格

质量验收规定的检查项目及验收标准			检验频率			施工单位检查评定记录													监理单位验收记录
						实测值或偏差值/mm										应测点数	合格点数	合格率/%	
检查项目		允许偏差	范围	点数		1	2	3	4	5	6	7	8	9				
一般项目	1 水泥稳定土类基层及底基层允许偏差	中线偏位/mm	≤20	100m	1		5	9	5	6	8	5	9	5	5	9	9	10	合格
		纵断高程/mm	基层±15 底基层±20	√20m	1		0	5	2	3	2	2	2	2	2	44	44	100	合格
							−1	3	2	3	2	0	2	2	1				
							8	2	2	−1	1	8	2	0	3				
							2	−1	−1	2	1	1	2	3	0				
							2	1	2	1	1	2	0	1					
		平整度/mm	基层≤10 底基层≤15	√20m	路宽/m <9	1	见附表(表4-55)第一条									88	88	100	合格
					9~15√	2													
					>15	3													
		宽度/mm	≥设计值+B(12400)	40m	1		见附表(表4-55)第二条									22	22	100	合格
		横坡	±0.3%且不反坡	20m	路宽/m <9	2	−0.1	0	0	0.2	0.2	−0.2	−0.1	0	0.2	176	176	100	合格
							−0.1	−0.1	0	0	−0.1	0	0.1	0					
							−0.2	0.1	−0.2	0.2	0	0.2	0	−0.2					
							0	−0.2	0	0.1	0.1	−0.1	−0.1						
							0.2	−0.2	0	−0.2	0	−0.2							
							−0.1	−0.2	0	0.1	0	−0.2	0						
					9~15√	4	−0.1	0.2	0.2	0	−0.2	0	0.1						
							0.1	0.1	0	0.1	−0.1	0.1	0						
							0.1	0	−0.1	0	−0.1	0.1	0.1						
							−0.1	0.1	0	−0.2	−0.1	0.2	−0.1	0					
							0	−0.2	0.1	0	0	−0.1	−0.2						
							0	0.1	0	0.1	0	−0.2	0	−0.2					
							0	−0.1	0	0.1	0	−0.1	0.1						
					>15	6	0	0	−0.2	0	−0.1	0	0.2						
							0.2	−0.2	0	0	0	0	0						
							−0	0	−0	0.1	0	0	−0						
							0.1	−0.2	−0.2	0	0.2	0	0						
							0	−0.1	0.2	0	0.2	−0.2	0						
							−0.1	0.1	−0.2	0	−0.2	−0.2	0						
							0	0.2	−0.1	0.2									
		厚度/mm	±10	1000 m²	1		见附表(表4-55)第三条									11	11	100	合格
	2	外观质量	表面应平整、坚实,接缝平顺,无明显粗、细骨料集中现象,无推移、裂缝、贴皮、松散、浮料			√													合格
平均合格率/%			100.00																
施工单位检查评定结果		主控项目全部符合要求,一般项目满足规范要求,本检验批符合要求																	
		项目专业质量检查员:													年 月 日				

监理(建设)单位验收结论	主控项目全部合格,一般项目满足规范要求,本检验批合格 监理工程师: (建设单位项目专业技术负责人)	年　月　日

注:主控项目第 3 条按不同材料进场批次,每批检查 1 次;查检验报告、复验。

表 4-55　K2＋000～K2＋860 左幅机动车道水泥稳定土类基层底基层实测项目评定附表

第一条	1	2	8	4	2	3	2	3	7	4	8	6	7	6	6	9	2	5	6	8
	10	2	0	9	9	7	9	5	2	7	9	8	7	9	9	8	8	6	7	
	6	0	9	2	0	9	3	9	3	6	1	9	8	9	5	9	7	7	8	6
	9	3	6	0	2	0	4	0	9	5	5	4	9	7	2	9	0	9	4	3
	1	4	9	7	3	4	9	8												

第二条	12415	12400	12400	12420	12400	12400	12425	12400	12400	12400	12410	12400	12400	12400	12418	12400	12400	12400	12410
	12400	12425																	

第三条	−8	−1	1	3	5	5	2	8	−2	−9	−1

第四条

第五条

第六条

第七条

表 4-56　基层高程测量记录（四）

工程名称			×××市×××道路工程			施工单位		×××市政集团工程有限责任公司			
复核部位			K2+000～K2+860 左幅机动车道基层			日　期		年　月　日			
原施测人			×××			测量复核人		×××			
桩号		位　　置	后视/m	视线高程/m	前视/m	实测高程/m	设计高程/m	偏差值/mm	实测横坡/%	横坡偏差值/%	备注
		BM1	1.235	88.491							87.256
K2+	0	中线 1.50 m			2.611	85.880	85.880	0			
		左距中 4.50 m			2.653	85.838	85.835		1.4	−0.1	
		左距中 7.50 m			2.698	85.793	85.790		1.5	0	
		左距中 10.5 m			2.743	85.748	85.745		1.5	0	
		左距中 13.5 m			2.794	85.697	85.700		1.7	0.2	
K2+	20	中线 1.50 m			2.696	85.795	85.790	5			
		左距中 4.50 m			2.747	85.744	85.745		1.7	0.2	
		左距中 7.50 m			2.786	85.705	85.700		1.3	−0.2	
		左距中 10.5 m			2.828	85.663	85.655		1.4	−0.1	
		左距中 13.5 m			2.873	85.618	85.610		1.5	0	
K2+	40	中线 1.50 m			2.689	85.802	85.800	2			
		左距中 4.50 m			2.740	85.751	85.755		1.7	0.2	
		左距中 7.50 m			2.782	85.709	85.710		1.4	−0.1	
		左距中 10.5 m			2.824	85.667	85.665		1.4	−0.1	
		左距中 13.5 m			2.869	85.622	85.620		1.5	0	
K2+	60	中线 1.50 m			2.608	85.883	85.880	3			
		左距中 4.50 m			2.653	85.838	85.835		1.5	0	
		左距中 7.50 m			2.698	85.793	85.790		1.5	0	
		左距中 10.5 m			2.740	85.751	85.745		1.4	−0.1	
		左距中 13.5 m			2.785	85.706	85.700		1.5	0	
K2+	80	中线 1.50 m			2.519	85.972	85.970	2			
		左距中 4.50 m			2.567	85.924	85.925		1.6	0.1	
		左距中 7.50 m			2.612	85.879	85.880		1.5	0	
		左距中 10.5 m			2.651	85.840	85.835		1.3	−0.2	
		左距中 13.5 m			2.699	85.792	85.790		1.6	0.1	
K2+	100	中线 1.50 m			2.429	86.062	86.060	2			
		左距中 4.50 m			2.468	86.023	86.015		1.3	−0.2	
		左距中 7.50 m			2.519	85.972	85.970		1.7	0.2	
		左距中 10.5 m			2.564	85.927	85.925		1.5	0	
		左距中 13.5 m			2.609	85.882	85.880		1.5	0	
K2+	120	中线 1.50 m			2.339	86.152	86.150	2			
		左距中 4.50 m			2.390	86.101	86.105		1.7	0.2	
		左距中 7.50 m			2.435	86.056	86.060		1.5	0	
		左距中 10.5 m			2.474	86.017	86.015		1.3	−0.2	
		左距中 13.5 m			2.519	85.972	85.970		1.5	0	
…	…	…			…	…	…		…	…	

观测：　　　　　　复测：　　　　　　计算：　　　　　　施工项目技术负责人：

表 4-57　水泥稳定土类基层检验批质量检验记录（三）

CJJ 1—2008

路质检表　编号：005

工程名称	×××市×××道路工程		
施工单位	×××市政集团工程有限责任公司		
分部工程名称	基层	分项工程名称	水泥稳定土类基层
验收部位	K2+000～K2+860 左幅辅道底基层	工程数量	长 860m，宽 7.5m
项目经理	×××	技术负责人	×××
施工员	×××	施工班组长	×××

质量验收规定的检查项目及 验收标准			检查数量	检验方法	施工单位检查评定记录	监理单位 验收记录
1	压实度	基层 城市快速路、主干路 ≥97%	每 1000m²，每压实层抽检 1 点	环刀法、灌水法、或灌砂法	—	—
		基层 其他等级道路 ≥95%			—	—
		底基层 城市快速路、主干路 ≥95%	每 1000m²，每压实层抽检 1 点		压实度≥设计值 97%，符合设计要求，详见压实度试验报告	合格
		底基层 其他等级道路 ≥93%				
2	7d 无侧限抗压强度	基层 底基层　应符合设计要求	每 2000m²抽检 1 组（6 块）	现场取样试验	符合要求，详见 7d 无侧限抗压强度试验报告	合格
主控项目	3	原材料	水泥应符合下列要求：①应选用初凝时间大于 3h、终凝时间不小于 6h 的 32.5 级、42.5 级普通硅酸盐水泥、矿渣硅酸盐、火山灰硅酸盐水泥。水泥应有出厂合格证与生产日期，复验合格方可使用。②水泥贮存期超过 3 个月或受潮，应进行性能试验，合格后方可使用		—	—
			土应符合下列要求：①土的均匀系数不应小于 5，宜大于 10，塑性指数宜为 10～17；②土中小于 0.6mm 颗粒的含量应小于 30%；③宜选用粗粒土、中粒土		—	—
			粒料应符合下列要求：①级配碎石、砂砾、未筛分碎石、碎石土、砾石和煤矸石、粒状矿渣等材料均可作粒料原材；②当作基层时，粒料最大粒径不宜超过 37.5mm；③当作底基层时，粒料最大粒径，对城市快速路、主干路不应超过 37.5mm；对次干路及以下道路不应超过 53mm；④各种粒料，应按其自然级配状况，经人工调整使其符合规范表 7.5.2 的规定；⑤碎石、砾石、煤矸石等的压碎值：对城市快速路、主干路基层与底基层不应大于 30%；对其他道路基层不应大于 30%，对底基层不应大于 35%；⑥集料中有机质含量不应超过 2%；⑦集料中硫酸盐含量不应超过 0.25%；⑧钢渣尚应符合规范第 7.4.1 条的有关规定		—	—
			水应符合国家现行标准《混凝土用水标准》（JGJ 63—2006）的规定。宜使用饮用水及不含油类等杂质的清洁中性水，pH 值宜为 6～8		—	—
	4	集中搅拌水泥稳定土类材料	产品合格证		✓	合格
			水泥用量、粒料级配、混合料配合比、R7 强度标准值		✓	合格

质量验收规定的检查项目及验收标准				施工单位检查评定记录												监理单位验收记录
				实测值或偏差值/mm									应测点数	合格点数	合格率/%	
检查项目	允许偏差	范围	点数	1	2	3	4	5	6	7	8	9				

一般项目 1 水泥稳定土类基层及底基层允许偏差

检查项目	允许偏差	范围	点数	实测值/偏差值	应测点数	合格点数	合格率/%	监理
中线偏位/mm	≤20	100m	1	13 4 10 11 11 16 10 13 4	9	9	100	合格
纵断高程/mm	基层±15 底基层±20	√20m	1	0 1 1 −2 3 1 1 1 1 / 1 −2 1 −5 −2 −4 −3 2 1 / 1 1 1 2 1 1 0 1 2 / 1 2 −3 −2 1 1 −4 −10 2 / −1 1 1 3 −3 1 −7	44	44	100	合格
平整度/mm	基层≤10 底基层≤15	√20m	路宽/m <9√ 1; 9~15 2; >15 3	见附表(表4-58)第一条	44	44	100	合格
宽度/mm	≥设计值+B (7900)	40m	1	见附表(表4-58)第二条	22	22	100	合格
横坡	±0.3%且不反坡	20m	路宽/m <9√ 2; 9~15 4; >15 6	见下列横坡实测值	88	88	100	合格
厚度/mm	±10	1000 m²	1	见附表(表4-58)第三条	11	11	100	合格

横坡实测值（路宽 <9 √）:

1	2	3	4	5	6	7	8	9
−0.1	−0.1	0	−0.1	−0.1	0	−0.3	0.1	−0.3
0.1	−0.1	−0.2	0.1	0.1	−0.2	0	0.2	0.1
0	−0.2	−0.2	0.2	0.1	−0.3	−0.2	−0.3	−0.3
0.1	0.1	−0.3	−0.3	−0.1	0.2	0.2	0	0.1
0	0.2	0.1	−0.3	0.2	0.3	0.1	0.2	0.2

横坡实测值（路宽 9~15 √）:

1	2	3	4	5	6	7	8	9
−0.3	0.2	−0.1	−0.2	−0.1	−0.2	0.2	0	−0.3
0.1	−0.3	−0.1	0.2	−0.3	0.1	−0.1	−0.1	−0.3
0.2	0.2	−0.2	0	−0.3	−0.3	−0.3	−0.2	0
0.2	0.1	−0.2	−0.1	−0.3	0.1	−0.3	0.1	0
0.1	−0.2	0.2	0.2	0.3	−0.2	−0.3		

检查项目			监理
2 外观质量	表面应平整、坚实,接缝平顺,无明显粗、细骨料集中现象,无推移、裂缝、贴皮、松散、浮料	√	合格

平均合格率/%	100.00

施工单位检查评定结果	主控项目全部符合要求,一般项目满足规范要求,本检验批符合要求 项目专业质量检查员:　　　　　　　　　　年　月　日
监理(建设)单位验收结论	主控项目全部合格,一般项目满足规范要求,本检验批合格 监理工程师: (建设单位项目专业技术负责人)　　　　　年　月　日

注:1. 主控项目第3条按不同材料进场批次,每批检查1次;查检验报告、复验。

2. B为施工时必要的附加宽度。

3. 基层、底基层试件做7d无侧限抗压强度,应符合设计要求。

表 4-58　K2＋000～K2＋860 左幅辅道水泥稳定土类底基层实测项目评定附表

	10	12	10	14	5	3	8	3	0	10	10	1	11	0	9	1	7	11	8	12
	8	7	9	4	0	1	14	10	14	6	14	1	11	7	1	3	13	7	9	1
第一条	0	7	13	1																
第二条	7900	7920	7900	7900	7900	7915	7900	7900	7900	7900	7900	7900	7900	7920	7900	7900	7900	7918	7900	7900
	7915	7900																		
第三条	4	1	−9	−4	−1	−10	8	0	−7	−1	2									
第四条																				
第五条																				
第六条																				
第七条																				

表 4-59　基层高程测量记录（五）

工程名称			×××市×××道路工程			施工单位			×××市政集团工程有限责任公司			
复核部位			K2+000～K2+860左幅辅道底基层			日　期			年　月　日			
原施测人			×××			测量复核人			×××			
桩号		位　置	后视/m	视线高程/m	前视/m	实测高程/m	设计高程/m	偏差值/mm	实测横坡/%	横坡偏差值/%	备注
		BM1	1.235	88.491							87.256
K2+	0	中线　0.00　m			2.921	85.570	85.570	0			
		左距中　4.00　m			2.977	85.514	85.510		1.4	−0.1	
		左距中　7.50　m			3.026	85.465	85.458		1.4	−0.1	
K2+	20	中线　0.00　m			3.010	85.481	85.480	1			
		左距中　4.00　m			3.070	85.421	85.420		1.5	0	
		左距中　7.50　m			3.119	85.372	85.368		1.4	−0.1	
K2+	40	中线　0.00　m			3.000	85.491	85.490	1			
		左距中　4.00　m			3.056	85.435	85.430		1.4	−0.1	
		左距中　7.50　m			3.108	85.383	85.378		1.5	0	
K2+	60	中线　0.00　m			2.923	85.568	85.570	−2			
		左距中　4.00　m			2.971	85.520	85.510		1.2	−0.3	
		左距中　7.50　m			3.027	85.464	85.458		1.6	0.1	
K2+	80	中线　0.00　m			2.828	85.663	85.660	3			
		左距中　4.00　m			2.876	85.615	85.600		1.2	−0.3	
		左距中　7.50　m			2.932	85.559	85.548		1.6	0.1	
K2+	100	中线　0.00　m			2.740	85.751	85.750	1			
		左距中　4.00　m			2.796	85.695	85.690		1.4	−0.1	
		左距中　7.50　m			2.842	85.650	85.638		1.3	−0.2	
K2+	120	中线　0.00　m			2.650	85.841	85.840	1			
		左距中　4.00　m			2.714	85.777	85.780		1.6	0.1	
		左距中　7.50　m			2.770	85.721	85.728		1.6	0.1	
K2+	140	中线　0.00　m			2.560	85.931	85.930	1			
		左距中　4.00　m			2.612	85.879	85.870		1.3	−0.2	
		左距中　7.50　m			2.664	85.827	85.818		1.5	0	
K2+	160	中线　0.00　m			2.470	86.021	86.020	1			
		左距中　4.00　m			2.538	85.953	85.960		1.7	0.2	
		左距中　7.50　m			2.594	85.897	85.908		1.6	0.1	
K2+	180	中线　0.00　m			2.380	86.111	86.110	1			
		左距中　4.00　m			2.440	86.051	86.050		1.5	0	
		左距中　7.50　m			2.486	86.006	85.998		1.3	−0.2	
K2+	200	中线　0.00　m			2.293	86.198	86.200	−2			
		左距中　4.00　m			2.345	86.146	86.140		1.3	−0.2	
		左距中　7.50　m			2.405	86.087	86.088		1.7	0.2	
K2+	220	中线　0.00　m			2.200	86.291	86.290	1			
		左距中　4.00　m			2.264	86.227	86.230		1.6	0.1	
		左距中　7.50　m			2.306	86.185	86.178		1.2	−0.3	
…	…	…			…	…	…		…	…	

观测：　　　　　复测：　　　　　计算：　　　　　施工项目技术负责人：

表 4-60 水泥稳定土类基层检验批质量检验记录（四）

工程名称			×××市×××道路工程			
施工单位			×××市政集团工程有限责任公司			
分部工程名称			基层	分项工程名称	水泥稳定土类基层	
验收部位			K2+000～K2+860 左幅辅道基层	工程数量	长860m,宽7.5m	
项目经理			×××	技术负责人	×××	
施工员			×××	施工班组长	×××	

质量验收规定的检查项目及验收标准				检查数量	检验方法	施工单位检查评定记录	监理单位验收记录
主控项目	1	压实度	基层	城市快速路、主干路	≥97%	每1000m²，每压实层抽检1点	环刀法、灌水法、或灌砂法	压实度≥设计值98%,符合设计要求,详见压实度试验报告	合格
				其他等级道路	≥95%			—	—
			底基层	城市快速路、主干路	≥97%	每1000m²，每压实层抽检1点		—	—
				其他等级道路	≥93%			—	—
	2	7d无侧限抗压强度	基层	应符合设计要求		每2000m²抽检1组（6块）	现场取样试验	符合要求,详见7d无侧限抗压强度试验报告	合格
			底基层					—	—
	3	原材料	水泥应符合下列要求：①应选用初凝时间大于3h、终凝时间不小于6h的32.5级、42.5级普通硅酸盐水泥、矿渣硅酸盐、火山灰硅酸盐水泥。水泥应有出厂合格证与生产日期,复验合格方可使用。②水泥贮存期超过3个月或受潮,应进行性能试验,合格后方可使用				—	—
			土应符合下列要求：①土的均匀系数不应小于5,宜大于10,塑性指数宜为10～17；②土中小于0.6mm颗粒的含量应小于30%；③宜选用粗粒土、中粒土				—	—
			粒料应符合下列要求：①级配碎石、砂砾、未筛分碎石、碎石土、砾石和煤矸石、粒状矿渣等材料均可作粒料原材；②当作基层时,粒料最大粒径不宜超过37.5mm；③当作底基层时,粒料最大粒径,对城市快速路、主干路不应超过37.5mm；对次干路及以下道路不应超过53mm；④各种粒料,应按其自然级配状况,经人工调整使其符合规范表7.5.2的规定；⑤碎石、砾石、煤矸石等的压碎值,对城市快速路、主干路基层与底基层不应大于30%；对其他道路基层不应大于30%,对底基层不应大于35%；⑥集料中有机质含量不应超过2%；⑦集料中硫酸盐含量不应超过0.25%；⑧钢渣尚应符合规范第7.4.1条的有关规定				—	—
			水应符合国家现行标准《混凝土用水标准》(JGJ 63—2006)的规定。宜使用饮用水及不含油类等杂质的清洁中性水,pH值宜为6～8				—	—
	4	集中搅拌水泥稳定土类材料	产品合格证					√	合格
			水泥用量、粒料级配、混合料配合比、R7强度标准值					√	合格

质量验收规定的检查项目及验收标准			检验频率		施工单位检查评定记录												监理单位验收记录
					实测值或偏差值/mm									应测点数	合格点数	合格率/%	
检查项目		允许偏差	范围	点数	1	2	3	4	5	6	7	8	9				
一般项目	1 水泥稳定土类基层及底基层允许偏差	中线偏位/mm	≤20	100m	1	3	4	5	3	5	4	2	3	1	9	9	100	合格
		纵断高程/mm 基层 ±15		√ 20m	1	5	4	3	3	4	5	6	3	3	44	44	100	合格
						0	2	1	−4	1	−6	3	−6	0				
		底基层 ±20				0	2	5	2	3	2	2	2	2				
						−3	1	2	1	2	1	−2	3	2				
						2	1	2	1	3	1	2	1					
		平整度/mm 基层 ≤10 底基层 ≤15		√ 20m 路宽/m	<9 √ 1	见附表(表4-61)第一条									44	44	100	合格
					9~15 2													
					>15 3													
		宽度/mm	≥设计值+B (7900)	40m	1	见附表(表4-61)第二条									22	22	100	合格
		横坡	±0.3% 且不反坡	20m 路宽/m	<9 √ 2	0	0.2	0	−0.1	0.1	0	−0.1	0.1	0.2	88	88	100	合格
						−0.2	0	−0.2	0	0.1	0	−0.2	0	0				
						0.1	−0.2	−0.2	0.2	−0.2	−0.2	0	0	0.2				
						0	−0.1	0	−0.1	0	0	0.1	0.2	0.2				
					9~15 4	0	0.2	−0.2	−0.1	−0.1	−0.1	−0.2	0	−0.1				
						0	0.1	−0.1	0	0.1	0	0	0.2	0				
						−0.2	0.1	0	0	−0.2	−0.2	0.2	0.1	0				
						−0.1	−0.1	0	−0.2	−0	0.1	−0	−0.1	0				
						0.1	0.1	0.1	−0.2	0	0							
					>15 6													
		厚度/mm	±10	1000 m²	1	见附表(表4-61)第三条									11	11	100	合格
	2	外观质量	表面应平整、坚实,接缝平顺,无明显粗、细骨料集中现象,无推移、裂缝、贴皮、松散、浮料						√									合格
平均合格率/%					100.00													
施工单位检查评定结果		主控项目全部符合要求,一般项目满足规范要求,本检验批符合要求 项目专业质量检查员:														年 月 日		
监理(建设)单位验收结论		主控项目全部合格,一般项目满足规范要求,本检验批合格 监理工程师: (建设单位项目专业技术负责人)														年 月 日		

注:1. 主控项目第3条按不同材料进场批次,每批检查1次;查检验报告、复验。

2. B为施工时必要的附加宽度。

3. 基层、底基层试件做7d无侧限抗压强度,应符合设计要求。

表 4-61　K2＋000～K2＋860 左幅辅道水泥稳定土类基层实测项目评定附表

	5	0	7	1	8	0	3	9	2	4	6	6	3	6	1	9	7	8	8	5
	7	8	2	4	1	8	6	0	9	2	3	5	8	6	8	8	4	6	8	8
第一条	4	3	4	6																
	7900	7918	7900	7900	7900	7900	7920	7900	7900	7900	7910	7900	7900	7915	7900	7900	7915	7900	7900	7900
	7900	7900																		
第二条																				
	7	−7	7	2	−2	−2	6	7	−8	−3	−3									
第三条																				
第四条																				
第五条																				
第六条																				
第七条																				

表 4-62　基层高程测量记录（六）

工程名称	×××市×××道路工程			施工单位		×××市政集团工程有限责任公司					
复核部位	K2+000～K2+860 左幅辅道基层			日　期		年　月　日					
原施测人	×××			测量复核人		×××					

桩号		位　置	后视/m	视线高程/m	前视/m	实测高程/m	设计高程/m	偏差值/mm	实测横坡/%	横坡偏差值/%	备注
		BM1	1.235	88.491							87.256
K2+	0	中线　　0.0　m			2.716	85.775	85.770	5			
		左距中　4.0　m			2.776	85.715	85.710		1.5	−0	
		左距中　7.5　m			2.836	85.656	85.658		1.7	0.2	
K2+	20	中线　　0.0　m			2.807	85.684	85.680	4			
		左距中　4.0m			2.867	85.624	85.620		1.5	0	
		左距中　7.5　m			2.916	85.575	85.568		1.4	−0.1	
K2+	40	中线　　0.0　m			2.798	85.693	85.690	3			
		左距中　4.0　m			2.862	85.629	85.630		1.6	0.1	
		左距中　7.5　m			2.914	85.577	85.578		1.5	0	
K2+	60	中线　　0.0　m			2.718	85.773	85.770	3			
		左距中　4.0　m			2.774	85.717	85.710		1.4	−0.1	
		左距中　7.5　m			2.830	85.661	85.658		1.6	0.1	
K2+	80	中线　　0.0　m			2.627	85.864	85.860	4			
		左距中　4.0　m			2.695	85.796	85.800		1.7	0.2	
		左距中　7.5　m			2.741	85.751	85.748		1.3	−0.2	
K2+	100	中线　　0.0　m			2.536	85.955	85.950	5			
		左距中　4.0　m			2.596	85.895	85.890		1.5	−0	
		左距中　7.5　m			2.642	85.850	85.838		1.3	−0.2	
K2+	120	中线　　0.0　m			2.445	86.046	86.040	6			
		左距中　4.0　m			2.505	85.986	85.980		1.5	0	
		左距中　7.5　m			2.561	85.930	85.928		1.6	0.1	
K2+	140	中线　　0.0　m			2.358	86.133	86.130	3			
		左距中　4.0　m			2.418	86.073	86.070		1.5	0	
		左距中　7.5　m			2.470	86.021	86.018		1.5	0	
K2+	160	中线　　0.0　m			2.268	86.223	86.220	3			
		左距中　4.0　m			2.320	86.171	86.160		1.3	−0.2	
		左距中　7.5　m			2.373	86.119	86.108		1.5	0	
K2+	180	中线　　0.0　m			2.181	86.310	86.310	0			
		左距中　4.0　m			2.241	86.250	86.250		1.5	0	
		左距中　7.5　m			2.293	86.198	86.198		1.5	0	
K2+	200	中线　　0.0　m			2.089	86.402	86.400	2			
		左距中　4.0　m			2.157	86.334	86.340		1.7	0.2	
		左距中　7.5　m			2.203	86.289	86.288		1.3	−0.2	
K2+	220	中线　　0.0　m			2.000	86.491	86.490	1			
		左距中　4.0　m			2.064	86.427	86.430		1.6	0.1	
		左距中　7.5　m			2.116	86.375	86.378		1.5	0	
…	…	…			…	…	…		…	…	

观测：　　　　　　复测：　　　　　计算：　　　　　　施工项目技术负责人：

表 4-63　水泥稳定土类基层检验批质量检验记录（五）
CJJ 1—2008　　　　　　　　　　　　　　　　　　　　　路质检表　编号：009

工程名称				×××市×××道路工程			
施工单位				×××市政集团工程有限责任公司			
分部工程名称				基层	分项工程名称		水泥稳定土类基层
验收部位				K2+000～K2+860 左幅人行道	工程数量		长 860m，宽 4.5m
项目经理				×××	技术负责人		×××
施工员				×××	施工班组长		×××

		质量验收规定的检查项目及验收标准			检查数量	检验方法	施工单位检查评定记录	监理单位验收记录
主控项目	1	压实度	基层	城市快速路、主干路 ≥97%	每1000m²，每压实层抽检1点	环刀法、灌水法、或灌砂法	人行道压实度≥90%，符合规范要求，详见压实度试验报告	合格
				其他等级道路 ≥95%			—	—
			底基层	城市快速路、主干路 ≥95%	每1000m²，每压实层抽检1点		—	—
				其他等级道路 ≥93%			—	—
	2	7d无侧限抗压强度	基层	应符合设计要求	每2000m²抽检1组（6块）	现场取样试验	—	—
			底基层				—	—
	3	原材料		水泥应符合下列要求：①应选用初凝时间大于 3h、终凝时间不小于 6h 的 32.5 级、42.5 级普通硅酸盐水泥、矿渣硅酸盐、火山灰硅酸盐水泥。水泥应有出厂合格证与生产日期，复验合格方可使用。②水泥贮存期超过 3 个月或受潮，应进行性能试验，合格后方可使用			—	—
				土应符合下列要求：①土的均匀系数不应小于 5，宜大于 10，塑性指数宜为 10～17；②土中小于 0.6mm 颗粒的含量应小于 30%；③宜选用粗粒土、中粒土			—	—
				粒料应符合下列要求：①级配碎石、砂砾、未筛分碎石、碎石土、砾石和煤矸石、粒状矿渣等材料均可作粒料原材；②当作基层时，粒料最大粒径不宜超过37.5mm；③当作底基层时，粒料最大粒径，对城市快速路、主干路不应超过 37.5mm；对次干路及以下道路不应超过 53mm；④各种粒料，应按其自然级配状况，经人工调整使其符合规范表 7.5.2 的规定；⑤碎石、砾石、煤矸石等的压碎值：对城市快速路、主干路基层与底基层不应大于 30%；对其他道路基层不应大于 30%，对底基层不应大于 35%；⑥集料中有机质含量不应超过 2%；⑦集料中硫酸盐含量不应超过 0.25%；⑧钢渣尚应符合规范第 7.4.1 条的有关规定			—	—
				水应符合国家现行标准《混凝土用水标准》（JGJ 63—2006)的规定。宜使用饮用水及不含油类等杂质的清洁中性水，pH 值宜为 6～8			—	—
	4	集中搅拌水泥稳定土类材料		产品合格证			√	合格
				水泥用量、粒料级配、混合料配合比、R7强度标准值			√	合格

质量验收规定的检查项目及验收标准			检验频率		施工单位检查评定记录										应测点数	合格点数	合格率/%	监理单位验收记录
					实测值或偏差值/mm													
检查项目		允许偏差	范围	点数	1	2	3	4	5	6	7	8	9		应测点数	合格点数	合格率/%	
一般项目	1 级配碎石及级配碎砾石基层和底基层的允许偏差	中线偏位/mm	≤20	100m	1	3	9	10	14	3	12	18	2	10	9	9	100	合格
		纵断高程/mm 基层 ±15 底基层 ±20		√20m	1	0	−5	2	2	6	7	−3	−6	6	44	44	100	合格
						−4	4	−6	−10	−3	3	5	−2	8				
						−2	4	7	−5	−3	11	4	1	−2				
						−5	6	−7	8	6	6	−5	−3	4				
						−1	6	0	−8	−5	4	−4	9					
		平整度/mm 基层 ≤10 底基层 ≤15	√20m	路宽/m <9√ 1	见附表(表4-64)第一条										44	44	100	合格
				9~15 2														
				>15 3														
		宽度/mm	≥设计值+B (4700)	40m	1	见附表(表4-64)第二条									22	22	100	合格
		横坡	±0.3% 且不反坡	20m 路宽/m <9√ 2	0	0	0	0.2	0	−0.2	0.1	0.1	−0.3		88	88	100	合格
					0	0.2	0.1	−0.3	−0.3	0	−0.2	−0.2	0.1					
					0.2	0.2	0.1	0	0	0.1	0.2	−0.1	−0.1					
					0	−0.1	−0.1	−0.1	0.2	0.2	−0.1	−0.1	0.1					
					0.1	0.1	−0.2	−0.2	0	0.1	0.1	−0.3	−0.1					
				9~15 4	−0.2	−0.2	0.2	−0.1	−0.2	−0.2	−0.2	−0.3	0.2					
					−0.2	−0.3	0.1	0.2	0	0	−0.2	0.2	−0.2					
					−0.1	0.1	−0.2	−0.1	0	0.2	0	0	0.2					
					−0.3	0.1	0.1	−0.2	0.3	0.2	−0.1	0	−0.1					
					0	0	0.1	0.1	−0.3	−0.1	0.2							
				>15 6														
		厚度/mm	±10	1000m²	1	−9	−6	−5	7						4	4	100	合格
	2	外观质量	表面应平整、坚实,接缝平顺,无明显粗、细骨料集中现象,无推移、裂缝、贴皮、松散、浮料		√													合格
平均合格率/%					100.00													

施工单位检查评定结果	主控项目全部符合要求,一般项目满足规范要求,本检验批符合要求
	项目专业质量检查员:　　　　　　　　　　　　　　　　　　年　月　日

监理(建设)单位验收结论	主控项目全部合格,一般项目满足规范要求,本检验批合格
	监理工程师: (建设单位项目专业技术负责人)　　　　　　　　　　　年　月　日

注:1. 主控项目第3条按不同材料进场批次,每批检查1次;查检验报告、复验。

2. B 为施工时必要的附加宽度。

3. 基层、底基层试件做7d无侧限抗压强度,应符合设计要求。

表 4-64　K2＋000～K2＋860 左幅人行道水泥稳定碎石基层实测项目评定附表

	8	4	9	5	7	7	1	4	6	9	8	9	6	9	7	6	9	9	1	4
	7	2	6	7	8	0	7	4	4	0	3	2	4	9	9	9	2	1	2	2
第一条	2	3	5	6																
	4716	4700	4700	4715	4700	4700	4712	4700	4700	4700	4700	4718	4700	4700	4700	4700	4723	4700	4713	4700
	4715	4700																		
第二条																				
第三条																				
第四条																				
第五条																				
第六条																				
第七条																				

表 4-65 水泥稳定土类基层高程测量记录（七）

工程名称			×××市×××道路工程			施工单位			×××市政集团工程有限责任公司			
复核部位			K2+000～K2+860 左幅人行道			日　期			年　月　日			
原施测人			×××			测量复核人			×××			

桩号		位　置		后视/m	视线高程/m	前视/m	实测高程/m	设计高程/m	偏差值/mm	实测横坡/%	横坡偏差值/%	备注
BM1				1.235	88.491							87.256
K2+	0	中线	0.00　m			2.641	85.850	85.850	0			
		左距中	2.00　m			2.611	85.880	85.880		−1.5	0	
		左距中	4.50　m			2.574	85.918	85.918		−1.5		
K2+	20	中线	0.00　m			2.736	85.755	85.760	−5			
		左距中	2.00　m			2.706	85.785	85.790		−1.5	0	
		左距中	4.50　m			2.673	85.818	85.828		−1.3	0.2	
K2+	40	中线	0.00　m			2.729	85.762	85.760	2			
		左距中	2.00　m			2.699	85.792	85.790		−1.5	0	
		左距中	4.50　m			2.656	85.835	85.828		−1.7	−0.2	
K2+	60	中线	0.00　m			2.639	85.852	85.850	2			
		左距中	2.00　m			2.611	85.880	85.880		−1.4	0.1	
		左距中	4.50　m			2.576	85.915	85.918		−1.4	0.1	
K2+	80	中线	0.00　m			2.545	85.946	85.940	6			
		左距中	2.00　m			2.509	85.982	85.970		−1.8	−0.3	
		左距中	4.50　m			2.472	86.020	86.008		−1.5	0	
K2+	100	中线	0.00　m			2.454	86.037	86.030	7			
		左距中	2.00　m			2.428	86.063	86.060		−1.3	0.2	
		左距中	4.50　m			2.393	86.098	86.098		−1.4	0.1	
K2+	120	中线	0.00　m			2.384	86.107	86.110	−3			
		左距中	2.00　m			2.348	86.143	86.140		−1.8	−0.3	
		左距中	4.50　m			2.303	86.188	86.178		−1.8	−0.3	
K2+	140	中线	0.00　m			2.297	86.194	86.200	−6			
		左距中	2.00　m			2.267	86.224	86.230		−1.5	0	
		左距中	4.50　m			2.224	86.267	86.268		−1.7	−0.2	
K2+	160	中线	0.00　m			2.195	86.296	86.290	6			
		左距中	2.00　m			2.161	86.330	86.320		−1.7	−0.2	
		左距中	4.50　m			2.126	86.365	86.358		−1.4	0.1	
K2+	180	中线	0.00　m			2.115	86.376	86.380	−4			
		左距中	2.00　m			2.089	86.402	86.410		−1.3	0.2	
		左距中	4.50　m			2.057	86.435	86.448		−1.3	0.2	
K2+	200	中线	0.00　m			2.017	86.474	86.470	4			
		左距中	2.00　m			1.991	86.500	86.500		−1.3	0.2	
		左距中	4.50　m			1.954	86.538	86.538		−1.5	0	
K2+	220	中线	0.00　m			1.937	86.554	86.560	−6			
		左距中	2.00　m			1.907	86.584	86.590		−1.5	0	
		左距中	4.50　m			1.872	86.619	86.628		−1.4	0.1	
…	…	…				…	…	…		…	…	

观测：　　　　　　复测：　　　　　　计算：　　　　　　施工项目技术负责人：

表 4-66　隐蔽工程检查验收记录（三）

年　月　日

质检表 4：001

工程名称	×××市×××道路工程	施工单位	×××市政集团工程有限责任公司
隐检项目	级配碎石基层	隐检范围	K2＋000～K2＋860 左幅机动车道

隐检内容及检查情况	一、隐检内容 　（1）基层材料及外观质量； 　（2）实测项目：压实度、弯沉值、高程、路床中线偏位、平整度、宽度、横坡等。 二、检查情况 　　经检查，基层表面平整、坚实，无推移、松散、浮石现象。各项隐检项目均符合《城镇道路工程与质量验收规范》（CJJ 1—2008）要求。实测项目详见"检验批质量检验记录"及"高程测量记录"。
验收意见	该检验批的各项隐检内容均符合设计及规范要求，同意进入下道分项工程施工。
处理情况及结论	

复查人：　　　　　　　　　　　　　　　　年　月　日

建设单位	监理单位	施工项目技术负责	施工员	质检员

表 4-67　隐蔽工程检查验收记录（四）

年　月　日

质检表 4：001

工程名称	×××市×××道路工程	施工单位	×××市政集团工程有限责任公司
隐检项目	水泥稳定土类底基层	隐检范围	K2＋000～K2＋860 左幅机动车道

隐检内容及检查情况	一、隐检内容 　（1）底基层材料及外观质量； 　（2）实测项目：压实度、7d 无侧限抗压强度、弯沉值、高程、路床中线偏位、平整度、宽度、横坡等。 二、检查情况 　　经检查，底基层表面平整、坚实，接缝平顺，无明显粗、细骨料集中现象，无推移、裂缝、贴皮、松散、浮料。各项隐检项目均符合《城镇道路工程施工与质量验收规范》（CJJ 1—2008）要求。实测项目详见"检验批质量检验记录"及"高程测量记录"。
验收意见	该检验批的各项隐检内容均符合设计及规范要求，同意进入下道分项工程施工。
处理情况及结论	

复查人：　　　　　　　　　　　　　　　　年　月　日

建设单位	监理单位	施工项目技术负责	施工员	质检员

第五节 面层分部工程

一、沥青混合料面层子分部工程

(一) 沥青混合料面层子分部工程质量验收应具备的资料

根据附录二×××市×××道路工程施工图，该工程设计长度约860m，道路等级为城市Ⅰ级主干道，道路红线宽度为55m，起点桩号为K2＋000（$x=2628636.129$，$y=467032.177$），终点桩号为K2＋860（$x=2629185.337$，$y=467666.232$），本道路工程面层为热拌沥青混合料面层。本节将根据施工图路面结构组合形式，结合热拌沥青混合料面层的施工工序以表格的形式列出其验收资料。见表4-68。

表4-68 沥青混合料面层子分部工程质量验收资料

序号	验收内容			验收资料	备注
1	面层分部工程施工方案				略
2	面层分部工程施工技术交底				略
3	施工日记				略
4	细粒式改性沥青混凝土（AC-13C）中粒式沥青混凝土（AC-16C）粗粒式沥青混凝土（AC-25C）乳化沥青			沥青出厂合格证/试验报告	略
				沥青混凝土配合比/审批记录	略
				马歇尔试验报告/沥青混凝土含油量试验报告	略
5	K2＋000～K2＋860左幅机动车道		透层	透层检验批质量检验记录	附填写示例
			封层	封层检验批质量检验记录	附填写示例
		下面层		热拌沥青混合料面层检验批质量检验记录	附填写示例
				压实度检测——压实度检测报告	略
				弯沉值检测——弯沉值检测报告	略
				施计表25沥青混合料到场及摊铺测温记录	略
				施计表26沥青混合料碾压温度检测记录	略
				质检表4隐蔽工程检查验收记录	附填写示例
			中黏层	黏层检验批质量检验记录	略
		中面层		热拌沥青混合料面层检验批质量检验记录	附填写示例
				压实度检测——压实度检测报告	略
				弯沉值检测——弯沉值检测报告	略
				施计表25沥青混合料到场及摊铺测温记录	略
				施计表26沥青混合料碾压温度检测记录	略
				质检表4隐蔽工程检查验收记录	略
			上黏层	黏层检验批质量检验记录	附填写示例
		上面层		热拌沥青混合料面层检验批质量检验记录	附填写示例
				压实度检测——压实度检测报告	略
				弯沉值检测——弯沉值检测报告	略
				抗滑摩擦系数——路面抗滑性能试验报告	略
				抗滑构造深度——路面构造深度测定报告	略

序号	验收内容		验收资料	备注
5	K2+000~K2+860 左幅机动车道	上面层	高程、横坡测量记录	附填写示例
			施计表25沥青混合料到场及摊铺测温记录	附填写示例
			施计表26沥青混合料碾压温度检测记录	附填写示例
			质检表4隐蔽工程检查验收记录	略
6	K2+000~K2+860 右幅机动车道	透层	透层检验批质量检验记录	略
		封层	封层检验批质量检验记录	略
		下面层	热拌沥青混合料面层检验批质量检验记录	略
			压实度检测——压实度检测报告	略
			弯沉值检测——弯沉值检测报告	略
			施计表25沥青混合料到场及摊铺测温记录	略
			施计表26沥青混合料碾压温度检测记录	略
			质检表4隐蔽工程检查验收记录	略
		中黏层	黏层检验批质量检验记录	略
		中面层	热拌沥青混合料面层检验批质量检验记录	略
			压实度检测——压实度检测报告	略
			弯沉值检测——弯沉值检测报告	略
			施计表25沥青混合料到场及摊铺测温记录	略
			施计表26沥青混合料碾压温度检测记录	略
			质检表4隐蔽工程检查验收记录	略
		上黏层	黏层检验批质量检验记录	略
		上面层	热拌沥青混合料面层检验批质量检验记录	略
			压实度检测——压实度检测报告	略
			弯沉值检测——弯沉值检测报告	略
			抗滑摩擦系数——路面抗滑性能试验报告	略
			抗滑构造深度——路面构造深度测定报告	略
			高程、横坡测量记录	略
			施计表25沥青混合料到场及摊铺测温记录	略
			施计表26沥青混合料碾压温度检测记录	略
			质检表4隐蔽工程检查验收记录	略
7	K2+000~K2+860 左幅辅道	透层	透层检验批质量检验记录	略
		封层	封层检验批质量检验记录	略
		下面层	热拌沥青混合料面层检验批质量检验记录	略
			压实度检测——压实度检测报告	略
			弯沉值检测——弯沉值检测报告	略
			施计表25沥青混合料到场及摊铺测温记录	略
			施计表26沥青混合料碾压温度检测记录	略
			质检表4隐蔽工程检查验收记录	略
		黏层	黏层检验批质量检验记录	略

序号	验收内容		验收资料	备注
7	K2+000~K2+860 左幅辅道	上面层	热拌沥青混合料面层检验批质量检验记录	附填写示例
			压实度检测——压实度检测报告	略
			弯沉值检测——弯沉值检测报告	略
			抗滑摩擦系数——路面抗滑性能试验报告	略
			抗滑构造深度——路面构造深度测定报告	略
			高程、横坡测量记录	附填写示例
			施计表25沥青混合料到场及摊铺测温记录	略
			施计表26沥青混合料碾压温度检测记录	略
			质检表4隐蔽工程检查验收记录	略
8	K2+000~K2+860 右幅辅道	透层	透层检验批质量检验记录	略
		封层	封层检验批质量检验记录	略
		下面层	热拌沥青混合料面层检验批质量检验记录	略
			压实度检测——压实度检测报告	略
			弯沉值检测——弯沉值检测报告	略
			施计表25沥青混合料到场及摊铺测温记录	略
			施计表26沥青混合料碾压温度检测记录	略
			质检表4隐蔽工程检查验收记录	略
		黏层	黏层检验批质量检验记录	略
		上面层	热拌沥青混合料面层检验批质量检验记录	略
			压实度检测——压实度检测报告	略
			弯沉值检测——弯沉值检测报告	略
			抗滑摩擦系数——路面抗滑性能试验报告	略
			抗滑构造深度——路面构造深度测定报告	略
			高程、横坡测量记录	略
			施计表25沥青混合料到场及摊铺测温记录	略
			施计表26沥青混合料碾压温度检测记录	略
			质检表4隐蔽工程检查验收记录	略
9	封层分项工程		分项工程质量检验记录	附填写示例
10	透层分项工程		分项工程质量检验记录	附填写示例
11	黏层分项工程		分项工程质量检验记录	附填写示例
12	热拌沥青混合料面层分项工程		分项工程质量检验记录	附填写示例
13	热拌沥青混合料面层子分部工程		热拌沥青混合料面层子分部工程检验记录	附填写示例
14	面层分部工程		面层分部工程检验记录	附填写示例

（二）沥青混合料面层子分部工程验收资料填写示例

沥青混合料面层子分部工程验收资料填写示例见表4-69～表4-91。

表 4-69　面层分部工程检验记录

CJJ 1—2008　　　　　　　　　　　　　　　　　　　　　　　　　　路质检表　编号：03

工程名称		×××市×××道路工程			
施工单位		×××市政集团工程有限责任公司			
项目经理		×××	技术负责人		×××
序号	子分部工程名称	分项工程数		合格率/%	质量情况
1	沥青混合料面层	4		100.00	合格

质量控制资料	共9项,经查符合要求9项,经核定符合规范要求0项
安全和功能检验（检测）报告	共核查3项,符合要求3项,经返工处理符合要求0项
观感质量验收	共抽查10项,符合要求10项,不符合要求0项;观感质量评价:好

分部工程检验结果	合格	平均合格率/%	100.00

施工单位	项目经理： （公章） 　年　月　日	监理单位	总监理工程师： （公章） 　年　月　日
建设单位	项目负责人： （公章） 　年　月　日	设计单位	项目设计负责人： （公章） 　年　月　日

表 4-70 沥青混合料面层子分部工程检验记录（一）

路质检表 编号：01

工程名称	×××市×××道路工程		分部工程名称	面层
施工单位	×××市政集团工程有限责任公司			
项目经理	×××	项目技术负责人	×××	

序号	分项工程名称	检验批数	合格率/%	质量情况
1	热拌沥青混合料面层	10	100.00	合格
2	黏层	6	100.00	合格
3	透层	4	100.00	合格
4	封层	4	100.00	合格

质量控制资料	共9项,经查符合要求9项,经核定符合规范要求0项		
安全和功能检验（检测）报告	共核查3项,符合要求3项,经返工处理符合要求0项		
观感质量验收	共抽查10项,符合要求10项,不符合要求0项;观感质量评价:好		
子分部工程检验结果	合格	平均合格率/%	100.00

验收单位	施工单位	项目经理	年 月 日
	监理(建设)单位	总监理工程师 (建设单位项目专业负责人)	年 月 日

表 4-71 沥青混合料面层子分部工程检验记录（二）

CJJ 1—2008 路质检表 附表

序号	检查内容	份数	监理(建设)单位检查意见
1	图纸会审、设计变更、洽商记录	1	√
2	对天气、环境温度控制记录	—	—
3	对原混凝土路面与基层空隙处理修补记录	—	—
4	测量复测记录	4	√
5	预检工程检查记录	—	—
6	原材料合格证、出厂检验报告	6	√
7	原材料进场复检报告	6	√
8	沥青混合料产品抽样检验方案	3	√
9	热拌沥青混合料配合比设计资料	6	√
10	进场复检报告	6	√
11	热拌沥青混合料面层通车前温度控制记录	4	√
12	钢筋、传力杆隐蔽记录/施工记录	—	—
13	分项工程质量验收记录	4	√
14	沥青混合料压实度检验报告	10	√
15	沥青混合料弯沉检验报告	10	√
16	抗滑构造深度检测记录	4	√

检查人：

年 月 日

注：检查意见分两种：合格打"√"，不合格打"×"。

表 4-72　热拌沥青混合料面层分项工程质量检验记录

CJJ 1—2008

工程名称	×××市×××道路工程	分部工程名称	面层分部	检验批数	10
施工单位	×××市政集团工程有限责任公司	项目经理	×××	项目技术负责人	×××

序号	检验批部位、区段	施工单位自检情况		监理(建设)单位验收情况 验收意见
		合格率/%	检验结论	
1	K2+000～K2+860 左幅机动车道下面层热拌沥青混合料面层	100.00	合格	
2	K2+000～K2+860 左幅机动车道中面层热拌沥青混合料面层	100.00	合格	
3	K2+000～K2+860 左幅机动车道上面层热拌沥青混合料面层	100.00	合格	
4	K2+000～K2+860 右幅机动车道下面层热拌沥青混合料面层	100.00	合格	
5	K2+000～K2+860 右幅机动车道中面层热拌沥青混合料面层	100.00	合格	
6	K2+000～K2+860 右幅机动车道上面层热拌沥青混合料面层	100.00	合格	
7	K2+000～K2+860 左幅辅道下面层热拌沥青混合料面层	100.00	合格	所含检验批无遗漏,各检验批所覆盖的区段和所含内容无遗漏,所查检验批全部合格
8	K2+000～K2+860 右幅辅道下面层热拌沥青混合料面层	100.00	合格	
9	K2+000～K2+860 左幅辅道上面层热拌沥青混合料面层	100.00	合格	
10	K2+000～K2+860 右幅辅道上面层热拌沥青混合料面层	100.00	合格	
11				
12				
13				
14				
15				
16				
17				
平均合格率/%		100.00		

施工单位检查结果	所含检验批无遗漏,各检验批所覆盖的区段和所含内容无遗漏,全部符合要求,本分项符合要求 项目技术负责人：　　　　　　　　年　月　日	验收结论	本分项合格 监理工程师：(建设单位项目专业技术负责人)　　　　　　　　年　月　日

表 4-73　热拌沥青混合料面层检验批质量检验记录（一）

CJJ 1—2008　　　　　　　　　　　　　　　　　　　　路质检表　编号：001

工程名称	×××市×××道路工程		
施工单位	×××市政集团工程有限责任公司		
分部工程名称	面层	分项工程名称	热拌沥青混合料面层
验收部位	K2＋000～K2＋860 左幅机动车道下面层	工程数量	长860m，宽12m
项目经理	×××	技术负责人	×××
施工员	×××	施工班组长	×××

质量验收规定的检查项目及验收标准			检查数量	施工单位检查评定记录												监理单位验收记录
检查项目		允许偏差		实测值或偏差值/mm									应测点数	合格点数	合格率/%	
				1	2	3	4	5	6	7	8	9				
1	压实度	城市快速路、主干路	≥96%	每1000m²测1点	符合要求，详见压实度试验报告											合格
		次干路及以下道路	≥95%		—												—
2	面层厚度/mm		＋10，−5	每1000m²测1点	1	2	4	0	2	−2	−2	2	0	11	11	100	合格
					0	−1											
3	弯沉值/mm		不应大于设计值(26.5)	每车道每20m，测1点	符合要求，详见弯沉值试验报告												合格
主控项目	4	沥青	沥青应符合下列要求： (1)宜优先采用 A 级沥青作为道路面层使用。B 级沥青可作为次干路及其以下道路面层使用。当缺乏所需标号的沥青时，可采用不同标号沥青掺配，掺配比应经试验确定。道路石油沥青的主要技术要求应符合规范表 8.1.7-1 的规定。 (2)乳化沥青的质量应符合规范表 8.1.7-2 的规定。在高温条件下宜采用黏度较大的乳化沥青，寒冷条件下宜使用黏度较小的乳化沥青。 (3)用于透层、黏层、封层及拌制冷拌沥青混合料的液体石油沥青的技术要求应符合规范表 8.1.7-3 的规定。 (4)当使用改性沥青时，改性沥青的基质沥青应与改性剂有良好的配伍性。聚合物改性沥青主要技术要求应符合规范表 8.1.7-4 的规定。 (5)改性乳化沥青技术要求应符合规范表 8.1.7-5 的规定		√												合格

	质量验收规定的检查项目及验收标准		检查数量	检查方法	施工单位检查评定记录	监理单位验收记录
主控项目	5	粗集料	粗集料应符合下列要求： (1)粗集料应符合工程设计规定的级配范围。 (2)集料对沥青的黏附性，城市快速路、主干路应大于或等于4级；次干路及以下道路应大于或等于3级。集料具有一定的破碎面颗粒含量，具有1个破碎面宜大于90%，2个及以上的宜大于80%。 (3)粗集料的质量技术要求应符合规范表8.1.7-6的规定。 (4)粗集料的粒径规格应按规范表8.1.7-7的规定生产和使用	按不同品种产品进场批次和产品抽样检验方案确定	观察、检查进场检验报告	—	—
	6	细集料	细集料应符合下列要求： (1)细集料应洁净、干燥、无风化、无杂质。 (2)热拌密级配沥青混合料中天然砂的用量不宜超过集料总量的20%，SMA和OGFC不宜使用天然砂。 (3)细集料的质量要求应符合规范表8.1.7-8的规定。 (4)沥青混合料用天然砂规格应符合规范表8.1.7-9的要求。 (5)沥青混合料用机制砂或石屑规格应符合规范表8.1.7-10的要求			—	—
	7	矿粉	矿粉应用石灰岩等憎水性石料磨制。城市快速路与主干路的沥青面层不宜采用粉煤灰作填料。当次干路及以下道路用粉煤灰作填料时，其用量不应超过填料总量50%，粉煤灰的烧失量应小于12%。沥青混合料用矿粉质量要求应符合规范表8.1.7-11的规定			—	—
	8	纤维稳定剂	纤维稳定剂应在250℃条件下不变质。不宜使用石棉纤维。木质素纤维技术要求应符合规范表8.1.7-12的规定			—	—
	9	热拌沥青混合料	普通沥青混合料搅拌及压实温度宜通过在135~175℃条件下测定的黏度-温度曲线，按表8.2.5-1确定。当缺乏黏温曲线数据时，可按规范表8.2.5-2的规定，结合实际情况确定混合料的搅拌及施工温度	全数检查	查出厂合格证、检验报告并进场复验；查测温记录，现场检测温度	√	合格
	10	热拌改性沥青混合料	聚合物改性沥青混合料搅拌及施工温度应根据实践经验经试验确定。通常宜较普通沥青混合料温度提高10~20℃			—	—
	11	SMA混合料	SMA混合料的施工温度应经试验确定			—	—
	12	沥青混合料品质	沥青混合料品质应符合马歇尔试验配合比技术要求	每日、每品种检查1次	现场取样试验	√	合格

质量验收规定的检查项目及验收标准			检验频率		施工单位检查评定记录												监理单位验收记录
					实测值或偏差值/mm									应测点数	合格点数	合格率/%	
检查项目		允许偏差	范围	点数	1	2	3	4	5	6	7	8	9				
一般项目 1 热拌沥青混合料面层允许偏差	纵断高程/mm	±15	20m	1													
	中线偏位/mm	≤20	100m	1	3	2	3	2	2	4	2	2	1	9	9	100	合格
	平整度/mm 标准差σ值 快速路、主干路 ≤1.5 ✓		100m	路宽/m <9 1	1.1	0.8	0.3	0.4	0	0.9	0.6	0.5	0.6	18	18	100	合格
	次干路、支路 ≤2.4			9~15 ✓ 2	1.4	1.3	0.1	1.1	1.4	1.2	0.7	0.5	0.7				
				>15 3													
	最大间隙 次干路、支路 ≤5		20m	路宽/m <9 1										—	—	—	
				9~15 2													
				>15 3													
	宽度/mm	≥设计值+B(12100)	40m	1	见附表(表4-74)第一条									22	22	100	合格
	横坡	±0.3% 且不反坡	20m	路宽/m <9 2	见附表(表4-74)第二条									176	176	100	合格
				9~15 ✓ 4													
				>15 6													
	井框与路面高差/mm	≤5	每座	1													—
	抗滑 摩擦系数 符合设计要求		200m	1,全线连续													—
	构造深度		200m	1													—
2	表面	表面应平整、坚实,接缝紧密,无枯焦;不应有明显轮迹、推挤裂缝、脱落、烂边、油斑、掉渣等现象,不得污染其他构筑物。面层与路缘石、平石及其他构筑物应接顺,不得有积水现象			✓													合格
施工单位检查评定结果		主控项目全部符合要求,一般项目满足规范要求,本检验批符合要求 项目专业质量检查员: 年 月 日															
监理(建设)单位验收结论		主控项目全部合格,一般项目满足规范要求,本检验批合格 监理工程师: (建设单位项目专业技术负责人) 年 月 日															

注:1. 主控项目第4项按同一生产厂家、同一品种、同一标号、同一批号连续进场的沥青(石油沥青每100t为1批,改性沥青每50t为1批)每批次抽检1次;查出厂合格证、检验报告并进场复验。

2. 测平仪为全线每车道连续检测每100m计算标准差σ;无测平仪时可采用3m直尺检测;表中检验频率点数为测线数。

3. 平整度、抗滑性能也可采用自动检测设备进行检测。

4. 底基层表面、下面层应按设计规定用量洒泼透油层、黏层油。

5. 中面层、底面层仅进行中线偏位、平整度、宽度、横坡的检测。

6. 改性(再生)沥青混凝土路面可采用此表进行检验。

7. 十字法检查井框与路面高差,每座检查井均应检查。十字法检查中,以平行于道路中线、过检查井盖中心的直线作基线,另一条线与基线垂直,构成检查用十字线。

表 4-74　K2＋000～K2＋860 左幅机动车道热拌沥青混合料下面层实测项目评定附表

	12115	12106	12102	12113	12102	12121	12124	12116	12106	12104	12102	12100	12102	12106	12107	12122	12108	12104	12113	12106
	12111	12108																		
第一条																				
第二条	0	0	−0.1	0.1	−0.1	0	−0.1	0.2	−0.1	−0.1	0.2	−0.3	−0.1	0	0.1	0.1	−0.2	−0.2	0.2	−0.1
	0.1	−0.2	0.1	0.1	−0.3	0.2	−0.1	−0.3	−0.1	−0.3	−0.2	−0.3	−0.3	0.1	−0.2	−0.1	0	−0.1	−0.3	−0.2
	−0.2	0.2	−0.3	−0.2	0.1	−0.2	−0.2	−0.2	−0.1	0	0	0	−0.1	−0.2	0	0.2	0.2	−0.3	0	−0.1
	0.2	−0.3	−0.3	0.2	0.1	0.1	−0.1	0.1	−0.3	0.2	−0.3	0	−0.2	0.2	−0.3	0	0.1	0.1	0.1	−0.1
	−0.1	−0.1	−0.1	0	0.2	−0.3	0.2	−0.3	0.1	−0.3	−0.1	−0.3	−0.3	0	0.2	0.1	−0.2	−0.1	0.2	−0.1
	−0.1	0.2	−0.3	0.1	0	−0.3	−0.1	0	−0.2	−0.3	−0.3	0.2	0	0.2	−0.1	−0.3	0.1	−0.1	−0.3	−0.2
	−0.2	−0.2	−0.2	0.2	0.2	−0.1	0	−0.2	0.1	0	0	−0.2	0	−0.1	−0.2	−0.2	0.1	0.1	0	0.1
	0.2	−0.3	−0.1	0.1	0.2	0.2	0.2	0.2	−0.1	0.2	−0.2	−0.3	−0.2	−0.1	−0.1	0.1	0	0.2	0	0.1
	−0.2	−0.3	−0.1	0.1	0.2	−0.2	−0.1	−0.2	0.2	0.1	0		−0.1	0	0.1	−0.2	0.1			
第三条																				
第四条																				
第五条																				
第六条																				
第七条																				

表 4-75　热拌沥青混合料面层检验批质量检验记录 （二）

CJJ 1—2008 　　　　　　　　　　　　　　　　　　　　　　　　　　　　　路质检表　编号：002

工程名称	×××市×××道路工程											
施工单位	×××市政集团工程有限责任公司											
分部工程名称	面层					分项工程名称		热拌沥青混合料面层				
验收部位	K2+000～K2+860 左幅机动车道中面层					工程数量		长 860m，宽 12m				
项目经理	×××					技术负责人		×××				
施工员	×××					施工班组长		×××				

质量验收规定的检查项目及验收标准				施工单位检查评定记录												监理单位验收记录
检查项目			允许偏差	检查数量	实测值或偏差值/mm									应测点数	合格点数	合格率/%
					1	2	3	4	5	6	7	8	9			
1	压实度	城市快速路、主干路	≥96%	每 1000m² 测 1 点	符合要求，详见压实度试验报告											合格
		次干路及以下道路	≥95%		—											—
2	面层厚度/mm		+10，−5	每 1000m² 测 1 点	−2	4	−2	6	8	1	−4	−3	−2	11	11	100	合格
					3	4											
3	弯沉值/mm		不应大于设计值（23.4）	每车道每 20m，测 1 点	符合要求，详见弯沉值试验报告											合格
主控项目	4	沥青	沥青应符合下列要求： (1)宜优先采用 A 级沥青作为道路面层使用。B 级沥青可作为次干路及其以下道路面层使用。当缺乏所需标号的沥青时，可采用不同标号沥青掺配，掺配比应经试验确定。道路石油沥青的主要技术要求应符合规范表 8.1.7-1 的规定。 (2)乳化沥青的质量应符合规范表 8.1.7-2 的规定。在高温条件下宜采用黏度较大的乳化沥青，寒冷条件下宜使用黏度较小的乳化沥青。 (3)用于透层、黏层、封层及拌制冷拌沥青混合料的液体石油沥青的技术要求应符合规范表 8.1.7-3 的规定。 (4)当使用改性沥青时，改性沥青的基质沥青应与改性剂有良好的配伍性。聚合物改性沥青主要技术要求应符合规范表 8.1.7-4 的规定。 (5)改性乳化沥青技术要求应符合规范表 8.1.7-5 的规定			√												合格

质量验收规定的检查项目及验收标准			检查数量	检查方法	施工单位检查评定记录	监理单位验收记录
主控项目	5	粗集料	粗集料应符合下列要求： (1)粗集料应符合工程设计规定的级配范围。 (2)集料对沥青的黏附性,城市快速路、主干路应大于或等于4级;次干路及以下道路应大于或等于3级。集料具有一定的破碎面颗粒含量,具有1个破碎面宜大于90%,2个及以上的宜大于80%。 (3)粗集料的质量技术要求应符合规范表8.1.7-6的规定。 (4)粗集料的粒径规格应按规范表8.1.7-7的规定生产和使用	按不同品种产品进场批次和产品抽样检验方案确定	观察、检查进场检验报告	—	—
	6	细集料	细集料应符合下列要求： (1)细集料应洁净、干燥、无风化、无杂质。 (2)热拌密级配沥青混合料中天然砂的用量不宜超过集料总量的20%,SMA和OGFC不宜使用天然砂。 (3)细集料的质量要求应符合规范表8.1.7-8的规定。 (4)沥青混合料用天然砂规格应符合规范表8.1.7-9的要求。 (5)沥青混合料用机制砂或石屑规格应符合规范表8.1.7-10的要求			—	—
	7	矿粉	矿粉应用石灰岩等憎水性石料磨制。城市快速路与主干路的沥青面层不宜采用粉煤灰作填料。当次干路及以下道路用粉煤灰作填料时,其用量不应超过填料总量50%,粉煤灰的烧失量应小于12%。沥青混合料用矿粉质量要求应符合规范表8.1.7-11的规定			—	—
	8	纤维稳定剂	纤维稳定剂应在250℃条件下不变质。不宜使用石棉纤维。木质素纤维技术要求应符合规范表8.1.7-12的规定			—	—
	9	热拌沥青混合料	普通沥青混合料搅拌及压实温度宜通过135~175℃条件下测定的黏度-温度曲线,按规范表8.2.5-1确定。当缺乏黏温曲线数据时,可按规范表8.2.5-2的规定,结合实际情况确定混合料的搅拌及施工温度	全数检查	查出厂合格证、检验报告并进场复验;查测温记录,现场检测温度	√	合格
	10	热拌改性沥青混合料	聚合物改性沥青混合料搅拌及施工温度应根据实践经验经试验确定。通常宜较普通沥青混合料温度提高10~20℃			—	—
	11	SMA混合料	SMA混合料的施工温度应经试验确定			—	—
	12	沥青混合料品质	沥青混合料品质应符合马歇尔试验配合比技术要求	每日、每品种检查1次	现场取样试验	√	合格

质量验收规定的检查项目及验收标准			检验频率		施工单位检查评定记录												监理单位验收记录
					实测值或偏差值/mm									应测点数	合格点数	合格率/%	
检查项目		允许偏差	范围	点数	1	2	3	4	5	6	7	8	9				
一般项目	1 热拌沥青混合料面层允许偏差	纵断高程/mm	±15	20m	1													
		中线偏位/mm	≤20	100m	1	19	5	17	13	1	11	3	7	2	9	9	100	合格
		平整度/mm 标准差σ值 快速路、主干路	≤1.5	100m √	<9	1	1.1	0.2	0.5	0.9	0	1.2	0.4	1.3	0.1	18	18	100	合格
					路宽/m 9~15 √	2	0.9	0.6	0.1	0.6	1.1	0.7	0.1	0.5	0.7				
		次干路、支路	≤2.4		>15	3													
		平整度/mm 最大间隙 次干路、支路	≤5	20m	<9	1										—	—	—	—
				路宽/m	9~15	2													
					>15	3													
		宽度/mm	≥设计值+B(12100)	40m	1	见附表(表4-76)第一条									22	22	100	合格
		横坡	±0.3%且不反坡	20m	路宽/m <9	2	见附表(表4-76)第二条									176	176	100	合格
					9~15 √	4													
					>15	6													
		井框与路面高差/mm	≤5	每座	1													—
		抗滑 摩擦系数	符合设计要求	200m	1,全线连续													—
		构造深度		200m	1													—
	2 表面	表面应平整、坚实,接缝紧密,无枯焦;不应有明显轮迹、推挤裂缝、脱落、烂边、油斑、掉渣等现象,不得污染其他构筑物。面层与路缘石、平石及其他构筑物应接顺,不得有积水现象				√												合格

施工单位检查评定结果	主控项目全部符合要求,一般项目满足规范要求,本检验批符合要求	
	项目专业质量检查员:	年　月　日

监理(建设)单位验收结论	主控项目全部合格,一般项目满足规范要求,本检验批合格	
	监理工程师: (建设单位项目专业技术负责人)	年　月　日

注:1. 主控项目第4项按同一生产厂家、同一品种、同一标号、同一批号连续进场的沥青(石油沥青每100t为1批,改性沥青每50t为1批)每批次抽检1次;查出厂合格证,检验报告并进场复验。

2. 测平仪为全线每车道连续检测每100m计算标准差σ;无测平仪时可采用3m直尺检测;表中检验频率点数为测线数。

3. 平整度、抗滑性能也可采用自动检测设备进行检测。

4. 底基层表面、下面层应按设计规定用量洒泼透层油、黏层油。

5. 中面层、底面层仅进行中线偏位、平整度、宽度、横坡的检测。

6. 改性(再生)沥青混凝土路面可采用此表进行检验。

7. 十字法检查井框与路面高差,每座检查井均应检查。十字法检查中,以平行于道路中线,过检查井盖中心的直线作基线,另一条线与基线垂直,构成检查用十字线。

表 4-76　K2＋000～K2＋860 左幅机动车道热拌沥青混合料中面层实测项目评定附表

	12115	12106	12102	12113	12102	12121	12124	12116	12106	12104	12102	12100	12102	12106	12107	12122	12108	12104	12113	12106
第一条	12111	12108																		
第二条	0	0	−0.0	−0.1	−0.1	0	−0.0	0.2	−0.0	0.0	−0.0	−0.1	0.1	0	−0.0	0.0	0.1	−0.0	0.2	−0.1
	0.2	−0.1	0.1	−0.0	0.2	0.0	−0.0	−0.1	−0.2	0.0	0.1	−0.1	−0.1	−0.1	−0.2	0.2	0	−0.1	0.1	0.2
	−0.1	0.1	−0.1	−0.0	−0.1	0.2	−0.2	0.2	−0.2	0	0	0	−0.2	0.2	0	0.2	−0.0	−0.2	0	−0.2
	0.0	0.0	−0.2	−0.2	0.0	−0.2	0.0	−0.1	0.0	0.0	−0.1	0	0.1	−0.0	−0.1	0	0.1	0.1	0.1	−0.0
	0.1	−0.0	−0.0	0	−0.1	−0.2	0.0	0.0	−0.2	−0.1	0.1	0.0	−0.0	0	−0.1	−0.0	0.2	0.1	0.1	0.2
	0.0	0.1	−0.1	−0.0	0	−0.2	−0.2	0	−0.2	0.0	−0.0	−0.1	0	0.0	0.2	0.1	−0.1	0.2	−0.1	−0.0
	−0.2	−0.2	0.2	−0.1	−0.2	0.0	0	0.2	−0.0	0	−0.0	0	0	−0.2	−0.2	−0.1	0.1	0	−0.1	
	0.2	−0.1	0.2	−0.2	0.0	−0.2	0.0	−0.1	−0.1	−0.1	0	0.2	−0.3	0	0.2	−0.3				
第三条																				
第四条																				
第五条																				
第六条																				
第七条																				

表 4-77　热拌沥青混合料面层检验批质量检验记录（三）

CJJ 1—2008　　　　　　　　　　　　　　　　　　　　　　路质检表　编号：007

工程名称	×××市×××道路工程			
施工单位	×××市政集团工程有限责任公司			
分部工程名称	面层		分项工程名称	热拌沥青混合料面层
验收部位	K2+000～K2+860 左幅机动车道上面层		工程数量	长860m,宽12m
项目经理	×××		技术负责人	×××
施工员	×××		施工班组长	×××

质量验收规定的检查项目及验收标准				施工单位检查评定记录												监理单位验收记录
检查项目			允许偏差	检查数量	实测值或偏差值/mm									应测点数	合格点数	合格率/%	
					1	2	3	4	5	6	7	8	9				
1	压实度	城市快速路、主干路	≥96%	每1000m² 测1点	符合要求,详见压实度试验报告												合格
		次干路及以下道路	≥95%		—												—
2	面层厚度/mm		+10,-5	每1000m² 测1点	1	2	3	3	1	2	2	1	2	11	11	100	合格
					1	-1											
3	弯沉值/mm		不应大于设计值(21.5)	每车道每20m,测1点	符合要求,详见弯沉值试验报告												合格
主控项目	4	沥青	沥青应符合下列要求: (1)宜优先采用A级沥青作为道路面层使用。B级沥青可作为次干路及其以下道路面层使用。当缺乏所需标号的沥青时,可采用不同标号沥青掺配,掺配比应经试验确定。道路石油沥青的主要技术要求应符合规范表8.1.7-1的规定。 (2)乳化沥青的质量应符合规范表8.1.7-2的规定。在高温条件下宜采用黏度较大的乳化沥青,寒冷条件下宜使用黏度较小的乳化沥青。 (3)用于透层、黏层、封层及拌制冷拌沥青混合料的液体石油沥青的技术要求应符合规范表8.1.7-3的规定。 (4)当使用改性沥青时,改性沥青的基质沥青应与改性剂有良好的配伍性。聚合物改性沥青主要技术要求应符合规范表8.1.7-4的规定。 (5)改性乳化沥青技术要求应符合规范表8.1.7-5的规定		√												合格

质量验收规定的检查项目及验收标准			检查数量	检查方法	施工单位检查评定记录	监理单位验收记录
主控项目	5	粗集料	粗集料应符合下列要求： (1)粗集料应符合工程设计规定的级配范围。 (2)集料对沥青的黏附性,城市快速路、主干路应大于或等于4级;次干路及以下道路应大于或等于3级。集料具有一定的破碎面颗粒含量,具有1个破碎面宜大于90%,2个及以上的宜大于80%。 (3)粗集料的质量技术要求应符合规范表8.1.7-6的规定。 (4)粗集料的粒径规格应按规范表8.1.7-7的规定生产和使用	按不同品种产品进场批次和产品抽样检验方案确定	观察、检查进场检验报告	—	—
	6	细集料	细集料应符合下列要求： (1)细集料应洁净、干燥、无风化、无杂质。 (2)热拌密级配沥青混合料中天然砂的用量不宜超过集料总量的20%,SMA和OGFC不宜使用天然砂。 (3)细集料的质量要求应符合规范表8.1.7-8的规定。 (4)沥青混合料用天然砂规格应符合规范表8.1.7-9的要求。 (5)沥青混合料用机制砂或石屑规格应符合规范表8.1.7-10的要求			—	—
	7	矿粉	矿粉应用石灰岩等憎水性石料磨制。城市快速路与主干路的沥青面层不宜采用粉煤灰作填料。当次干路及以下道路用粉煤灰作填料时,其用量不应超过填料总量50%,粉煤灰的烧失量应小于12%。沥青混合料用矿粉质量要求应符合规范表8.1.7-11的规定			—	—
	8	纤维稳定剂	纤维稳定剂应在250℃条件下不变质。不宜使用石棉纤维。木质素纤维技术要求应符合规范表8.1.7-12的规定			—	—
	9	热拌沥青混合料	普通沥青混合料搅拌及压实温度宜通过在135～175℃条件下测定的黏度-温度曲线,按规范表8.2.5-1确定。当缺乏黏温曲线数据时,可按规范表8.2.5-2的规定,结合实际情况确定混合料的搅拌及施工温度	全数检查	查出厂合格证、检验报告并进场复验;查测温记录,现场检测温度	—	—
	10	热拌改性沥青混合料	聚合物改性沥青混合料搅拌及施工温度应根据实践经验经试验确定。通常宜较普通沥青混合料温度提高10～20℃			√	合格
	11	SMA混合料	SMA混合料的施工温度应经试验确定			—	—
	12	沥青混合料品质	沥青混合料品质应符合马歇尔试验配合比技术要求	每日、每品种检查1次	现场取样试验	√	合格

续表

质量验收规定的检查项目及验收标准					检验频率			施工单位检查评定记录													监理单位验收记录
								实测值或偏差值/mm									应测点数	合格点数	合格率/%	
检查项目				允许偏差	范围	点数		1	2	3	4	5	6	7	8	9				
一般项目	1	热拌沥青混合料面层允许偏差	纵断高程/mm		±15	20m	1	0	1	2	1	2	2	−1	1	1	44	44	100	合格
								1	1	−4	1	1	2	1	2	1				
								2	1	0	1	−3	1	1	2	−4				
								1	−2	1	2	1	1	−6	−5	1				
								−1	2	0	1	1	−4	1	0					
			中线偏位/mm		≤20	100m	1	0	1	1	2	1	2	1	1	0	9	9	100	合格
			平整度/mm	标准差σ值 快速路、主干路	≤1.5	√100m	路宽/m <9 → 1	0.6	0.5	0	1	0.5	1	0.2	1.4	0.1	18	18	100	合格
				次干路、支路	≤2.4		9~15√ → 2	1.1	1.2	1	1.1	1.2	0	0.8	0.5	0.5				
							>15 → 3													
				最大间隙 次干路、支路	≤5	20m	路宽/m <9 → 1	—									—	—	—	
							9~15 → 2													
							>15 → 3													
			宽度/mm		≥设计值+B (12100)	40m	1	12100	12115	12129	12121						22	22	100	合格
								12112	12135	12101	12101									
								12111	12119	12127	12124									
								12130	12115	12106	12141									
								12114	12141	12123	12121									
								12119	12120											
			横坡		±0.3%且不反坡	20m	路宽/m <9 → 2	详见表4-78横坡实测项目评定附表									176	176	100	合格
							9~15√ → 4													
							>15 → 6													
			井框与路面高差/mm		≤5	每座	1												—	
			抗滑	摩擦系数	符合设计要求	200m	1,全线连续	符合要求,详见路面抗滑性能试验报告												合格
				构造深度		200m	1	符合要求,详见路面构造深度测定报告												合格
	2	表面		表面应平整、坚实,接缝紧密,无枯焦;不应有明显轮迹、推挤裂缝、脱落、烂边、油斑、掉渣等现象,不得污染其他构筑物。面层与路缘石、平石及其他构筑物应接顺,不得有积水现象				√												合格

施工单位检查 评定结果	主控项目全部符合要求,一般项目满足规范要求,本检验批符合要求 项目专业质量检查员:　　　　　　　　　　　　　　　　　　　年　月　日
监理(建设) 单位验收结论	主控项目全部合格,一般项目满足规范要求,本检验批合格 监理工程师: (建设单位项目专业技术负责人)　　　　　　　　　　　　　年　月　日

注:1. 主控项目第4项按同一生产厂家、同一品种、同一标号、同一批号连续进场的沥青(石油沥青每100t为1批,改性沥青每50t为1批)每批次抽检1次;查出厂合格证,检验报告并进场复验。

2. 测平仪为全线每车道连续检测每100m计算标准差σ;无测平仪时可采用3m直尺检测;表中检验频率点数为测线数。

3. 平整度、抗滑性能也可采用自动检测设备进行检测。

4. 底基层表面、下面层应按设计规定用量洒泼透层油、黏层油。

5. 中面层、底面层仅进行中线偏位、平整度、宽度、横坡的检测。

6. 改性(再生)沥青混凝土路面可采用此表进行检验。

7. 十字法检查井框与路面高差,每座检查井均应检查。十字法检查中,以平行于道路中线,过检查井盖中心的直线作基线,另一条线与基线垂直,构成检查井十字线。

表 4-78　横坡实测项目评定附表

实测值或偏差值/mm																	
0.1	−0.3	−0.1	0	−0.2	0	0.2	−0.3	−0.3	0.2	0	0.2	−0.1	0.1	−0.3	−0.3	−0.1	−0.2
0.1	0.1	0.2	−0.2	−0.3	−0.1	0.2	−0.2	0.1	−0.2	0.1	−0.3	0	0	0.1	−0.3	−0.3	0
−0.3	0	−0.3	0.2	0.1	0.1	−0.1	−0.2	0.1	−0.2	0	−0.2	0.1	0.1	−0.2	0	0	−0.2
0	−0.2	0.1	−0.3	−0.3	0	0	0.1	−0.3	−0.2	−0.2	0	−0.2	0	0.2	0.2	0	−0.3
−0.2	0	−0.1	0	−0.1	0	0	0.1	−0.3	−0.2	−0.2	0.2	0	0	0.2	0.2	0	−0.3
−0.1	−0.2	−0.1	−0.3	0.1	0.1	0.1	−0.3	−0.1	−0.2	−0.1	0.1	0.1	0.2	0	0	0	−0.2
0.2	−0.1	−0.3	0.2	0	−0.2	−0.3	0	−0.1	−0.3	0.1	0	−0.1	0.2	−0.2	−0.1	0.1	
−0.3	0.2	0.2	0	−0.1	0	−0.3	0	0	0.3	−0.2	−0.1	0.1	−0.2	0.2	0.2	−0.3	
0.1	0.2	0.1	0.1	0	−0.3	0	0.2	0.1	0.1	−0.2	0.1	0.2	0.1	−0.1	−0.3		
−0.1	0	0	−0.1	−0.2	−0.3	0.2	−0.2	−0.2	−0.2	0.2	−0.2	0	−0.3				
应测点数:176						合格点数:176						合格率/%:100.00					

表 4-79　面层高程测量记录（一）

工程名称	×××市×××道路工程		施工单位		×××市政集团工程有限责任公司					
复核部位	K2+000～K2+860 左幅机动车道上面层		日　期		年　月　日					
原施测人	×××		测量复核人		×××					
桩号	位　置	后视/m	视线高程/m	前视/m	实测高程/m	设计高程/m	偏差值/mm	实测横坡/%	横坡偏差值/%	备注
	BM1	1.23	88.49							87.25
K2+ 0	中线　1.50　m			2.411	86.080	86.080	0			
	左距中　4.50　m			2.459	86.032	86.035		1.6	0.1	
	左距中　7.50　m			2.495	85.996	85.990		1.2	−0.3	
	左距中　10.5　m			2.537	85.954	85.945		1.4	−0.1	
	左距中　13.5　m			2.582	85.909	85.900		1.5	0	
K2+ 20	中线　1.50　m			2.500	85.991	85.990	1			
	左距中　4.50　m			2.539	85.952	85.945		1.3	−0.2	
	左距中　7.50　m			2.584	85.907	85.900		1.5	0	
	左距中　10.5　m			2.635	85.856	85.855		1.7	0.2	
	左距中　13.5　m			2.671	85.820	85.810		1.2	−0.3	
K2+ 40	中线　1.50　m			2.489	86.002	86.000	2			
	左距中　4.50　m			2.525	85.966	85.955		1.2	−0.3	
	左距中　7.50　m			2.576	85.915	85.910		1.7	0.2	
	左距中　10.5　m			2.621	85.870	85.865		1.5	0	
	左距中　13.5　m			2.672	85.819	85.820		1.7	0.2	
K2+ 60	中线　1.50　m			2.410	86.081	86.080	1			
	左距中　4.50　m			2.452	86.039	86.035		1.4	−0.1	
	左距中　7.50　m			2.500	85.991	85.990		1.6	0.1	
	左距中　10.5　m			2.536	85.955	85.945		1.2	−0.3	
	左距中　13.5　m			2.572	85.919	85.900		1.2	−0.3	
K2+ 80	中线　1.50　m			2.319	86.172	86.170	2			
	左距中　4.50　m			2.361	86.130	86.125		1.4	−0.1	
	左距中　7.50　m			2.400	86.091	86.080		1.3	−0.2	
	左距中　10.5　m			2.448	86.043	86.035		1.6	0.1	
	左距中　13.5　m			2.496	85.995	85.990		1.6	0.1	
K2+ 100	中线　1.50　m			2.229	86.262	86.260	2			
	左距中　4.50　m			2.280	86.211	86.215		1.7	0.2	
	左距中　7.50　m			2.319	86.172	86.170		1.3	−0.2	
	左距中　10.5　m			2.355	86.136	86.125		1.2	−0.3	
	左距中　13.5　m			2.397	86.094	86.080		1.4	−0.1	
K2+ 120	中线　1.50　m			2.142	86.349	86.350	−1			
	左距中　4.50　m			2.193	86.298	86.305		1.7	0.2	
	左距中　7.50　m			2.232	86.259	86.260		1.3	−0.2	
	左距中　10.5　m			2.280	86.211	86.215		1.6	0.1	
	左距中　13.5　m			2.319	86.172	86.170		1.3	−0.2	
…	…			…	…	…		…	…	

观测：　　　　　复测：　　　　　计算：　　　　　施工项目技术负责人：

表 4-80　热拌沥青混合料面层检验批质量检验记录（四）

CJJ 1—2008

路质检表　编号：009

工程名称	×××市×××道路工程		
施工单位	×××市政集团工程有限责任公司		
分部工程名称	面层	分项工程名称	热拌沥青混合料面层
验收部位	K2＋000～K2＋860 左幅辅道上面层	工程数量	长 860m，宽 7.5m
项目经理	×××	技术负责人	×××
施工员	×××	施工班组长	×××

质量验收规定的检查项目及验收标准				施工单位检查评定记录													监理单位验收记录
检查项目			允许偏差	检查数量	实测值或偏差值/mm									应测点数	合格点数	合格率/%	
					1	2	3	4	5	6	7	8	9				
1	压实度	城市快速路、主干路	≥96%	每 1000m² 测 1 点	符合要求，详见压实度试验报告												合格
		次干路及以下道路	≥95%		—												—
2	面层厚度 /mm		+10，−5	每 1000m² 测 1 点	−1	1	2	1	1	2	1			7	7	100	合格
3	弯沉值/mm		不应大于设计值(25.7)	每车道每 20m，测 1 点	符合要求，详见弯沉值试验报告												合格
主控项目	4	沥青	沥青应符合下列要求： （1）宜优先采用 A 级沥青作为道路面层使用。B 级沥青可作为次干路及其以下道路面层使用。当缺乏所需标号的沥青时，可采用不同标号沥青掺配，掺配比应经试验确定。道路石油沥青的主要技术要求应符合规范表 8.1.7-1 的规定。 （2）乳化沥青的质量应符合规范表 8.1.7-2 的规定。在高温条件下宜采用黏度较大的乳化沥青，寒冷条件下宜使用黏度较小的乳化沥青。 （3）用于透层、黏层、封层及拌制冷拌沥青混合料的液体石油沥青的技术要求应符合规范表 8.1.7-3 的规定。 （4）当使用改性沥青时，改性沥青的基质沥青应与改性剂有良好的配伍性。聚合物改性沥青主要技术要求应符合规范表 8.1.7-4 的规定。 （5）改性乳化沥青技术要求应符合规范表 8.1.7-5 的规定			√												合格

		质量验收规定的检查项目及验收标准	检查数量	检查方法	施工单位检查评定记录	监理单位验收记录
主控项目	5 粗集料	粗集料应符合下列要求: (1)粗集料应符合工程设计规定的级配范围。 (2)集料对沥青的黏附性,城市快速路、主干路应大于或等于4级;次干路及以下道路应大于或等于3级。集料具有一定的破碎面颗粒含量,具有1个破碎面宜大于90%,2个及以上的宜大于80%。 (3)粗集料的质量技术要求应符合规范表8.1.7-6的规定。 (4)粗集料的粒径规格应按规范表8.1.7-7的规定生产和使用	按不同品种产品进场批次和产品抽样检验方案确定	观察、检查进场检验报告	—	—
	6 细集料	细集料应符合下列要求: (1)细集料应洁净、干燥、无风化、无杂质。 (2)热拌密级配沥青混合料中天然砂的用量不宜超过集料总量的20%,SMA和OGFC不宜使用天然砂。 (3)细集料的质量要求应符合规范表8.1.7-8的规定。 (4)沥青混合料用天然砂规格应符合规范表8.1.7-9的要求。 (5)沥青混合料用机制砂或石屑规格应符合规范表8.1.7-10的要求			—	—
	7 矿粉	矿粉应用石灰岩等憎水性石料磨制。城市快速路与主干路的沥青面层不宜采用粉煤灰作填料。当次干路及以下道路用粉煤灰作填料时,其用量不应超过填料总量50%,粉煤灰的烧失量应小于12%。沥青混合料用矿粉质量要求应符合规范表8.1.7-11的规定			—	—
	8 纤维稳定剂	纤维稳定剂应在250℃条件下不变质。不宜使用石棉纤维。木质素纤维技术要求应符合规范表8.1.7-12的规定			—	—
	9 热拌沥青混合料	普通沥青混合料搅拌及压实温度宜通过在135~175℃条件下测定的黏度-温度曲线,按规范表8.2.5-1确定。当缺乏黏温曲线数据时,可按规范表8.2.5-2的规定,结合实际情况确定混合料的搅拌及施工温度	全数检查	查出厂合格证、检验报告并进场复验;查测温记录,现场检测温度	—	—
	10 热拌改性沥青混合料	聚合物改性沥青混合料搅拌及施工温度应根据实践经验经试验确定。通常宜较普通沥青混合料温度提高10~20℃			√	合格
	11 SMA混合料	SMA混合料的施工温度应经试验确定			—	—
	12 沥青混合料品质	沥青混合料品质应符合马歇尔试验配合比技术要求	每日、每品种检查1次	现场取样试验	√	合格

质量验收规定的检查项目及验收标准		检验频率		施工单位检查评定记录												监理单位验收记录
				实测值或偏差值/mm									应测点数	合格点数	合格率/%	
检查项目	允许偏差	范围	点数	1	2	3	4	5	6	7	8	9				
一般项目 1 热拌沥青混合料面层允许偏差 纵断高程/mm	±15	20m	1	0 0 1 −4 2	0 1 1 2 1	1 1 −2 1 1	−6 2 1 2 1	2 1 3 1 0	0 1 −4 2 0	1 1 1 1 1	−5 1 1 1 0	−1 0 0 1	44	44	100	合格
中线偏位/mm	≤20	100m	1	0	1	1	2	1	2	1	1	0	9	9	100	合格
平整度/mm 标准差σ值 快速路、主干路 ≤1.5 次干路、支路 ≤2.4		√100m/m	<9√ 1 9~15 2 >15 3	0	0.6	0	0.5	1.4	0.8	1.3	0.8	1	9	9	100	合格
最大间隙 次干路、支路 ≤5		20m 路宽/m	<9 1 9~15 2 >15 3										—	—	—	
宽度/mm	≥设计值+B (7500)	40m	1	见附表(表4-81)第一条									22	22	100	合格
横坡	±0.3%且不反坡	20m 路宽/m	<9√ 2 9~15 4 >15 6	0.2 0.2 −0.1 −0.2 −0.3 0 0.2 −0.2 −0.2 −0.2	−0.1 0.1 0.1 0.2 0 −0.2 0.2 −0.1 0.2 0.1	0.1 0.2 0.2 0 0.1 −0.2 −0.3 0 0 0	−0.1 −0.3 −0.2 0.2 −0.1 −0.3 0 −0.3 −0.2 −0.3	0 −0.1 0.1 0.2 −0.1 −0.1 0 0.2 −0.1 0.2	−0.3 −0.2 0 0.1 0 0 −0.1 −0.1 −0.3 −0.1	−0.3 −0.1 0.2 −0.2 0.1 −0.3 0.2 0 0.2 −0.2	−0.2 −0.1 0.2 −0.2 −0.3 −0.2 0.2 −0.1 0.2	−0.1 −0.1 0.2 0 0.1 0.1	88	88	100	合格
井框与路面高差/mm	≤5	每座	1	见附表(表4-81)第二条									70	70	100	合格
抗滑 摩擦系数	符合设计要求	200m	1,全线连续	符合要求,详见路面抗滑性能试验报告												合格
抗滑 构造深度	符合设计要求	200m	1	符合要求,详见路面构造深度测定报告												合格
2 表面	表面应平整、坚实,接缝紧密,无枯焦;不应有明显轮迹、推挤裂缝、脱落、烂边、油斑、掉渣等现象,不得污染其他构筑物。面层与路缘石、平石及其他构筑物应接顺,不得有积水现象			√												合格
施工单位检查评定结果	主控项目全部符合要求,一般项目满足规范要求,本检验批符合要求															
	项目专业质量检查员:												年 月 日			

监理(建设)单位验收结论	主控项目全部合格,一般项目满足规范要求,本检验批合格 监理工程师 (建设单位项目专业技术负责人): 年 月 日

注:主控项目第4项按同一生产厂家、同一品种、同一标号、同一批号连续进场的沥青(石油沥青每100t为1批,改性沥青每50t为1批)每批次抽检1次;查出厂合格证,检验报告并进场复验。

表 4-81 K2＋000～K2＋860 左幅辅道上面层实测项目评定附表

	7504	7514	7510	7506	7505	7507	7519	7504	7510	7501	7519	7518	7504	7513	7509	7501	7502	7518	7505	7513
第一条	7508	7505																		
第二条	4	1	4	0	3	4	4	0	1	3	4	1	0	4	1	0	1	3	0	0
	1	2	0	1	4	3	3	4	3	1	0	0	4	0	1	2	4	1	0	1
	3	4	4	3	4	3	4	2	0	4	1	3	1	2	4	1	1	1	4	0
	4	0	1	1	0	0	1	1	2	2										
第三条																				
第四条																				
第五条																				
第六条																				
第七条																				

表 4-82 面层高程测量记录（二）

工程名称		×××市×××道路工程			施工单位		×××市政集团工程有限责任公司				
复核部位		K2+000～K2+860左幅辅道上面层			日 期		年 月 日				
原施测人		×××			测量复核人		×××				

桩号		位 置		后视/m	视线高程/m	前视/m	实测高程/m	设计高程/m	偏差值/mm	实测横坡/%	横坡偏差值/%	备注
		BM1		1.235	88.491							87.256
K2+	0	中线	0.00 m			2.621	85.870	85.870	0			
		左距中	4.00 m			2.689	85.802	85.810		1.7	0.2	
		左距中	7.50 m			2.738	85.753	85.758		1.4	−0.1	
K2+	20	中线	0.00 m			2.711	85.780	85.780	0			
		左距中	4.00 m			2.775	85.716	85.720		1.6	0.1	
		左距中	7.50 m			2.824	85.667	85.668		1.4	−0.1	
K2+	40	中线	0.00 m			2.700	85.791	85.790	1			
		左距中	4.00 m			2.760	85.731	85.730		1.5	0	
		左距中	7.50 m			2.802	85.689	85.678		1.2	−0.3	
K2+	60	中线	0.00 m			2.627	85.864	85.870	−6			
		左距中	4.00 m			2.675	85.816	85.810		1.2	−0.3	
		左距中	7.50 m			2.721	85.771	85.758		1.3	−0.2	
K2+	80	中线	0.00 m			2.529	85.962	85.960	2			
		左距中	4.00 m			2.585	85.906	85.900		1.4	−0.1	
		左距中	7.50 m			2.645	85.847	85.848		1.7	0.2	
K2+	100	中线	0.00 m			2.441	86.050	86.050	0			
		左距中	4.00 m			2.501	85.990	85.990		1.5	0	
		左距中	7.50 m			2.561	85.931	85.938		1.7	0.2	
K2+	120	中线	0.00 m			2.350	86.141	86.140	1			
		左距中	4.00 m			2.398	86.093	86.080		1.2	−0.3	
		左距中	7.50 m			2.447	86.044	86.028		1.4	−0.1	
K2+	140	中线	0.00 m			2.266	86.225	86.230	−5			
		左距中	4.00 m			2.318	86.173	86.170		1.3	−0.2	
		左距中	7.50 m			2.370	86.121	86.118		1.5	0	
K2+	160	中线	0.00 m			2.172	86.319	86.320	−1			
		左距中	4.00 m			2.228	86.263	86.260		1.4	−0.1	
		左距中	7.50 m			2.277	86.214	86.208		1.4	−0.1	
K2+	180	中线	0.00 m			2.081	86.410	86.410	0			
		左距中	4.00 m			2.137	86.354	86.350		1.4	−0.1	
		左距中	7.50 m			2.193	86.298	86.298		1.6	0.1	
K2+	200	中线	0.00 m			1.990	86.501	86.500	1			
		左距中	4.00 m			2.058	86.433	86.440		1.7	0.2	
		左距中	7.50 m			2.104	86.388	86.388		1.3	−0.2	
K2+	220	中线	0.00 m			1.900	86.591	86.590	1			
		左距中	4.00 m			1.964	86.527	86.530		1.6	0.1	
		左距中	7.50 m			2.016	86.475	86.478		1.5	0	
...	...	...				...	...	...		...	...	

观测：　　　　　复测：　　　　　计算：　　　　　施工项目技术负责人：

表 4-83　黏层分项工程质量检验记录

CJJ 1—2008

路质检表　编号：002

工程名称	×××市×××道路工程		分部工程名称	面层分部	检验批数	6
施工单位	×××市政集团工程有限责任公司		项目经理	×××	项目技术负责人	×××

序号	检验批部位、区段	施工单位自检情况		监理(建设)单位验收情况验收意见
		合格率/%	检验结论	
1	K2+000～K2+860 左幅机动车道中黏层	100.00	合格	
2	K2+000～K2+860 左幅机动车道上黏层	100.00	合格	
3	K2+000～K2+860 右幅机动车道中黏层	100.00	合格	
4	K2+000～K2+860 右幅机动车道上黏层	100.00	合格	
5	K2+000～K2+860 左幅辅道	100.00	合格	
6	K2+000～K2+860 右幅辅道	100.00	合格	
7				
8				
9				所含检验批无遗漏,各检验批所覆盖的区段和所含内容无遗漏,所查检验批全部合格
10				
11				
12				
13				
14				
15				
16				
17				
	平均合格率/%	100.00		

施工单位检查结果	所含检验批无遗漏,各检验批所覆盖的区段和所含内容无遗漏,全部符合要求,本分项符合要求 项目技术负责人： 　　　　　　　年　月　日	验收结论	本分项合格 监理工程师： (建设单位项目专业技术负责人) 　　　　　　　年　月　日

表 4-84　黏层检验批质量检验记录

CJJ 1—2008

路质检表　编号：002

工程名称	×××市×××道路工程		
施工单位	×××市政集团工程有限责任公司		
分部工程名称	面层	分项工程名称	黏层
验收部位	K2＋000～K2＋860 左幅机动车道上黏层	工程数量	长 860m，宽 12m
项目经理	×××	技术负责人	×××
施工员	×××	施工班组长	×××

质量验收规定的检查项目及验收标准			检查数量	检验方法	施工单位检查评定记录	监理单位验收记录
主控项目	1	乳化沥青	乳化沥青的质量应符合规范表 8.1.7-2 的规定。在高温条件下宜采用黏度较大的乳化沥青,寒冷条件下宜使用黏度较小的乳化沥青	按进场品种、批次,同品种、同批次检查不应少于 1 次	查产品出厂合格证、出厂检验报告和进场复检报告	√	合格
	2	液体石油沥青	用于黏层的液体石油沥青的技术要求应符合规范表 8.1.7-3 的规定			—	—
	3	改性乳化沥青	改性乳化沥青技术要求应符合规范表 8.1.7-5 的规定			—	—

质量验收规定的检查项目及验收标准			检查数量	检验方法	施工单位检查评定记录										应测点数	合格点数	合格率/%	监理单位验收记录
					实测值或偏差值/mm													
					1	2	3	4	5	6	7	8	9					
一般项目	1	宽度/mm	≥设计值(12000)	每 40m 抽检 1 处	用尺量	12019	12016		12019		12011				22	22	100	合格
					12018	12002		12012		12003							
					12014	12017		12017		12001							
					12001	12019		12002		12019							
					12015	12014		12006		12013							
					12007	12005											

平均合格率/%	100.00

施工单位检查评定结果	主控项目全部符合要求,一般项目满足规范要求,本检验批符合要求 项目专业质量检查员：　　　　　　　　　　　　　　　　　年　月　日
监理(建设)单位验收结论	主控项目全部合格,一般项目满足规范要求,本检验批合格 监理工程师： (建设单位项目专业技术负责人)　　　　　　　　　　　　　年　月　日

表 4-85 透层分项工程质量检验记录

CJJ 1—2008

路质检表 编号：001

工程名称	×××市×××道路工程	分部工程名称	面层分部	检验批数	4
施工单位	×××市政集团工程有限责任公司	项目经理	×××	项目技术负责人	×××

序号	检验批部位、区段	施工单位自检情况		监理(建设)单位验收情况
		合格率/%	检验结论	验收意见
1	K2+000～K2+860 左幅机动车道	100.00	合格	
2	K2+000～K2+860 右幅机动车道	100.00	合格	
3	K2+000～K2+860 左幅辅道	100.00	合格	
4	K2+000～K2+860 右幅辅道	100.00	合格	
5				
6				
7				
8				
9				所含检验批无遗漏,各检验批所覆盖的区段和所含内容无遗漏,所查检验批全部合格
10				
11				
12				
13				
14				
15				
16				
17				
平均合格率/%		100.00		
施工单位检查结果	所含检验批无遗漏,各检验批所覆盖的区段和所含内容无遗漏,全部符合要求,本分项符合要求 项目技术负责人： 年 月 日	验收结论	本分项合格 监理工程师： (建设单位项目专业技术负责人) 年 月 日	

表 4-86 透层检验批质量检验记录

CJJ 1—2008

路质检表 编号：001

工程名称	×××市×××道路工程		
施工单位	×××市政集团工程有限责任公司		
分部工程名称	面层	分项工程名称	透层
验收部位	K2+000～K2+860 左幅机动车道	工程数量	长860m,宽12m
项目经理	×××	技术负责人	×××
施工员	×××	施工班组长	×××

质量验收规定的检查项目及验收标准			检查数量	检验方法	施工单位检查评定记录	监理单位验收记录
主控项目	1	乳化沥青	乳化沥青的质量应符合规范表8.1.7-2的规定。在高温条件下宜采用黏度较大的乳化沥青,寒冷条件下宜使用黏度较小的乳化沥青	按进场品种、批次,同品种、同批次检查不应少于1次	查产品出厂合格证、出厂检验报告和进场复检报告	√	合格
	2	液体石油沥青	用于透层的液体石油沥青的技术要求应符合规范表8.1.7-3的规定			—	—

质量验收规定的检查项目及验收标准			检查数量	检验方法	施工单位检查评定记录												监理单位验收记录
					实测值或偏差值/mm									应测点数	合格点数	合格率/%	
					1	2	3	4	5	6	7	8	9				
一般项目	1	宽度/mm	≥设计值(12000)	每40m抽检1处	用尺量	12013	12014	12016	12017					22	22	100	合格
					12009	12005	12013	12007									
					12004	12008	12002	12008									
					12018	12018	12010	12006									
					12001	12010	12005	12007									
					12003	12006											

平均合格率/%	100.00

施工单位检查评定结果	主控项目全部符合要求,一般项目满足规范要求,本检验批符合要求 项目专业质量检查员：　　　　　　　　　　　　　　　　年　月　日
监理(建设)单位验收结论	主控项目全部合格,一般项目满足规范要求,本检验批合格 监理工程师： (建设单位项目专业技术负责人)　　　　　　　　　　年　月　日

表 4-87 封层分项工程质量检验记录

CJJ 1—2008 路质检表 编号：003

工程名称	×××市×××道路工程		分部工程名称	面层分部	检验批数	4
施工单位	×××市政集团工程有限责任公司		项目经理	×××	项目技术负责人	×××

序号	检验批部位、区段	施工单位自检情况		监理(建设)单位验收情况验收意见
		合格率/%	检验结论	
1	K2+000～K2+860 左幅机动车道	100.00	合格	
2	K2+000～K2+860 右幅机动车道	100.00	合格	
3	K2+000～K2+860 左幅辅道	100.00	合格	
4	K2+000～K2+860 右幅辅道	100.00	合格	
5				
6				
7				
8				
9				所含检验批无遗漏,各检验批所覆盖的区段和所含内容无遗漏,所查检验批全部合格
10				
11				
12				
13				
14				
15				
16				
17				
平均合格率/%		100.00		

施工单位检查结果	所含检验批无遗漏,各检验批所覆盖的区段和所含内容无遗漏,全部符合要求,本分项符合要求 项目技术负责人： 年 月 日	验收结论	本分项合格 监理工程师： (建设单位项目专业技术负责人) 年 月 日

表 4-88 封层检验批质量检验记录

CJJ 1—2008

工程名称		×××市×××道路工程		
施工单位		×××市政集团工程有限责任公司		
分部工程名称		面层	分项工程名称	封层
验收部位		K2+000～K2+860 左幅机动车道	工程数量	长 860m,宽 12m
项目经理		×××	技术负责人	×××
施工员		×××	施工班组长	×××

		质量验收规定的检查项目及验收标准		检查数量	检验方法	施工单位检查评定记录	监理单位验收记录
主控项目	1	液体石油沥青	用于封层的液体石油沥青的技术要求应符合规范表 8.1.7-3 的规定	按进场品种、批次,同品种、同批次检查不应少于 1 次	查产品出厂合格证、出厂检验报告和进场复检报告	—	—
	2	改性沥青	当使用改性沥青时,改性沥青的基质沥青应与改性剂有良好的配伍性。聚合物改性沥青主要技术要求应符合规范表 8.1.7-4 的规定			—	—
	3	改性乳化沥青	改性乳化沥青技术要求应符合规范表 8.1.7-5 的规定			√	合格

		质量验收规定的检查项目及验收标准	检查数量	检验方法	施工单位检查评定记录												监理单位验收记录
					实测值或偏差值/mm									应测点数	合格点数	合格率/%	
					1	2	3	4	5	6	7	8	9				
一般项目	1	宽度/mm ≥设计值 (12000)	每 40m 抽检 1 处	用尺量	12011	12019	12010	12004						22	22	100	合格
					12001	12002	12017	12007									
					12008	12001	12011	12006									
					12002	12003	12012	12003									
					12012	12009	12001	12007									
					12019	12015											
	2	封层油层与粒料	封层油层与粒料洒布应均匀,不应有松散、裂缝、油丁、泛油、波浪、花白、漏洒、堆积、污染其他构筑物等现象	全数观察检查	√												合格

平均合格率/%	100.00

施工单位检查评定结果	主控项目全部符合要求,一般项目满足规范要求,本检验批符合要求 项目专业质量检查员：　　　　　　　　年　月　日
监理(建设)单位验收结论	主控项目全部合格,一般项目满足规范要求,本检验批合格 监理工程师： (建设单位项目专业技术负责人)　　　　　　　　　　　年　月　日

表 4-89 沥青混合料到场及摊铺测温记录

施计表 25

工程名称：×××市×××道路工程　　部位：热拌沥青混合料面层　　施工单位：×××市政集团工程有限责任公司

到场日期	到场时间/时分	沥青混合料生产厂家	运料车号	混合料规格	到场温度/℃	摊铺温度/℃	备 注
××××.××.××	9:00	××路桥×××沥青站	××××××××	AC-13C	158	142	
××××.××.××	9:10	××路桥×××沥青站	××××××××	AC-13C	160	144	

施工员：　　　　　　　　　　　　　　　　　　　　　　　　　　测温人：

表 4-90　沥青混合料碾压温度检测记录

工程名称：×××市×××道路工程　　部位：热拌沥青混合料面层　　施工单位：×××市政集团工程有限责任公司

日期	沥青混合料生产厂家	碾压段落	初压/℃	复压/℃	终压/℃	备注
××××.××.××	××路桥×××沥青站	K2+000～K2+860 左幅机动车道顶面层	134	75	35	
××××.××.××	××路桥×××沥青站	K2+000～K2+860 右幅机动车道顶面层	134	75	34	

测温人：

表 4-91　隐蔽工程检查验收记录（五）

工程名称	×××市×××道路工程	施工单位	×××市政集团工程有限责任公司
隐检项目	热拌沥青混合料下面层	隐检范围	K2＋000～K2＋860 左幅机动车道

隐检内容及检查情况	一、隐检内容 （1）下面层材料及外观质量； （2）实测项目：压实度、厚度、弯沉值、中线偏位、平整度、宽度、横坡等。 二、检查情况 　　经检查，下面层表面平整、坚实，接缝紧密，无枯焦；无明显轮迹、推挤裂缝、脱落、烂边、油斑、掉渣等现象。面层与路缘石、平石及其他构筑物接顺，无积水现象。各项隐检项目均符合《城镇道路工程施工与质量验收规范》（CJJ 1—2008）要求。实测项目详见"检验批质量检验记录"。
验收意见	该检验批的各项隐检内容均符合设计及规范要求，同意进入下道分项工程施工。
处理情况及结论	

复查人：　　　　　　　　　　　　　　　　　年　月　日

建设单位	监理单位	施工项目技术负责	施工员	质检员

二、水泥混凝土面层子分部工程

1. 水泥混凝土面层子分部工程质量验收应具备的资料

根据附录二×××市×××道路工程施工图，该工程设计长度约 860m，道路等级为城市 I 级主干道，道路红线宽度为 55m，起点桩号为 K2＋000（$x＝2628636.129$，$y＝467032.177$），终点桩号为 K2＋860（$x＝2629185.337$，$y＝467666.232$）。本节将原设计热拌沥青混合料面层改为混凝土路面 C30，机动车道设计厚度 20cm，辅道设计厚度 11cm，水泥混凝土设计强度值不低于 4.5MPa 的水泥混凝土面层，并结合水泥混凝土面层的施工工序以表格的形式列出其验收资料。见表 4-92。

表 4-92　水泥混凝土面层子分部工程质量验收资料

序号	验收内容	验收资料	备注
1	混凝土、钢筋原材料	商品混凝土产品合格证/出厂检验报告	略
		水泥混凝土配合比设计试验报告	略
		钢材产品合格证、出厂检验报告	略
		钢材进场复试报告	略
2	K2+000～K2+200 左幅机动车道	模板检验批质量检验记录	附填写示例
		质检表 3 预检工程检查记录	附填写示例
		高程、横坡测量记录	附填写示例
		钢筋检验批质量检验记录	附填写示例
		质检表 4 隐蔽工程检查验收记录	附填写示例
		水泥混凝土面层检验批质量检验记录	附填写示例
		留置混凝土试块——抗压强度、抗折强度试验报告	略
		施记表 17 混凝土浇注记录	附填写示例
		高程、横坡测量记录	附填写示例
		抗滑摩擦系数——路面抗滑性能试验报告	略
		抗滑构造深度——路面构造深度测定报告	略
3	...	...	略
4	K2+600～K2+860 左幅机动车道	模板检验批质量检验记录	略
		质检表 3 预检工程检查记录	略
		高程、横坡测量记录	略
		钢筋检验批质量检验记录	略
		质检表 4 隐蔽工程检查验收记录	略
		水泥混凝土面层检验批质量检验记录	略
		留置混凝土试块——抗压强度、抗折强度试验报告	略
		施记表 17 混凝土浇注记录	略
		高程、横坡测量记录	略
		抗滑摩擦系数——路面抗滑性能试验报告	略
		抗滑构造深度——路面构造深度测定报告	略
5	K2+000～K2+200 右幅机动车道	模板检验批质量检验记录	略
		质检表 3 预检工程检查记录	略
		高程、横坡测量记录	略
		钢筋检验批质量检验记录	略
		质检表 4 隐蔽工程检查验收记录	略
		水泥混凝土面层检验批质量检验记录	略
		留置混凝土试块——抗压强度、抗折强度试验报告	略
		施记表 17 混凝土浇注记录	略
		高程、横坡测量记录	略
		抗滑摩擦系数——路面抗滑性能试验报告	略
		抗滑构造深度——路面构造深度测定报告	略

序号	验收内容	验收资料	备注
6	…	…	略
7	K2+600～K2+860 右幅机动车道	模板检验批质量检验记录	略
		质检表 3 预检工程检查记录	略
		高程、横坡测量记录	略
		钢筋检验批质量检验记录	略
		质检表 4 隐蔽工程检查验收记录	略
		水泥混凝土面层检验批质量检验记录	略
		留置混凝土试块——抗压强度、抗折强度试验报告	略
		施记表 17 混凝土浇注记录	略
		高程、横坡测量记录	略
		抗滑摩擦系数——路面抗滑性能试验报告	略
		抗滑构造深度——路面构造深度测定报告	略
8	K2+000～K2+200 左幅辅道	模板检验批质量检验记录	附填写示例
		质检表 3 预检工程检查记录	附填写示例
		高程、横坡测量记录	附填写示例
		钢筋检验批质量检验记录	附填写示例
		质检表 4 隐蔽工程检查验收记录	附填写示例
		水泥混凝土面层检验批质量检验记录	附填写示例
		留置混凝土试块——抗压强度、抗折强度试验报告	附填写示例
		施记表 17 混凝土浇注记录	略
		高程、横坡测量记录	附填写示例
		抗滑摩擦系数——路面抗滑性能试验报告	略
		抗滑构造深度——路面构造深度测定报告	略
9	…	…	略
10	K2+600～K2+860 左幅辅道	模板检验批质量检验记录	略
		质检表 3 预检工程检查记录	略
		高程、横坡测量记录	略
		钢筋检验批质量检验记录	略
		质检表 4 隐蔽工程检查验收记录	略
		水泥混凝土面层检验批质量检验记录	略
		留置混凝土试块——抗压强度、抗折强度试验报告	略
		施记表 17 混凝土浇注记录	略
		高程、横坡测量记录	略
		抗滑摩擦系数——路面抗滑性能试验报告	略
		抗滑构造深度——路面构造深度测定报告	略

続表

序号	验收内容	验收资料	备注
11	K2+000～K2+200 右幅辅道	模板检验批质量检验记录	略
		质检表3 预检工程检查记录	略
		高程、横坡测量记录	略
		钢筋检验批质量检验记录	略
		质检表4 隐蔽工程检查验收记录	略
		水泥混凝土面层检验批质量检验记录	略
		留置混凝土试块——抗压强度、抗折强度试验报告	略
		施记表17 混凝土浇注记录	略
		高程、横坡测量记录	略
		抗滑摩擦系数——路面抗滑性能试验报告	略
		抗滑构造深度——路面构造深度测定报告	略
12	…	…	略
13	K2+600～K2+860 右幅辅道	模板检验批质量检验记录	略
		质检表3 预检工程检查记录	略
		高程、横坡测量记录	略
		钢筋检验批质量检验记录	略
		质检表4 隐蔽工程检查验收记录	略
		水泥混凝土面层检验批质量检验记录	略
		留置混凝土试块——抗压强度、抗折强度试验报告	略
		施记表17 混凝土浇注记录	略
		高程、横坡测量记录	略
		抗滑摩擦系数——路面抗滑性能试验报告	略
		抗滑构造深度——路面构造深度测定报告	略
14	混凝土强度试验汇总表		附填写示例
15	同条件试件养护温度记录表		略
16	混凝土试块强度统计、评定记录（标养、抗压）		附填写示例
17	混凝土试块强度统计、评定记录（同养、抗压）		附填写示例
18	混凝土试块抗折强度统计、评定记录		附填写示例
19	模板分项工程	分项工程质量检验记录	附填写示例
20	钢筋分项工程	分项工程质量检验记录	附填写示例
21	水泥混凝土面层子分部工程	水泥混凝土面层子分部工程质量检验记录	附填写示例

2. 水泥混凝土面层子分部工程验收资料填写示例（见表 4-93～表 4-109）

表 4-93　水泥混凝土面层子分部工程检验记录（一）

CJJ 1—2008　　　　　　　　　　　　　　　　　　　　　　　　　　　　路质检表　编号：03

工程名称	×××市×××道路工程		分部工程名称	面层
施工单位	×××市政集团工程有限责任公司			
项目经理	×××		技术负责人	×××

序号	分项工程名称	检验批数	合格率/%	质量情况
1	水泥混凝土面层	16	100.00	合格
2	模板	16	100.00	合格
3	钢筋	16	100.00	合格

质量控制资料	共 8 项,经查符合要求 8 项,经核定符合规范要求 0 项
安全和功能检验（检测）报告	共核查 4 项,符合要求 4 项,经返工处理符合要求 0 项
观感质量验收	共抽查 16 项,符合要求 16 项,不符合要求 0 项;观感质量评价:好

子分部工程检验结果	合格	平均合格率/%	100.00

验收单位	施工单位	项目经理	年　月　日
	监理（建设）单位	总监理工程师（建设单位项目专业负责人）	年　月　日

表 4-94　水泥混凝土面层子分部工程检验记录（二）

CJJ 1—2008　　　　　　　　　　　　　　　　　　　　　　　　　路质检表　附表

序号	检查内容	份数	监理（建设）单位检查意见
1	图纸会审、设计变更、洽商记录	1	√
2	对原混凝土路面与基层空隙处理修补记录	—	—
3	测量复测记录	32	√
4	混凝土面层原材料合格证、出厂检验报告	16	√
5	进场复检报告	4	√
6	钢筋、传力杆隐蔽记录	16	√
7	预检工程检查记录	16	√
8	混凝土测温记录	—	—
9	混凝土浇注记录	16	√
10	分项工程质量验收记录	3	√
11	水泥混凝土试块强度报告(含抗折)	128	√
12	抗滑构造深度检测记录	16	√
13	水泥混凝土抗压强度统计评定表	2	√
14	水泥混凝土抗折强度统计评定表	1	√

检查人：

注：1. 检查意见分两种：合格打"√"，不合格打"×"；

2. 验收时，若混凝土试块未达龄期，各方可验收除混凝土强度外的其他内容。待混凝土强度试验数据得出后，达到设计要求则验收有效；达不到要求，处理后重新验收。

表 4-95　水泥混凝土面层分项工程质量检验记录

CJJ 1—2008　　　　　　　　　　　　　　　　　　　　　　　　　　　　　路质检表　编号：01

工程名称	×××市×××道路工程		分部工程名称	面层	检验批数	16
施工单位	×××市政集团工程有限责任公司		项目经理	×××	项目技术负责人	×××

序号	检验批部位、区段	施工单位自检情况		监理(建设)单位验收情况验收意见
		合格率/%	检验结论	
1	K2+000～K2+200 左幅机动车道	100.00	合格	
2	K2+200～K2+400 左幅机动车道	100.00	合格	
3	K2+400～K2+600 左幅机动车道	100.00	合格	
4	K2+600～K2+860 左幅机动车道	100.00	合格	
5	K2+000～K2+200 右幅机动车道	100.00	合格	
6	K2+200～K2+400 右幅机动车道	100.00	合格	
7	K2+400～K2+600 右幅机动车道	100.00	合格	
8	K2+600～K2+860 右幅机动车道	100.00	合格	所含检验批无遗漏,各检验批所覆盖的区段和所含内容无遗漏,所查检验批全部合格
9	K2+000～K2+200 左幅辅道	100.00	合格	
10	K2+200～K2+400 左幅辅道	100.00	合格	
11	K2+400～K2+600 左幅辅道	100.00	合格	
12	K2+600～K2+860 左幅辅道	100.00	合格	
13	K2+000～K2+200 右幅辅道	100.00	合格	
14	K2+200～K2+400 右幅辅道	100.00	合格	
15	K2+400～K2+600 右幅辅道	100.00	合格	
16	K2+600～K2+860 右幅辅道	100.00	合格	
17				
平均合格率/%		100.00		

施工单位检查结果	所含检验批无遗漏,各检验批所覆盖的区段和所含内容无遗漏,全部符合要求,本分项符合要求 项目技术负责人： 　　　　　　　年　月　日	验收结论	本分项合格 监理工程师： (建设单位项目专业技术负责人) 　　　　　　　年　月　日

表 4-96　水泥混凝土面层检验批质量检验记录

CJJ 1—2008

路质检表　编号：001

工程名称	×××市×××道路工程				
施工单位	×××市政集团工程有限责任公司				
分部工程名称	面层		分项工程名称	水泥混凝土面层	
验收部位	K2＋000～K2＋200左幅机动车道		工程数量	长200m，宽12m	
项目经理	×××		技术负责人	×××	
施工员	×××		施工班组长	×××	

质量验收规定的检查项目及验收标准			检查数量	检验方法	施工单位检查评定记录	监理单位验收记录
检查项目		检验依据				
主控项目	1 原材料质量 水泥	水泥品种、级别、质量、包装、贮存，应符合国家现行有关标准的规定	见表注1	见表注1	—	—
	外加剂	应符合现行国家标准《混凝土外加剂》（GB 8076—2008）和《混凝土外加剂应用技术规范》（GB 50119—2013）的有关规定	见表注2	见表注2		
	钢筋	钢筋的品种、规格、数量、下料尺寸及质量应符合设计要求和国家现行标准的规定	全数检查	见表注3	√	合格
	钢纤维	钢纤维的规格质量应符合设计和规范第10.1.7条的有关规定	按进场批次，每批抽检1次	现场取样、试验		
	粗集料、细集料	粗集料、细集料应符合规范第10.1.2、10.1.3条的有关规定	见表注4	检查出厂合格证和抽检报告		
	水	水应符合国家现行标准《混凝土用水标准》（JGJ 63—2006）的规定。宜使用饮用水及不含油类等杂质的清洁中性水，pH值宜为6～8	同水源检查1次	检查水质分析报告		
	商品混凝土质量	符合规范和设计要求	全数检查	检查质量证明文件	√	合格
	2 混凝土面层质量 混凝土弯拉强度	应符合设计规定	见表注5	检查试件强度试验报告	符合要求，详见混凝土弯拉强度报告	合格
	混凝土面层厚度	±5mm	每1000m²抽测1点	查试验报告、复测	符合要求，详见混凝土面层厚度试验报告	合格
	抗滑构造深度	应符合设计要求	每1000m²抽测1点	铺砂法	符合要求，详见路面构造深度测定报告	合格

注：1. 按同一生产厂家、同一等级、同一品种、同一批号且连续进场的水泥，袋装水泥不超过200t为一批，散装水泥不超过500t为一批，每批抽样1次；水泥出厂超过三个月（快硬硅酸盐水泥超过一个月）时，应进行复验，复验合格后方可使用；检查产品合格证、出厂检验报告，进场复检；

2. 按进场批次和产品抽样检验方法确定；每批次不少于1次；检查产品合格证、出厂检验报告和进场复验报告；

3. 观察、用钢尺量，检查出厂检验报告和进场复验报告；

4. 同产地、同品种、同规格且连续进场的集料，每400m³为一批，不足400m³按一批计，每批抽检1次；

5. 每100m³的同配合比的混凝土，取样1次；不足100m³时按1次计。每次取样应至少留置1组标准养护试件。同条件养护试件的留置组数应根据实际需要确定，最少1组。

质量验收规定的检查项目及验收标准				检验频率		施工单位检查评定记录													监理单位验收记录
检查项目			允许偏差	范围	点数	实测值或偏差值/mm									应测点数	合格点数	合格率/%		
			城市快速路、主干路√ / 次干路、支路			1	2	3	4	5	6	7	8	9					
一般项目	1 混凝土路面允许偏差	纵断高程/mm	±15	20m	1	0 / 4	3 / 4	−6	−4	5	−6	2	0	0	11	11	100		合格
		中线偏位/mm	≤20	100m	1	6	8								2	2	100		合格
		平整度 标准差σ/mm	≤1.2 / ≤2	100m	1	0.8	0.5								2	2	100		合格
		平整度 最大间隙/mm	≤3 / ≤5	20m	1	0 / 1	2 / 2	1	1	0	1	0	1	1	11	11	100		合格
		宽度/mm	0,−20	40m	1	−2	−2	−3	−3	−5					5	5	100		合格
		横坡/%	±0.30%且不反坡	20m	1	−0.1 / 0	0.1 / −0.1	−0.2	0.2	0.1	0.2	0.2	−0.2	0.2	11	11	100		合格
		井框与路面高差/mm	≤3	每座	1										—	—	—		—
		相邻板高差/mm	≤3	20m	1	0 / 2	1 / 2	1	2	2	1	2	2		11	11	100		合格
		纵缝直顺度/mm	≤10	100m	1	0	8								2	2	100		合格
		横缝直顺度/mm	≤10	40m		8	2	4	4	0					5	5	100		合格
		蜂窝麻面面积[①]/%	≤2	20m	1	1 / 0	0 / 1	1	0	0	1	0	0	1	11	11	100		合格
	2	水泥混凝土面层外观质量	水泥混凝土面层应板面平整、密实,边角应整齐、无裂缝,并不应有石子外露和浮浆、脱皮、踏痕、积水等现象,蜂窝麻面面积不得大于总面积的0.5%								√									合格
	3	伸缩缝	伸缩缝应垂直、直顺,缝内不应有杂物。伸缩缝在规定的深度和宽度范围内应全部贯通,传力杆应与缝面垂直								√									合格
平均合格率/%									100.00										
施工单位检查评定结果		主控项目全部符合要求,一般项目满足规范要求,本检验批符合要求 项目专业质量检查员:　　　　　　　　　　　　　　年　月　日																	

监理（建设） 单位验收结论	主控项目全部合格，一般项目满足规范要求，本检验批合格 监理工程师： （建设单位项目专业技术负责人）　　　　　　　　　　年　月　日

①每20m查1块板的侧面。

表4-97　面层高程测量记录

工程名称	×××市×××道路工程		施工单位		×××市政集团工程有限责任公司					
复核部位	K2+000～K2+200左幅机动车道		日　期		年　月　日					
原施测人	×××		测量复核人		×××					

桩号		位　置	后视/m	视线高程/m	前视/m	实测高程/m	设计高程/m	偏差值/mm	实测横坡/%	横坡偏差值/%	备注
		BM1	1.235	88.491							87.256
K2+	0	中线　1.50　m			2.411	86.080	86.080	0			
		左距中　13.50　m			2.579	85.912	85.900		1.4	−0.1	
K2+	20	中线　1.50　m			2.498	85.993	85.990	3			
		左距中　13.50　m			2.690	85.801	85.810		1.6	0.1	
K2+	40	中线　1.50　m			2.497	85.994	86.000	−6			
		左距中　13.50　m			2.653	85.838	85.820		1.3	−0.2	
K2+	60	中线　1.50　m			2.415	86.076	86.080	−4			
		左距中　13.50　m			2.619	85.872	85.900		1.7	0.2	
K2+	80	中线　1.50　m			2.316	86.175	86.170	5			
		左距中　13.50　m			2.508	85.983	85.990		1.6	0.1	
K2+	100	中线　1.50　m			2.237	86.254	86.260	−6			
		左距中　13.50　m			2.441	86.050	86.080		1.7	0.2	
K2+	120	中线　1.50　m			2.139	86.352	86.350	2			
		左距中　13.50　m			2.343	86.148	86.170		1.7	0.2	
K2+	140	中线　1.50　m			2.051	86.440	86.440	0			
		左距中　13.50　m			2.207	86.284	86.260		1.3	−0.2	
K2+	160	中线　1.50　m			1.961	86.530	86.530	0			
		左距中　13.50　m			2.165	86.326	86.350		1.7	0.2	
K2+	180	中线　1.50　m			1.867	86.624	86.620	4			
		左距中　13.50　m			2.047	86.444	86.440		1.5	0	
K2+	200	中线　1.50　m			1.777	86.714	86.710	4			
		左距中　13.50　m			1.945	86.546	86.530		1.4	−0.1	

观测：　　　　复测：　　　　计算：　　　　施工项目技术负责人：

表 4-98　模板分项工程质量检验记录

工程名称	×××市×××道路工程		分部工程名称	面层	检验批数	16
施工单位	×××市政集团工程有限责任公司		项目经理	×××	项目技术负责人	×××

序号	检验批部位、区段	施工单位自检情况		监理（建设）单位验收情况验收意见
		合格率/%	检验结论	
1	K2+000～K2+200 左幅机动车道	100.00	合格	
2	K2+200～K2+400 左幅机动车道	100.00	合格	
3	K2+400～K2+600 左幅机动车道	100.00	合格	
4	K2+600～K2+860 左幅机动车道	100.00	合格	
5	K2+000～K2+200 右幅机动车道	100.00	合格	
6	K2+200～K2+400 右幅机动车道	100.00	合格	
7	K2+400～K2+600 右幅机动车道	100.00	合格	
8	K2+600～K2+860 右幅机动车道	100.00	合格	所含检验批无遗漏,各检验批所覆盖的区段和所含内容无遗漏,所查检验批全部合格
9	K2+000～K2+200 左幅辅道	100.00	合格	
10	K2+200～K2+400 左幅辅道	100.00	合格	
11	K2+400～K2+600 左幅辅道	100.00	合格	
12	K2+600～K2+860 左幅辅道	100.00	合格	
13	K2+000～K2+200 右幅辅道	100.00	合格	
14	K2+200～K2+400 右幅辅道	100.00	合格	
15	K2+400～K2+600 右幅辅道	100.00	合格	
16	K2+600～K2+860 右幅辅道	100.00	合格	
17				
平均合格率/%		100.00		
施工单位检查结果	所含检验批无遗漏,各检验批所覆盖的区段和所含内容无遗漏,全部符合要求,本分项符合要求 项目技术负责人： 　　　　　　　年　月　日	验收结论	本分项合格 监理工程师： （建设单位项目专业技术负责人） 　　　　　　　年　月　日	

表 4-99　模板检验批质量检验记录

CJJ 1—2008　　　　　　　　　　　　　　　　　　　　　　　　　　路质检表：001

工程名称	×××市×××道路工程		
施工单位	×××市政集团工程有限责任公司		
分部工程名称	面层	分项工程名称	模板
验收部位	K2＋000～K2＋200 左幅机动车道	工程数量	长 200m，宽 12m
项目经理	×××	技术负责人	×××
施工员	×××	施工班组长	×××

质量验收规定的检查项目及验收标准			施工单位检查评定记录	监理单位验收记录
主控项目	1	模板应与混凝土的摊铺机械相匹配。模板高度应为混凝土板设计厚度	√	合格
	2	钢模板应直顺、平整，每 1m 设置 1 处支撑装置	√	合格
	3	木模板直线部分板厚不宜小于 5cm，每 0.8～1m 设 1 处支撑装置；弯道部分板厚宜为 1.5～3cm，每 0.5～0.8m 设 1 处支撑装置，模板与混凝土接触面及模板顶面应刨光	—	—

质量验收规定的检查项目及验收标准　　　　　　　　　施工单位检查评定记录

		检查项目	允许偏差			实测值或偏差值/mm									应测点数	合格点数	合格率/%	监理单位验收记录
		检测项目＼施工方式	三辊轴机组	轨道摊铺机	小型机具 √	1	2	3	4	5	6	7	8	9				
一般项目	1 模板制作	高度/mm	±1	±1	±2	0	0	0	0	0	0	0	−1	0	9	9	100	合格
		局部变形/mm	±2	±2	±3	0	0	0	0	0	0	0	1	0	9	9	100	合格
		两垂直边夹角/(°)	90±2	90±1	90±3	90	90	90	90	90	90	90	89	90	9	9	100	合格
		顶面平整度/mm	±1	±1	±2	0	0	0	0	0	0	0	0	0	9	9	100	合格
		侧面平整度/mm	±2	±2	±3	0	0	0	0	0	0	0	0	0	9	9	100	合格
		纵向直顺度/mm	±2	±1	±3	0	0	0	0	0	0	0	−1	0	9	9	100	合格
		中线偏位/mm	≤10	≤5	≤15	5	3								11	11	100	合格
		宽度/mm	≤10	≤5	≤15	1 / 10	3 / 5	13	11	1	2	5	1	0	11	11	100	合格
		顶面高程/mm	±5	±5	±10	0 / 3	−2 / −1	1	−2	−4	2	3	3	−3	11	11	100	合格
		横坡/%	±0.10	±0.10	±0.20	0.02 / −0.08	−0.18 / −0.06	−0.12	0.02	−0.08	0.04	0.14	−0.12	0.09	11	11	100	合格
		相邻板高差/mm	≤1	≤1	≤2	0 / 0	1 / 1	1	0	1	0	0	0	0	11	11	100	合格
		模板接缝宽度/mm	≤3	≤2	≤3	0 / 0	0 / 1	2	2	0	1	0	0	2	11	11	100	合格
		侧面垂直度/mm	≤3	≤2	≤4	0 / 0	0 / 0	0	0	0	0	0	1	0	11	11	100	合格

质量验收规定的检查项目及验收标准			施工单位检查评定记录														监理单位验收记录
检查项目		允许偏差															
		施工方式 检测项目	三辊轴机组	轨道摊铺机	小型机具 √	实测值或偏差值/mm									应测点数	合格点数	合格率/%	
						1	2	3	4	5	6	7	8	9				
一般项目	1	模板制作	纵向顺直度/mm	≤3	≤2	≤4	1	0	0	3	3					5	5	100	合格
			顶面平整度/mm	≤1.5	≤1	≤2	0	1	0	0	1	1				6	6	100	合格
			支模前应核对路面标高、面板分块、胀缝和构造物位置	√															合格
			模板应安装稳固、顺直、平整,无扭曲,相邻模板连接应紧密平顺,不应错位	√															合格
			严禁在基层上挖槽嵌入模板	√															合格
			使用轨道摊铺机应采用专用钢制轨模	—															合格
			模板安装完毕,应进行检验,合格后方可使用	√															合格

平均合格率/%	100

施工单位检查评定结果	主控项目全部符合要求,一般项目满足规范要求,本检验批符合要求 项目专业质量检查员:　　　　　　　　　　　　　　　　　　　年　月　日
监理(建设)单位验收结论	主控项目全部合格,一般项目满足规范要求,本检验批合格 监理工程师: (建设单位项目专业技术负责人)　　　　　　　　　　　　　年　月　日

<h2 style="text-align:center">表 4-100　模板顶面高程测量记录</h2>

工程名称		×××市×××道路工程			施工单位			×××市政集团工程有限责任公司			
复核部位		K2+000～K2+200左幅机动车道			日　　期			年　月　日			
原施测人		×××			测量复核人			×××			
桩号		位　　置	后视 /m	视线高 程/m	前视 /m	实测高 程/m	设计高 程/m	偏差 值/mm	实测横 坡/%	横坡偏 差值/%	备注
BM1			1.235	88.491							87.256
K2+	0	中线　1.50　m			2.411	86.080	86.080	0			
		左距中　13.50　m			2.593	85.898	85.900		1.52	0.02	
K2+	20	中线　1.50　m			2.503	85.988	85.990	−2			
		左距中　13.50　m			2.661	85.830	85.810		1.32	−0.18	
K2+	40	中线　1.50　m			2.490	86.001	86.000	1			
		左距中　13.50　m			2.656	85.835	85.820		1.38	−0.12	
K2+	60	中线　1.50　m			2.413	86.078	86.080	−2			
		左距中　13.50　m			2.595	85.896	85.900		1.52	0.02	
K2+	80	中线　1.50　m			2.325	86.166	86.170	−4			
		左距中　13.50　m			2.495	85.996	85.990		1.42	−0.08	
K2+	100	中线　1.50　m			2.229	86.262	86.260	2			
		左距中　13.50　m			2.414	86.077	86.080		1.54	0.04	
K2+	120	中线　1.50　m			2.138	86.353	86.350	3			
		左距中　13.50　m			2.335	86.156	86.170		1.64	0.14	
K2+	140	中线　1.50　m			2.048	86.443	86.440	3			
		左距中　13.50　m			2.214	86.277	86.260		1.38	−0.12	
K2+	160	中线　1.50　m			1.964	86.527	86.530	−3			
		左距中　13.50　m			2.155	86.336	86.350		1.59	0.09	
K2+	180	中线　1.50　m			1.868	86.623	86.620	3			
		左距中　13.50　m			2.038	86.453	86.440		1.42	−0.08	
K2+	200	中线　1.50　m			1.782	86.709	86.710	−1			
		左距中　13.50　m			1.955	86.536	86.530		1.44	−0.06	

观测：　　　　　　复测：　　　　　　计算：　　　　　　施工项目技术负责人：

表 4-101　钢筋分项工程质量检验记录

CJJ 1—2008

工程名称	×××市×××道路工程	分部工程名称	面层	检验批数	16
施工单位	×××市政集团工程有限责任公司	项目经理	×××	项目技术负责人	×××

序号	检验批部位、区段	施工单位自检情况		监理(建设)单位验收情况 验收意见
		合格率/%	检验结论	
1	K2+000～K2+200 左幅机动车道	100.00	合格	
2	K2+200～K2+400 左幅机动车道	100.00	合格	
3	K2+400～K2+600 左幅机动车道	100.00	合格	
4	K2+600～K2+860 左幅机动车道	100.00	合格	
5	K2+000～K2+200 右幅机动车道	100.00	合格	
6	K2+200～K2+400 右幅机动车道	100.00	合格	
7	K2+400～K2+600 右幅机动车道	100.00	合格	
8	K2+600～K2+860 右幅机动车道	100.00	合格	所含检验批无遗漏,各检验批所覆盖的区段和所含内容无遗漏,所查检验批全部合格
9	K2+000～K2+200 左幅辅道	100.00	合格	
10	K2+200～K2+400 左幅辅道	100.00	合格	
11	K2+400～K2+600 左幅辅道	100.00	合格	
12	K2+600～K2+860 左幅辅道	100.00	合格	
13	K2+000～K2+200 右幅辅道	100.00	合格	
14	K2+200～K2+400 右幅辅道	100.00	合格	
15	K2+400～K2+600 右幅辅道	100.00	合格	
16	K2+600～K2+860 右幅辅道	100.00	合格	
17				
平均合格率/%		100.00		

施工单位检查结果	所含检验批无遗漏,各检验批所覆盖的区段和所含内容无遗漏,全部符合要求,本分项符合要求 项目技术负责人： 　　　　　年　月　日	验收结论	本分项合格 监理工程师： (建设单位项目专业技术负责人) 　　　　　年　月　日

表 4-102　钢筋检验批质量检验记录

CJJ 1—2008　　　　　　　　　　　　　　　　　　　　　　路质检表　编号：001

工程名称	×××市×××道路工程		
施工单位	×××市政集团工程有限责任公司		
分部工程名称	面层	分项工程名称	钢筋
验收部位	K2+000～K2+200左幅机动车道	工程数量	长200m,宽12m
项目经理	×××	技术负责人	×××
施工员	×××	施工班组长	×××

质量验收规定的检查项目及验收标准		检验方法	施工单位检查评定记录	监理单位验收记录
主控项目	原材料钢筋品种、规格应符合设计要求	钢筋按品种每批1次	✓	合格

质量验收规定的检查项目及验收标准			检验频率		施工单位检查评定记录												监理单位验收记录
					实测值或偏差值/mm									应测点数	合格点数	合格率/%	
检查项目		允许偏差/mm	范围	点数	1	2	3	4	5	6	7	8	9				
1 钢筋加工	钢筋网的长度与宽度 焊接	±10	每检验批	抽查10%										—			—
	钢筋网的长度与宽度 绑扎✓	±10			1	0	-9	3	-2	-4	0	-7	-6	9	9	100	合格
	钢筋网眼尺寸 焊接	±10												—			—
	钢筋网眼尺寸 绑扎✓	±20			9	0	8	-8	16	2	-8	5	-8	9	9	100	合格
	钢筋骨架宽度及高度 焊接	±5												—			—
	钢筋骨架宽度及高度 绑扎✓	±5			0	1	-1	3	-3	-2	-2	4	2	9	9	100	合格
	钢筋骨架的长度 焊接	±10												—			—
	钢筋骨架的长度 绑扎✓	±10			7	2	-6	-5	2	-2	-9	0	2	9	9	100	合格
2 钢筋安装	受力钢筋 排距	±5	每检验批	抽查10%										—			—
	受力钢筋 间距	±10			-7	8	8	-9	0	6	-6	-1	-4	9	9	100	合格
	钢筋弯起点位置	20			11	1	14	7	1	4	14	0	7	9	9	100	合格
	箍筋、横向钢筋间距 绑扎钢筋网及钢筋骨架✓	±20			-7	-10	-6	-4	-2	0	-7	-4	12	9	9	100	合格
	箍筋、横向钢筋间距 焊接钢筋网及钢筋骨架	±10															
	钢筋预埋位置 中心线位置	±5			0	0	2	1	-1	2	-5	0	-1	9	9	100	合格
	钢筋预埋位置 水平高差	±3			1	1	-2	-3	2	0	-2	-1	3	9	9	100	合格
	钢筋保护层 距表面	±3			-1	2	-3	-2	-1	-1	1	1	-1	9	9	100	合格
	钢筋保护层 距底面	±5			-5	-1	3	3	-4	1	3	4	0	9	9	100	合格
3	钢筋网、角隅钢筋等安装应牢固、位置准确。钢筋安装后应进行检查,合格后方可使用				✓												合格
4	传力杆安装应牢固、位置准确。胀缝传力杆应与胀缝板、提缝板一起安装				✓												合格
平均合格率/%					100												

施工单位检查 评定结果	主控项目全部符合要求,一般项目满足规范要求,本检验批符合要求	
	项目专业质量检查员:	年 月 日
监理(建设) 单位验收结论	主控项目全部合格,一般项目满足规范要求,本检验批合格	
	监理工程师: (建设单位项目专业技术负责人)	年 月 日

表 4-103　混凝土浇注记录

施工单位:×××市政集团工程有限责任公司　　　　　　　　　　　　　　　　　　　　施记表 17

工程名称	×××市×××道路工程		浇注部位	K2+000～K2+200 左幅机动车道	
浇注日期	××××年××月××日	天气情况	阴	室外气温	29℃
设计强度等 级/MPa	C30	钢筋模板验收负责人	×××		

混凝土拌制方法	商品混凝土	供料厂名	×××市××水泥制品有限公司		合同号		20130509
		供料强度等级	C30		试验单编号		20130608
	现场拌和	混凝土配合比	配合比通知单编号	—			
			材料名称	规格产地	每立方米 用量/kg	每盘用 量/kg	材料含水 质量/kg	实际每盘 用量/kg
			水　泥					
			石　子					
			砂　子					
			水					
			掺合剂					
			外加剂					

实测坍落度/cm	0.76	出盘温度/℃	29	入模温度/℃	29
混凝土完成数量/m	480		完成时间	××××年××月××日	

试块留置	数量/组	编　　　号	
标养	10	抗压 5(组),抗折 5(组)	
有见证	10	抗压 5(组),抗折 5(组)	
同条件	1	抗压 1(组)	

混凝土浇注中出 现的问题及处理 方法	浇筑中未出现问题,一切正常

注:本记录每浇注一次混凝土,记录一张。

施工项目技术负责人:＿＿＿＿＿＿＿＿＿＿　　　填表人:＿＿＿＿＿＿＿＿＿＿

表 4-104　预检工程检查验收记录

年　月　日

工程名称	×××市×××道路工程	施工单位	×××市政集团工程有限责任公司
检查项目	模板工程	预检部位	K2＋000～K2＋200 左幅机动车道

预检内容	(1)模板高度； (2)钢模板支撑装置； (3)模板制作； (4)模板安装。
检查情况	(1)模板高度与混凝土板设计厚度相符； (2)钢模板每 1m 设置 1 处支撑装置； (3)模板制作允许偏差符合《城镇道路工程施工与质量验收规范》(CJJ 1—2008)要求； (4)模板安装允许偏差符合《城镇道路工程施工与质量验收规范》(CJJ 1—2008)要求。
处理意见	—

参加检查人员签字

施工项目 技术负责人	质检员	施工员	班组长	填表人

表 4-105　混凝土强度（性能）试验汇总表

工程名称：×××市×××道路工程1　　　施工单位：×××市政集团工程有限责任公司　　　试验表 21

工程部位及编号	设计要求 强度等级 （压、折、渗）	试验编号	养护 条件	龄期 /d	抗压强度 /(N/mm)	抗折强度 /(N/mm)	抗渗 等级	强度值偏 差及处理
K2＋000～K2＋200 左幅机动车道	C30	20130601	标养	28	34.4			
K2＋000～K2＋200 左幅机动车道	C30	20130602	标养	28	35.6			
K2＋000～K2＋200 左幅机动车道	C30	20130603	标养	28	33.4			
K2＋000～K2＋200 左幅机动车道	C30	20130604	标养	28	32.3			
K2＋000～K2＋200 左幅机动车道	C30	20130605	标养	28	35.2			

工程部位及编号	设计要求强度等级（压、折、渗）	试验编号	养护条件	龄期/d	抗压强度/(N/mm)	抗折强度/(N/mm)	抗渗等级	强度值偏差及处理
K2+000～K2+200 左幅机动车道	C30	20130600	同养	28	35.3			
K2+200～K2+400 左幅机动车道	C30	20130611	标养	28	34.3			
K2+200～K2+400 左幅机动车道	C30	20130612	标养	28	35.6			
K2+200～K2+400 左幅机动车道	C30	20130613	标养	28	35.2			
K2+200～K2+400 左幅机动车道	C30	20130614	标养	28	34.1			
K2+200～K2+400 左幅机动车道	C30	20130615	标养	28	33.3			
K2+200～K2+400 左幅机动车道	C30	20130700	同养	28	35.4			
K2+000～K2+200 左幅机动车道	4.5	20130606	标养	28		5.4		
K2+000～K2+200 左幅机动车道	4.5	20130607	标养	28		5.3		
K2+000～K2+200 左幅机动车道	4.5	20130608	标养	28		6.3		
K2+000～K2+200 左幅机动车道	4.5	20130609	标养	28		6.7		
K2+000～K2+200 左幅机动车道	4.5	20130610	标养	28		5.4		
K2+200～K2+400 左幅机动车道	4.5	20130616	标养	28		5.8		
K2+200～K2+400 左幅机动车道	4.5	20130617	标养	28		7.2		
K2+200～K2+400 左幅机动车道	4.5	20130618	标养	28		6.5		
K2+200～K2+400 左幅机动车道	4.5	20130619	标养	28		6.6		
K2+200～K2+400 左幅机动车道	4.5	20130620	标养	28		7.1		
…	…	…	…	…	…	…	…	…

施工项目技术负责人：_____ 　　　填表人：_____ 　　　　　年 月 日

表 4-106　混凝土试块抗折强度统计、评定记录

施工单位：×××市政集团工程有限责任公司

工程名称	×××市×××道路工程1	部位	路面	强度等级/MPa	4.5	养护方法	标准养护	年　月　日

试块组数	设计抗折强度标准值/MPa	实测抗折强度平均值/MPa	0.85f_r/MPa	0.80f_r/MPa	0.75f_r/MPa	合格判定系数 K	强度标准差 σ	最小值 f_{min}/MPa	评定数据/MPa		
$n=56$	$f_r=4.5$	$f_{cs}=5.96$	3.83	3.60	3.38	0.65	0.53	5.20	$f_{cs}=5.96$	$f_r+K\sigma=4.85$	$1.10\times f_r=4.95$

每组强度值/MPa

5.3	6.3	5.4	5.8	7.2	6.5	6.6	7.1	5.6	5.8	5.7
6.2	5.3	5.2	5.4	6.5	6.5	6.3	5.7	6.3	6.3	6.3
5.5	6.3	6.3	5.8	6.2	6.3	5.7	6.3	5.7	5.8	5.7
5.3	5.7	5.4	6.4	5.3	6.5	6.6	5.7	5.6	5.3	
5.4										
6.4										
5.3										
5.4										

评定依据：《公路工程质量检验评定标准 第一册 土建工程》(JTG F80/1—2004)

(1) 统计组数 $n\geq10$ 组时：合格判定系数 K。

试件组数 n	11~14	15~19	≥20
K	0.75	0.70	0.65

当试件组数11~19组时，允许有一组最小抗折强度小于0.85f_r，但不得小于0.80f_r；当组数≥20组时，主干路最小抗折强度 $f_{min}\geq0.85f_r$；其他道路允许有一组最小抗折强度 $f_{min}\geq0.85f_r$，但不得小于0.80f_r。

(2) 当试件组数小于或等于10组时，试件平均强度值 $f_{cs}\geq1.10f_r$，且任意一组强度不得小于0.85f_r。

(3) f_{cs}、f_{min} 中有一个数据不符合上述要求时，应在不合格路段钻取3个以上 ϕ150mm 的芯样，实测劈裂强度换算为抗折强度，其中 f_{cs}、f_{min} 必须合格，否则应返工重铺。

结论	采用统计方法：$f_{cs}=5.96\text{MPa}＞f_r+K\times\sigma=4.85\text{MPa}$且符合要求，合格

施工项目技术负责人：　　　　制表：　　　　制表日期：　　年　月　日

表 4-107 混凝土试块强度统计、评定记录（一）

试验表 22

施工单位：×××市政集团工程有限责任公司

工程名称：×××市×××道路工程 | 部位：路面 | 强度等级：C30 | 养护方法：标准养护

试块组数	设计强度/(N/mm²)	平均值/(N/mm²)	标准差/(N/mm²)	合格判定系数	最小值/(N/mm²)	评定数据/(N/mm²)			
$n=56$	$f_{cu,k}=30$	$m_{fcu}=34.22$	$S_{fcu}=2.50$	$\lambda_1=1.05$ $\lambda_2=0.85$ $\lambda_3=/$ $\lambda_4=/$	$f_{cu,min}=32.3$	$f_{cu,k}+\lambda_1 \cdot S_{fcu}=32.63$	$\lambda_2 \cdot f_{cu,k}=25.5$	$\lambda_3 \cdot f_{cu,k}=/$	$\lambda_4 \cdot f_{cu,k}=/$

每组强度值/MPa

34.4	35.6	33.4	32.3	35.2	34.3	35.2	35.6	34.1	33.3	33.2	35.3	33.4	34.1	33.6	33.2
35.4	35.4	33.8	33.2	33.1	35.3	35.2	33.7	34.6	33.3	33.1	35.3	33.4	33.1	36.2	33.1
34.6	33.6	33.4	32.3	35.2	34.3	36.1	35.6	34.1	33.3	33.2	35.3	33.4	34.1	33.6	33.2
35.4	35.6	35.4	34.3	35.3											

评定依据：《混凝土强度检验评定标准》(GB/T 50107—2010)

(1) 统计组数 $n \geq 10$ 组时，$m_{fcu} \geq f_{cu,k}+\lambda_1 \cdot S_{fcu}$　　$f_{cu,min} \geq \lambda_2 \cdot f_{cu,k}$

(2) 非统计方法：$n<10$ 组时，$m_{fcu} \geq \lambda_3 \cdot f_{cu,k}$　　$f_{cu,min} \geq \lambda_4 \cdot f_{cu,k}$

按统计方法评定：合格

$S_{fcu}=1.02<2.5$，取 $S_{fcu}=2.50$

$m_{fcu}=34.22>f_{cu,k}+\lambda_1 \cdot S_{fcu}=32.63$

$f_{cu,min}=32.30>\lambda_2 \cdot f_{cu,k}=25.50$

结论：

施工项目技术负责人：　　　制表：　　　计算：

制表日期：　　　年　月　日

施工单位：×××市政集团工程有限责任公司

试验表 22

表 4-108　混凝土试块强度统计、评定记录（二）

工程名称	×××市×××道路工程	部位	路面	强度等级/MPa	C30	养护方法	同条件养护

试块组数	设计强度/(N/mm²)	平均值/(N/mm²)	标准差/(N/mm²)	合格判定系数	最小值/(N/mm²)	评定数据/(N/mm²)	
$n=16$	$f_{cu,k}=30$	$m_{fcu}=39.82$	$S_{fcu}=2.50$	$\lambda_1=1.05$　$\lambda_3=/$ $\lambda_2=0.85$　$\lambda_4=/$	$f_{cu,min}=38.86$	$f_{cu,k}+\lambda_1 \cdot S_{fcu}=32.63$　$\lambda_2 \cdot f_{cu,k}=25.50$	$\lambda_3 \cdot f_{cu,k}=/$　$\lambda_4 \cdot f_{cu,k}=/$

每组强度值/MPa

35.40	35.50		35.30	35.60	34.20	35.30	35.20	35.10	35.50	34.20	34.80	35.20	34.60	35.30	34.70	34.80

评定依据：《混凝土强度检验评定标准》（GB/T 50107—2010）、《混凝土结构工程施工质量验收规范》（GB 50204—2015）

（1）统计组数 $n \geq 10$ 组时，$m_{fcu} \geq f_{cu,k}+\lambda_1 \cdot S_{fcu}$　　$f_{cu,min} \geq \lambda_2 \cdot f_{cu,k}$

（2）非统计方法：当 $n<10$ 组时，$m_{fcu} \geq \lambda_3 \cdot f_{cu,k}$　　$f_{cu,min} \geq \lambda_4 \cdot f_{cu,k}$

结论：

按统计方法评定：合格

$S_{fcu}=0.50<2.5$，取 $S_{fcu}=2.50$

$m_{fcu}=39.82>f_{cu,k}+\lambda_1 \cdot S_{fcu}=32.63$

$f_{cu,min}=38.86>\lambda_2 \cdot f_{cu,k}=25.50$

计算：　　制表：　　年　月　日

施工项目技术负责人：　　制表日期：　　年　月　日

表 4-109　隐蔽工程检查验收记录（六）

质检表 4：001

工程名称	×××市×××道路工程	施工单位	×××市政集团工程有限责任公司
隐检项目	钢筋	隐检范围	K2＋000～K2＋200 左幅机动车道

隐检内容及检查情况	一、隐检内容 (1)钢筋品种、规格； (2)钢筋加工的长度、宽度等； (3)钢筋安装。 二、检查情况 (1)钢筋品种、规格符合设计要求。 (2)钢筋加工的长度、宽度等符合设计和规范要求。 (3)钢筋网、角隅钢筋等安装牢固、位置准确，符合设计和规范要求。 (4)传力杆安装牢固、位置准确。 (5)各项隐检项目均符合《城镇道路工程施工与质量验收规范》(CJJ 1—2008)要求。
验收意见	该检验批的各项隐检内容均符合设计及规范要求，同意进入下道分项工程施工。
处理情况及结论	

复查人：　　　　　　　　　　　　　　　　　　　　　　　　　　　　年　月　日

建设单位	监理单位	施工项目技术负责人	施工员	质检员

第六节　人行道分部工程

一、人行道分部工程质量验收应具备的资料

根据附录二×××市×××道路工程施工图，该工程设计长度约860m，道路等级为城市Ⅰ级主干道，道路红线宽度为55m，起点桩号为 K2＋000（$x＝2628636.129$，$y＝467032.177$），终点桩号为 K2＋860（$x＝2629185.337$，$y＝467666.232$）。本节将根据施工图路面结构组合形式，结合人行道分部工程的施工工序以表格的形式列出其验收资料。见表4-110。

表4-110　人行道分部工程质量验收资料

序号	验收内容		验收资料	备注
1	人行道分部工程施工方案			略
2	人行道分部工程施工技术交底			略
3	施工日记			略
4	彩色透水砖		石材出厂检验报告及复检报告	略
	水泥、砂		出厂检验报告及复检报告	略
5	K2＋000～K2＋860 左幅人行道		路床压实度检测——压实度检测报告	详见路基分部
			基层压实度检测——压实度检测报告	详见基层分部
			料石人行道铺砌面层（含盲道砖）检验批质量检验记录	附填写示例
			留置砂浆试块——砂浆试块试验报告	略
			横坡测量记录	附填写示例
			质检表4隐蔽工程检查验收记录	附填写示例
6	K2＋000～K2＋860 右幅人行道		路床压实度检测——压实度检测报告	详见路基分部
			基层压实度检测——压实度检测报告	详见基层分部
			料石人行道铺砌面层（含盲道砖）检验批质量检验记录	略
			留置砂浆试块——砂浆试块试验报告	略
			横坡测量记录	略
			质检表4隐蔽工程检查验收记录	略
7	料石人行道铺砌面层分项工程		分项工程质量检验记录	附填写示例
8	人行道分部工程		人行道分部工程检验记录	附填写示例

二、人行道分部工程验收资料填写示例

人行道分部工程验收资料填写示例见表 4-111～表 4-115。

表 4-111 人行道分部工程检验记录（一）

CJJ 1—2008　　　　　　　　　　　　　　　　　　　　　　　路质检表　编号：05

工程名称	×××市×××道路工程			
施工单位	×××市政集团工程有限责任公司			
项目经理	×××	项目技术负责人		×××
序号	分项工程名称	检验批数	合格率/%	质量情况
1	料石人行道铺砌面层（含盲道砖）	2	100.00	合格
质量控制资料	共 4 项,经查符合要求 4 项,经核定符合规范要求 0 项			
安全和功能检验（检测）报告	共核查 1 项,符合要求 1 项,经返工处理符合要求 0 项			
观感质量验收	共抽查 4 项,符合要求 4 项,不符合要求 0 项;观感质量评价:好			
分部工程检验结果	合格	平均合格率/%		100.00

施工单位	项目经理： （公章）　　　年　月　日	监理单位	总监理工程师： （公章）　　　年　月　日
建设单位	项目负责人： （公章）　　　年　月　日	设计单位	项目设计负责人： （公章）　　　年　月　日

表 4-112　人行道分部工程检验记录（二）

序号	检查内容	份数	监理（建设）单位检查意见
1	图纸会审、设计变更、洽商记录	1	√
2	料石出厂检验报告或复试报告	1	√
3	沥青混合料原材料出厂合格证、出厂检验报告	—	—
4	沥青混合料原材料进场复试报告	—	—
5	产品抽样检验方案	1	√
6	预检工程检查记录		
7	施工记录	—	—
8	分项质量验收记录	1	√
9	预制混凝土砌块强度报告	—	—
10	砂浆强度报告	2	√
11	沥青混合料面层压实度检验报告	—	—
12	沥青混合料面层弯沉检测报告	—	—
13	水泥混凝土面层强度报告	—	—
检查人：			

注：1. 检查意见分两种：合格打"√"，不合格打"×"。

2. 验收时，若混凝土试块未达龄期，各方可验收除混凝土强度外的其他内容。待混凝土强度试验数据得出后，达到设计要求则验收有效；达不到要求，处理后重新验收。

3. 验收时，若砂浆试块未达龄期，各方可验收除砂浆强度外的其他内容。待砂浆强度试验数据得出后，达到设计要求则验收有效；达不到要求，处理后重新验收。

表 4-113　料石人行道铺砌面层（含盲道砖）分项工程质量检验记录

CJJ 1—2008　　　　　　　　　　　　　　　　　　　　　　　　路质检表　编号：01

工程名称	×××市×××道路工程		分部工程名称	人行道分部工程	检验批数	2
施工单位	×××市政集团工程有限责任公司		项目经理	×××	项目技术负责人	×××

序号	检验批部位、区段	施工单位自检情况		监理(建设)单位验收情况验收意见
		合格率/%	检验结论	
1	K2+000～K2+860 左幅人行道	100.00	合格	
2	K2+000～K2+860 右幅人行道	100.00	合格	
3				
4				
5				
6				
7				
8				所含检验批无遗漏,各检验批所覆盖的区段和所含内容无遗漏,所查检验批全部合格
9				
10				
11				
12				
13				
14				
15				
16				
17				
平均合格率/%		100.00		

施工单位检查结果	所含检验批无遗漏,各检验批所覆盖的区段和所含内容无遗漏,全部符合要求,本分项符合要求 项目技术负责人： 　　　　　年　月　日	验收结论	本分项合格 监理工程师： (建设单位项目专业技术负责人) 　　　　　年　月　日

表 4-114　料石人行道铺砌面层（含盲道砖）检验批质量检验记录

CJJ 1—2008

路质检表　编号：001

工程名称	×××市×××道路工程		
施工单位	×××市政集团工程有限责任公司		
分部工程名称	人行道	分项工程名称	料石人行道铺砌面层（含盲道砖）
验收部位	K2+000～K2+860 左幅人行道	工程数量	长 860m，宽 4.5m
项目经理	×××	技术负责人	×××
施工员	×××	施工班组长	×××

		质量验收规定的检查项目及验收标准		检查数量	检验方法	施工单位检查评定记录	监理单位验收记录
主控项目	1	路床与基层压实度	≥90%	每 100m 查 2 点	环刀法、灌水法，或灌砂法	√	合格
	2	砂浆强度	符合设计要求	同一配合比，每 1000m² 为 1 组（6 块），不足 1000m² 取 1 组	查试验报告	√	合格
	3	石材	石材强度、外观尺寸应符合设计及规范要求	每检验批抽样检验	查出厂检验报告及复检报告	√	合格
	4	盲道铺砌	盲道铺砌应正确	全数检查	观察	√	合格

		质量验收规定的检查项目及验收标准		检验频率		施工单位检查评定记录													监理单位验收记录
		检查项目	允许偏差	范围	点数	实测值或偏差值/mm									应测点数	合格点数	合格率/%		
						1	2	3	4	5	6	7	8	9					
一般项目	1	料石铺砌允许偏差 — 平整度/mm	≤3	20m	1	见附表（表 4-115）第一条									44	44	100		合格
		横坡	±0.3%，且不反坡	20m	1	见附表（表 4-115）第二条									44	44	100		合格
		井框与面层/mm	≤3	每座	1	见附表（表 4-115）第三条									52	52	100		合格
		相邻块高差/mm	≤2	20m	1	见附表（表 4-115）第四条									44	44	100		合格
		纵缝直顺/mm	≤10	40m	1	见附表（表 4-115）第五条									22	22	100		合格
		横缝直顺/mm	≤10	20m	1	见附表（表 4-115）第六条									44	44	100		合格
		缝宽/mm	+3，-2	20m	1	见附表（表 4-115）第七条									44	44	100		合格
	2	表面	铺砌应稳固、无翘动，表面平整、缝线直顺、缝宽均匀，灌缝饱满，无翘边、翘角、反坡、积水现象			√													合格
		平均合格率/%				100.00													

施工单位检查评定结果	主控项目全部符合要求,一般项目满足规范要求,本检验批符合要求	
	项目专业质量检查员：	年 月 日
监理(建设)单位验收结论	主控项目全部合格,一般项目满足规范要求,本检验批合格	
	监理工程师： (建设单位项目专业技术负责人)	年 月 日

表 4-115　K2＋000～K2＋860 左幅人行道铺砌面层实测项目评定附表

第一条	2	2	0	1	0	2	2	2	2	0	2	2	1	1	2	1	2	2	2	2
	0	1	2	2	2	1	0	1	0	1	0	0	2	0	2	1	2	0	2	2
	1	1	1	1																
第二条	0.1	−0.1	−0.3	−0.3	−0.2	0	0.1	0.2	0.2	−0.1	−0.1	−0.3	−0.1	−0.2	0.2	0	0.2	−0.1	−0.1	−0.2
	−0.3	−0.2	0	0.2	0.1	−0.3	−0.2	0.2	0.2	−0.3	−0.2	0.2	0.1	0.1	0	−0.1	−0.2	−0.3	−0.3	−0.3
	−0.3	−0.2	−0.3	−0.1																
第三条	1	0	2	0	2	0	2	1	2	0	2	2	1	1	0	1	1	2	1	1
	1	0	2	0	0	0	1	1	1	1	1	2	2	2	1	0	2	0	1	0
	0	1	1	2	2	0	0	1	0	0	2	0								
第四条	0	0	1	0	0	1	1	0	1	0	1	0	0	0	1	0	1	0	1	0
	0	1	0	1	1	0	0	1	0	0	0	0	1	1	1	1	1	1	1	0
	1	0	1	1																
第五条	8	7	9	0	1	8	1		5	9	6	6	5	8	7	7	2	3	7	2
	5	7																		
第六条	5	7	7	3	8	3	8	5	2	2	5	3	5	6	0	7	9	1	0	4
	4	6	3	4	6	6	0	5	2	3	1	1	9	5	5	0	4	0	0	6
	0	6	6	5																
第七条	2	2	0	0	0	2	−2	1	0	1	−1	−2	0	0	0	−2	2	−1	2	−2
	2	−2	0	2	2	0	1	2	−1	2	−1	0	−2	−2	2	2	1	2	1	−2
	1	1	2	−2																

第七节 附属构筑物分部工程

一、附属构筑物分部工程质量验收应具备的资料

根据附录二×××市×××道路工程施工图，该工程设计长度约860m，道路等级为城市Ⅰ级主干道，道路红线宽度为55m，起点桩号为 K2+000（$x=2628636.129$，$y=467032.177$），终点桩号为 K2+860（$x=2629185.337$，$y=467666.232$）。本节将根据施工图，结合附属构筑物分部工程的施工工序以表格的形式列出其验收资料。见表4-116。

表 4-116　附属构筑物分部工程质量验收资料

序号	验收内容	验收资料	备注
1	附属构筑物分部工程施工方案		略
2	附属构筑物分部工程施工技术交底		略
3	施工日记		略
4	C30 混凝土缘石	出厂检验报告（产品强度、规格尺寸等）并复验	略
	C30 混凝土平石	出厂检验报告（产品强度、规格尺寸等）并复验	略
	C25 混凝土条石	出厂检验报告（产品强度、规格尺寸等）并复验	略
5	M7.5 水泥砂浆 C15 水泥混凝土 C10 细石混凝土	水泥出厂合格证、试验报告汇总表	略
		水泥复验报告及产品合格证	略
		砂、石检验报告	略
		砂浆配合比试验报告	略
		预拌混凝土出厂合格证汇总表	略
		预拌混凝土抽样交接单	略
		商品混凝土出厂合格证、出厂检验报告、配合比和试验报告	略
6	K2+000～K2+860 左幅机动车道右侧	路缘石检验批质量检验记录	附填写示例
		路缘石顶面高程测量记录	附填写示例
		施记表 17 混凝土浇注记录	略
		留置混凝土标养试块——混凝土试块报告	略
7	K2+000～K2+860 左幅机动车道左侧	路缘石检验批质量检验记录	略
		路缘石顶面高程测量记录	略
		施记表 17 混凝土浇注记录	略
		留置混凝土标养试块——混凝土试块报告	略
8	K2+000～K2+860 右幅机动车道左侧	路缘石检验批质量检验记录	略
		路缘石顶面高程测量记录	略
		施记表 17 混凝土浇注记录	略
		留置混凝土标养试块——混凝土试块报告	略

序号	验收内容	验收资料	备注
9	K2+000～K2+860 右幅机动车道右侧	路缘石检验批质量检验记录	略
		路缘石顶面高程测量记录	略
		施记表 17 混凝土浇注记录	略
		留置混凝土标养试块——混凝土试块报告	略
10	K2+000～K2+860 左幅辅道左侧	路缘石检验批质量检验记录	略
		路缘石顶面高程测量记录	略
		施记表 17 混凝土浇注记录	略
		留置混凝土标养试块——混凝土试块报告	略
11	K2+000～K2+860 左幅辅道右侧	路缘石检验批质量检验记录	略
		路缘石顶面高程测量记录	略
		施记表 17 混凝土浇注记录	略
		留置混凝土标养试块——混凝土试块报告	略
12	K2+000～K2+860 右幅辅道左侧	路缘石检验批质量检验记录	略
		路缘石顶面高程测量记录	略
		施记表 17 混凝土浇注记录	略
		留置混凝土标养试块——混凝土试块报告	略
13	K2+000～K2+860 右幅辅道右侧	路缘石检验批质量检验记录	略
		路缘石顶面高程测量记录	略
		施记表 17 混凝土浇注记录	略
		留置混凝土标养试块——混凝土试块报告	略
14	盲沟工程材料：100PVC 排水管、SH-80 软式透水管、碎石、复合土工膜、无纺土工布	材料出厂合格证/试验报告	略
		石料试验报告	略
		质检表 4 隐蔽工程检查验收记录(盲沟工程材料)	附填写示例
15	K2+000～K2+860 全幅横向排水管	雨水支管与雨水口检验批质量检验记录	附填写示例
		质检表 4 隐蔽工程检查验收记录	附填写示例
16	梯形边沟材料	水泥出厂合格证/质量检验报告/进场试验报告	略
		砂/石试验报告	略
		砂浆配合比报告/审批记录	略
		留置砂浆试块——砂浆试块报告	略
		防渗土工布出厂合格证/试验报告	略
17	K2+000～K2+390 左侧	排(截)水沟检验批质量检验记录	略
		沟底高程测量记录	略
		质检表 4 隐蔽工程检查验收记录	略
18	K2+750～K2+860 左侧	排(截)水沟检验批质量检验记录	附填写示例
		沟底高程测量记录	附填写示例
		质检表 4 隐蔽工程检查验收记录	附填写示例

序号	验收内容	验收资料	备注
19	K2+000～K2+470 右侧	排（截）水沟检验批质量检验记录	略
		沟底高程测量记录	略
		质检表4隐蔽工程检查验收记录	略
20	K2+710～K2+860 右侧	排（截）水沟检验批质量检验记录	略
		沟底高程测量记录	略
		质检表4隐蔽工程检查验收记录	略
21	窗孔式护面墙材料 拉伸网 三维土工网	产品出厂合格证/试验报告	略
		水泥出厂合格证/质量检验报告/进场试验报告	略
		砂/石试验报告	略
		砂浆配合比报告/审批记录	略
22	K2+000～K2+390 左侧护坡	护坡检验批质量检验记录	略
		基底/顶面高程测量记录	略
		质检表4隐蔽工程检查验收记录	略
23	K2+390～K2+490 左侧护坡	护坡检验批质量检验记录	附填写示例
		基底/顶面高程测量记录	附填写示例
		质检表4隐蔽工程检查验收记录	附填写示例
24	K2+490～K2+650 左侧护坡	护坡检验批质量检验记录	略
		基底/顶面高程测量记录	略
		质检表4隐蔽工程检查验收记录	略
25	K2+650～K2+750 左侧护坡	护坡检验批质量检验记录	略
		基底/顶面高程测量记录	略
		质检表4隐蔽工程检查验收记录	略
26	K2+750～K2+860 左侧护坡	护坡检验批质量检验记录	略
		基底/顶面高程测量记录	略
		质检表4隐蔽工程检查验收记录	略
27	K2+000～K2+470 右侧护坡	护坡检验批质量检验记录	略
		基底/顶面高程测量记录	略
		质检表4隐蔽工程检查验收记录	略
28	K2+470～K2+710 右侧护坡	护坡检验批质量检验记录	略
		基底/顶面高程测量记录	略
		质检表4隐蔽工程检查验收记录	略
29	K2+710～K2+860 右侧护坡	护坡检验批质量检验记录	略
		基底/顶面高程测量记录	略
		质检表4隐蔽工程检查验收记录	略
30	K2+700～K2+803 左侧护坡	护坡检验批质量检验记录	略
		基底/顶面高程测量记录	略
		质检表4隐蔽工程检查验收记录	略

序号	验收内容	验收资料	备注
31	K2+700～K2+803 右侧护坡	护坡检验批质量检验记录	略
		基底/顶面高程测量记录	略
		质检表 4 隐蔽工程检查验收记录	略
32	K2+803～K2+860 左侧护坡	护坡检验批质量检验记录	略
		基底/顶面高程测量记录	略
		质检表 4 隐蔽工程检查验收记录	略
33	K2+803～K2+860 右侧护坡	护坡检验批质量检验记录	略
		基底/顶面高程测量记录	略
		质检表 4 隐蔽工程检查验收记录	略
34	路缘石分项工程	分项工程质量检验记录	附填写示例
35	雨水支管与雨水口分项工程	分项工程质量检验记录	附填写示例
36	排(截)水沟分项工程	分项工程质量检验记录	附填写示例
37	护坡分项工程	分项工程质量检验记录	附填写示例
38	附属构筑物分部工程	附属构筑物分部工程检验记录	附填写示例
39	道路工程竣工验收	单位工程分部工程汇总表	附填写示例
		单位(子单位)工程质量竣工验收记录	附填写示例
		单位(子单位)工程质量控制资料核查记录	附填写示例
		安全和使用功能检验资料核查表	附填写示例

二、附属构筑物分部工程验收资料填写示例

见表 4-117～表 4-130。

表 4-117　附属构筑物分部工程检验记录（一）

CJJ 1—2008　　　　　　　　　　　　　　　　　　　　　　　路质检表　编号：08

工程名称	×××市×××道路工程				
施工单位	×××市政集团工程有限责任公司				
项目经理	×××		项目技术负责人	×××	
序号	分项工程名称	检验批数		合格率/%	质量情况
1	雨水支管与雨水口	1		100.00	合格
2	路缘石	8		99.07	合格
3	排(截)水沟	4		100.00	合格
4	护坡	8		100.00	合格

质量控制资料	共6项,经查符合要求6项,经核定符合规范要求0项				
安全和功能检验 (检测)报告	共核查3项,符合要求3项,经返工处理符合要求0项				
观感质量验收	共抽查25项,符合要求25项,不符合要求0项;观感质量评价:好				
分部工程检验结果	合格		平均合格率/%		99.77

施 工 单 位	项目经理: （公章） 　　　　　　年　月　日	监 理 单 位	总监理工程师: （公章） 　　　　　　年　月　日
建 设 单 位	项目负责人: （公章） 　　　　　　年　月　日	设 计 单 位	项目设计负责人: （公章） 　　　　　　年　月　日

表 4-118　附属构筑物分部工程检验记录（二）

CJJ 1—2008 路质检表　附表

序号	检查内容	份数	监理(建设)单位检查意见
1	图纸会审、设计变更、洽商记录	2	√
2	原材料出厂合格证、出厂检验报告、进场复验报告	2	√
3	预制构件出厂检验报告(包括检查井盖、雨水箅)	3	√
4	预检工程检查记录	—	√
5	隐蔽工程检查验收记录	2	√
6	施工记录	12	√
7	分项工程质量验收记录	4	√
8	地基承载力检测报告(钎探记录)	—	
9	隔离墩焊接检查记录	—	
10	回填土压实度检验记录	1	√
11	混凝土强度试验报告	12	√
12	砂浆强度试验报告	4	√
13	声屏障降噪效果检测报告	—	
14	防眩板效果检测记录	—	
检查人:			

注:1. 检查意见分两种:合格打"√",不合格打"×";

2. 验收时,若混凝土试块未达龄期,各方可验收除混凝土强度外的其他内容。待混凝土强度试验数据得出后,达到设计要求则验收有效;达不到要求,处理后重新验收。

3. 验收时,若砂浆试块未达龄期,各方可验收除砂浆强度外的其他内容。待砂浆强度试验数据得出后,达到设计要求则验收有效;达不到要求,处理后重新验收。

表 4-119 路缘石分项工程质量检验记录

CJJ 1—2008　　　　　　　　　　　　　　　　　　　　　　　　　　　　　　　路质检表　编号：01

工程名称	×××市×××道路工程		分部工程 名称	附属构筑物 分部工程	检验批数	8
施工单位	×××市政集团工程有限责任公司		项目经理	×××	项目技术 负责人	×××

序号	检验批部位、区段	施工单位自检情况		监理(建设)单位验收情况 验收意见
		合格率/%	检验结论	
1	K2+000～K2+860 左幅机动车道右侧	100.00	合格	
2	K2+000～K2+860 左幅机动车道左侧	100.00	合格	
3	K2+000～K2+860 右幅机动车道左侧	100.00	合格	
4	K2+000～K2+860 右幅机动车道右侧	100.00	合格	
5	K2+000～K2+860 左幅辅道左侧	97.22	合格	
6	K2+000～K2+860 左幅辅道右侧	100.00	合格	
7	K2+000～K2+860 右幅辅道左侧	100.00	合格	
8	K2+000～K2+860 右幅辅道右侧	100.00	合格	所含检验批无遗漏,各检验批所覆盖的区段和所含内容无遗漏,所查检验批全部合格
9				
10				
11				
12				
13				
14				
15				
16				
17				
平均合格率/%		99.07		

施工单位检查结果	所含检验批无遗漏,各检验批所覆盖的区段和所含内容无遗漏,全部符合要求,本分项符合要求 项目技术负责人： 　　　　　　　　　　年　月　日	验收结论	本分项合格 监理工程师： (建设单位项目专业技术负责人) 　　　　　　　　年　月　日

表 4-120 路缘石检验批质量检验记录

CJJ 1—2008

路质检表 编号：001

工程名称	×××市×××道路工程		
施工单位	×××市政集团工程有限责任公司		
分部工程名称	附属构筑物	分项工程名称	路缘石
验收部位	K2+000～K2+860 左幅机动车道右侧	工程数量	长 860m
项目经理	×××	技术负责人	×××
施工员	×××	施工班组长	×××

质量验收规定的检查项目及验收标准		检查数量	检验方法	施工单位检查评定记录	监理单位验收记录
主控项目	1 混凝土路缘石强度	符合设计要求	每种、每检验批 1 组（3 块）	查出厂检验报告并复验	√	合格

质量验收规定的检查项目及验收标准			检验频率		施工单位检查评定记录												监理单位验收记录
检查项目		允许偏差/mm	范围/m	点数	实测值或偏差值/mm									应测点数	合格点数	合格率/%	
					1	2	3	4	5	6	7	8	9				
一般项目	1 直顺度	≤10	100	1	0	1	2	3	3	1	5	1		8	8	100	合格
	2 相邻块高差	≤3	20	1	见附表（表 4-121）第一条									41	41	100	合格
	3 缝宽	±3	20	1	见附表（表 4-121）第二条									41	41	100	合格
	4 顶面高程	±10	20	1	0 1 0 1 1 1 2 1 −1 1 1 1 2 1 1 2 −2 1 1 0 0 2 1 1 0 3 −1 3 1 2 0 1 0 −1 1 1 2 1 2 1									41	41	100	合格
	5 路缘石外观质量	路缘石应砌筑稳固、砂浆饱满、勾缝密实，外露面清洁、线条顺畅，平缘石不阻水			√												合格

平均合格率/%	100.00

施工单位检查评定结果	主控项目全部符合要求，一般项目满足规范要求，本检验批符合要求 项目专业质量检查员：　　　　　　　　　　　　　　　　　　年　月　日
监理（建设）单位验收结论	主控项目全部合格，一般项目满足规范要求，本检验批合格 监理工程师： （建设单位项目专业技术负责人）　　　　　　　　　　　　　年　月　日

注：曲线段缘石安装的圆顺度允许偏差应结合工程具体规定。

表 4-121　K2＋000～K2＋860 左幅机动车道左侧路缘石实测项目评定附表

	2	1	1	0	1	0	1	1	2	2	1	2	0	0	2	1	1	2	0	2
	2	0	0	1	1	1	0	1	0	1	2	1	2	1	0	0	0	0	0	2
第一条	0																			
	0	0	1	−1	−1	2	0	1	1	−2	−1	2	−1	1	−1	0	0	1	−2	2
	2	2	0	1	−1	−3	−3	−3	−1	2	1	−2	1	1	2	−3	0	−3	0	−2
第二条	−2																			
第三条																				
第四条																				
第五条																				
第六条																				
第七条																				

表 4-122　路缘石顶面高程测量记录

工程名称	×××市×××道路工程			施工单位		×××市政集团工程有限责任公司	
复核部位	K2+000～K2+860 左幅机动车道右侧			日　期		年　月　日	
原施测人	×××			测量复核人		×××	
桩号	后视/m	视线高程/m	前视/m	实测高程/m	设计高程/m	偏差值/mm	备注
BM1	1.235	88.491					87.256
K2+50			2.191	86.300	86.300	0	
K2+60			2.150	86.341	86.340	1	
K2+80			2.061	86.430	86.430	0	
K2+100			1.970	86.521	86.520	1	
K2+120			1.880	86.611	86.610	1	
K2+140			1.790	86.701	86.700	1	
K2+160			1.699	86.792	86.790	2	
K2+180			1.610	86.881	86.880	1	
K2+200			1.522	86.969	86.970	−1	
K2+220			1.430	87.061	87.060	1	
K2+240			1.341	87.150	87.149	1	
K2+260			1.251	87.240	87.239	1	
K2+280			1.239	87.252	87.250	2	
K2+300			1.325	87.166	87.165	1	
...			...	...	...	...	

观测：　　　　　复测：　　　　　计算：　　　　　施工项目技术负责人：

路缘石顶面高程测量记录填写说明

（1）实测高程＝视线高程－前视

（2）路缘石设计高程＝路面设计高程＋路缘石设计外露高度

如 K2+060 路面设计高程 86.08m，路缘石设计外露高度为 0.26m，路缘石设计高程＝86.08＋0.26＝86.34（m）。

（3）路缘石顶面高程偏差值＝实测高程－设计高程

注：品茗软件检验批表格的路缘石顶面高程偏差值与路缘石顶面高程测量记录的偏差值关联，输入检验批表格的路缘石顶面高程偏差值（或通过学习数据自动生成）即可自动生成基层高程测量记录的偏差值。

（4）品茗软件只需填写水准点数据、路面设计高程、路缘石设计外露高度及纵坡坡度，软件即可自动计算路缘石顶面高程测量记录表的其他数据。

表 4-123　雨水支管与雨水口分项工程质量检验记录

CJJ 1—2008　　　　　　　　　　　　　　　　　　　　　　　　　路质检表　编号：02

工程名称	×××市×××道路工程		分部工程名称	附属构筑物分部工程	检验批数	1
施工单位	×××市政集团工程有限责任公司		项目经理	×××	项目技术负责人	×××

序号	检验批部位、区段	施工单位自检情况		监理(建设)单位验收情况验收意见
		合格率/%	检验结论	
1	K2＋000～K2＋860 全幅横向排水管	100.00	合格	
2				
3				
4				
5				
6				
7				
8				
9				所含检验批无遗漏,各检验批所覆盖的区段和所含内容无遗漏,所查检验批全部合格
10				
11				
12				
13				
14				
15				
16				
17				
平均合格率/%		100.00		

施工单位检查结果	所含检验批无遗漏,各检验批所覆盖的区段和所含内容无遗漏,全部符合要求,本分项符合要求 项目技术负责人： 　　　　　　　　年　月　日	验收结论	本分项合格 监理工程师： (建设单位项目专业技术负责人) 　　　　　　　　年　月　日

表 4-124　雨水支管与雨水口检验批质量检验记录

工程名称	×××市×××道路工程		
施工单位	×××市政集团工程有限责任公司		
分部工程名称	附属构筑物	分项工程名称	雨水支管与雨水口
验收部位	K2+000～K2+860 全幅横向排水管	工程数量	长 860m，宽 55m
项目经理	×××	技术负责人	×××
施工员	×××	施工班组长	×××

质量验收规定的检查项目及验收标准		检验频率		施工单位检查评定记录	监理单位验收记录
检查项目	允许偏差	范围	点数		
主控项目 1 基础混凝土强度	应符合设计要求	每 100m³	1组（3块）	—	—
主控项目 2 砂浆平均抗压强度	砂浆平均抗压强度应符合设计规定；任一组试件抗压强度最低值不应低于设计强度的 85%	50m³	1组（6块）	—	—
主控项目 3 回填土 0～80cm	≥90%	1000m²	每层3点	√	合格
主控项目 3 回填土 >80～150cm	≥90%			—	
主控项目 3 回填土 >150cm	≥87%			—	
主控项目 4 管材	管材应符合现行国家标准《混凝土和钢筋混凝土排水管》（GB/T 11836—2009）的有关规定	每种、每检验批		采用 PVC 管，有产品合格证明文件	合格

检查项目		允许偏差/mm	范围	点数	实测值或偏差值/mm									应测点数	合格点数	合格率/%	监理单位验收记录
					1	2	3	4	5	6	7	8	9				
一般项目	1	井框与井壁吻合	≤10	每座	1	—	—	—	—	—	—	—	—	—	—	—	—	—
	2	井框与周边路面吻合	0，−10		1	—	—	—	—	—	—	—	—	—	—	—	—	—
	3	雨水口与路边线间距	≤20		1	—	—	—	—	—	—	—	—	—	—	—	—	—
	4	井内尺寸	＋20，0		1	—	—	—	—	—	—	—	—	—	—	—	—	—
	5	雨水口外观质量	雨水口内壁勾缝应直顺、坚实，无漏勾、脱落，井框、井算应完整、配套，安装平稳、牢固												—			—
	6	雨水支管外观质量	雨水支管安装应直顺，无错口、反坡、存水，管内清洁，接口处内壁无砂浆外露及破损现象，管端面应完整												√			合格
平均合格率/%			100.00															

施工单位检查评定结果	主控项目全部符合要求，一般项目满足规范要求，本检验批符合要求 项目专业质量检查员：　　　　　　　　　　　　　　　年　月　日
监理（建设）单位验收结论	主控项目全部合格，一般项目满足规范要求，本检验批合格 监理工程师 （建设单位项目专业技术负责人）：　　　　　　　　　年　月　日

表 4-125　排（截）水沟分项工程质量检验记录

CJJ 1—2008

工程名称	×××市×××道路工程			分部工程名称	附属构筑物分部工程	检验批数	4
施工单位	×××市政集团工程有限责任公司			项目经理	×××	项目技术负责人	×××

序号	检验批部位、区段	施工单位自检情况		监理（建设）单位验收情况验收意见
		合格率/%	检验结论	
1	K2+000～K2+390 左侧	100.00	合格	
2	K2+750～K2+860 左侧	100.00	合格	
3	K2+000～K2+470 右侧	100.00	合格	
4	K2+710～K2+860 右侧	100.00	合格	
5				
6				
7				
8				
9				所含检验批无遗漏,各检验批所覆盖的区段和所含内容无遗漏,所查检验批全部合格
10				
11				
12				
13				
14				
15				
16				
17				
平均合格率/%		100.00		

施工单位检查结果	所含检验批无遗漏,各检验批所覆盖的区段和所含内容无遗漏,全部符合要求,本分项符合要求 项目技术负责人：　　　　　　　年　月　日	验收结论	本分项合格 监理工程师： （建设单位项目专业技术负责人）　　　　　　　年　月　日

表 4-126 排（截）水沟检验批质量检验记录

CJJ 1—2008   路质检表　编号：001

工程名称	×××市×××道路工程			
施工单位	×××市政集团工程有限责任公司			
分部工程名称	附属构筑物		分项工程名称	排(截)水沟
验收部位	K2+000～K2+390左侧		工程数量	浆砌片石排水边沟,长220m
项目经理	×××		技术负责人	×××
施工员	×××		施工班组长	×××

质量验收规定的检查项目及验收标准			检验频率或检查数量	检验方法	施工单位检查评定记录	监理单位验收记录
主控项目	1	预制砌块强度	符合设计要求	每种、每检验批 1组	查试验报告	—	—
	2	砂浆平均抗压强度	砂浆平均抗压强度应符合设计规定；任一组试件抗压强度最低值不应低于设计强度的85%	50m³ 1组(6块)	查试验报告	√	合格
	3	预制盖板的混凝土强度	符合设计要求	同类构件,抽查1/10 3	用钢尺量、查出厂检验报告	—	—
	4	预制盖板钢筋品种、规格、数量	符合设计要求			—	—
一般项目	1	砌筑砂浆外观质量	砌筑砂浆饱满度不应小于80%	每100m或每班抽查不少于3点	观察	√	合格
	2	砌筑水沟外观质量	砌筑水沟沟底应平整、无反坡、凹兜,边墙应平整、直顺、勾缝密实,与排水构筑物衔接顺畅			√	合格
	3	土沟外观质量	土沟断面应符合设计要求,沟底、边坡应坚实,无贴皮、反坡和积水现象			—	—

质量验收规定的检查项目及验收标准			检验频率		施工单位检查评定记录												监理单位验收记录
检查项目		允许偏差/mm	范围/m	点数	实测值或偏差值/mm									应测点数	合格点数	合格率/%	
					1	2	3	4	5	6	7	8	9				
4 轴线偏位		≤30	100	2	5	8	6							3	3	100	合格
5 沟断面尺寸	砌石√	±20	40	1	1	−3	3	−3	2	2				6	6	100	合格
	砌块	±10															
6 沟底高程	砌石√	±20	20	1	0	2	5	2	−3	2	1	3	2	12	12	100	合格
					2	−2	3										
	砌块	±10															
7 墙面垂直度	砌石√	≤30		2	8	10	10	12	10	8	6	6	3	12	12	100	合格
					5	8	1										
	砌块	≤15															
8 墙面平整度	砌石√	≤30	40	2	2	5	8	8	3	5	1	7	3	12	12	100	合格
					4	8	6										
	砌块	≤10															
9 边线直顺度	砌石√	≤20		2	3	4	5	3	6	4	3	5	3	12	12	100	合格
					3	8	6										
	砌块	≤10															
10 盖板压墙长度		±20		2													—

（左侧竖排：一般项目）

平均合格率/%	100.00

施工单位检查评定结果	主控项目全部符合要求,一般项目满足规范要求,本检验批符合要求 项目专业质量检查员：　　　　　　　　　　　　　　　　年　月　日
监理(建设)单位验收结论	主控项目全部合格,一般项目满足规范要求,本检验批合格 监理工程师 (建设单位项目专业技术负责人)：　　　　　　　　　　年　月　日

表 4-127　沟底高程测量记录

工程名称	×××市×××道路工程		施工单位		×××市政集团工程有限责任公司		
复核部位	K2＋000～K2＋390 左侧		日　期		年　月　日		
原施测人	×××		测量复核人		×××		

桩号	后视/m	视线高程/m	前视/m	实测高程/m	设计高程/m	偏差值/mm	备注
BM1	1.235	88.491					87.256
K2＋0			5.101	83.390	83.390	0	
K2＋20			4.829	83.662	83.660	2	
K2＋40			4.616	83.875	83.870	5	
K2＋60			4.819	83.672	83.670	2	
K2＋80			4.364	84.127	84.130	－3	
K2＋100			4.349	84.142	84.140	2	
K2＋120			4.550	83.941	83.940	1	
K2＋140			4.138	84.353	84.350	3	
K2＋160			3.969	84.522	84.520	2	
K2＋180			2.919	85.572	85.570	2	
K2＋200			2.386	86.105	86.107	－2	
K2＋220			2.291	86.200	86.197	3	

观测：　　　　　复测：　　　　　计算：　　　　　施工项目技术负责人：

注：沟底设计高程＝地面高程－边沟高度

表 4-128　护坡分项工程质量检验记录

CJJ 1—2008　　　　　　　　　　　　　　　　　　　　　　路质检表　编号：05

工程名称	×××市×××道路工程		分部工程名称	附属构筑物分部工程	检验批数	8
施工单位	×××市政集团工程有限责任公司		项目经理	×××	项目技术负责人	×××

序号	检验批部位、区段	施工单位自检情况		监理(建设)单位验收情况验收意见
		合格率/%	检验结论	
1	K2＋000～K2＋390 左侧护坡	100.00	合格	
2	K2＋390～K2＋490 左侧护坡	100.00	合格	
3	K2＋490～K2＋650 左侧护坡	100.00	合格	
4	K2＋650～K2＋750 左侧护坡	100.00	合格	所含检验批无遗漏,各检验批所覆盖的区段和所含内容无遗漏,所查检验批全部合格
5	K2＋750～K2＋860 左侧护坡	100.00	合格	
6	K2＋000～K2＋470 右侧护坡	100.00	合格	
7	K2＋470～K2＋710 右侧护坡	100.00	合格	
8	K2＋710～K2＋860 右侧护坡	100.00	合格	
	平均合格率/%	100.00		
施工单位检查结果	所含检验批无遗漏,各检验批所覆盖的区段和所含内容无遗漏,全部符合要求,本分项符合要求 项目技术负责人： 　　　　　　　　　　年　月　日	验收结论	本分项合格 监理工程师： (建设单位项目专业技术负责人) 　　　　　　　　　　年　月　日	

表 4-129　护坡检验批质量检验记录

工程名称	×××市×××道路工程																
施工单位	×××市政集团工程有限责任公司																
分部工程名称	附属构筑物					分项工程名称						护坡					
验收部位	K2＋390～K2＋490左侧护坡					工程数量						长100m					
项目经理	×××					技术负责人						×××					
施工员	×××					施工班组长						×××					

质量验收规定的检查项目及验收标准						检验频率		施工单位检查评定记录											监理单位验收记录
检查项目		允许偏差/mm			范围	点数	实测值或偏差值/mm									应测点数	合格点数	合格率/%	
		√浆砌块石	浆砌料石	混凝土砌块			1	2	3	4	5	6	7	8	9				
一般项目	1 基底高程	土方√ ±20			20m	2	0	2	2	2	3	1	−3	2	−1	11	11	100	合格
						2	2	2											
		石方 ±100				2													
	2 垫层厚度	±20			20m	2	3	2	−2	4	2	4	−3	2	2	11	11	100	合格
							5	5											
	3 砌体厚度	不小于设计值			每沉降缝	2	—												
	4 坡度	不陡于设计值1∶1.5			每20m	1	1∶1.5	1∶1.5	1∶1.5	1∶1.5	1∶1.5					5	5	100	合格
	5 平整度	≤30	≤15	≤10	每座	1	8									1	1	100	合格
	6 顶面高程	±50	±30	±30	每座	2	5	5								2	2	100	合格
	7 顶边线形	≤30	≤10	≤10	100m	1	5									1	1	100	合格
	8 预制砌块强度	符合设计要求			每种、每检验批1组3块		√												合格
	9 砂浆强度	见表注			50m³	1组(6块)	√												合格
	10 基础混凝土强度	符合设计要求			100m³	1组(3块)	—											—	—
	11 护坡外观质量	砌筑线形顺畅、表面平整、咬砌有序、无翘动。砌缝均匀、勾缝密实。护坡顶与坡面之间缝隙封堵密实					√												合格
平均合格率/%					100														

施工单位检查评定结果	主控项目全部符合要求,一般项目满足规范要求,本检验批符合要求
	项目专业质量检查员: 年 月 日
监理(建设)单位验收结论	主控项目全部合格,一般项目满足规范要求,本检验批合格
	监理工程师: (建设单位项目专业技术负责人) 年 月 日

注:砂浆平均抗压强度应符合设计规定;任一组试件抗压强度最低值不应低于设计强度的85%。

表 4-130 护坡基底高程测量记录

工程名称	×××市×××道路工程		施工单位	×××市政集团工程有限责任公司		
复核部位	K2+390~K2+490 左侧护坡		日 期	年 月 日		
原施测人	×××		测量复核人	×××		

桩号	后视/m	视线高程/m	前视/m	实测高程/m	设计高程/m	偏差值/mm	备注
BM1	1.235	88.491					87.256
K2+390			4.501	83.990	83.990	0	
K2+400			4.229	84.262	84.260	2	
K2+410			4.019	84.472	84.470	2	
K2+420			4.219	84.272	84.270	2	
K2+430			3.758	84.733	84.730	3	
K2+440			3.750	84.741	84.740	1	
K2+450			3.954	84.537	84.540	−3	
K2+460			3.539	84.952	84.950	2	
K2+470			3.372	85.119	85.120	−1	
K2+480			2.319	86.172	86.170	2	
K2+490			0.519	87.972	87.970	2	

观测: 复测: 计算: 施工项目技术负责人:

注:1. 备注中的 87.256 为已知水准点高程。

2. 护坡基底设计高程=地面高程。

3. 护坡顶面设计高程=路面设计高程。

第八节　竣工验收文件

一、工程竣工相关文件

工程竣工相关文件见表4-131。

表 4-131　工程竣工相关文件

序号	工程竣工相关文件	备注
1	竣工工程技术资料审查表	略
2	施工单位自评报告	略
3	监理单位初验报告	略
4	施工单位竣工总结	略
5	工程竣工验收监督检查通知书	略
6	工程竣工验收实施方案（附验收组名单）	略
7	施工单位工程竣工报告	附填写示例
8	监理单位工程竣工质量评价报告	附填写示例
9	勘察单位勘察文件及实施情况检查报告	略
10	设计单位设计文件及实施情况检查报告	略
11	建设项目竣工环境保护验收申请登记卡（原件及复印件）	略
12	消防验收意见书	略
13	工程质量保修书	略
14	单位工程分部工程检验汇总表（道路）	附填写示例
15	单位（子单位）工程质量竣工验收记录——汇总表（道路）	附填写示例
16	其他竣工文件	略

二、竣工相关文件填写示例

竣工相关文件填写示例见表 4-132、表 4-133。

表 4-132　　　　道路工程　　　单位工程分部工程检验汇总表

CJJ 1—2008　　　　　　　　　　　　　　　　　　　　　　　　　　　　　　　　路质检表　编号：01

工程名称	×××市×××道路工程				
施工单位	×××市政集团工程有限责任公司				
单位工程名称	×××市×××道路工程				
项目经理	×××	项目技术负责人	×××	制表人	×××
序号	外观检查			质量情况	
1	路床外观			合格	
2	级配碎石底基层外观			合格	
3	水泥稳定碎石上基层外观			合格	
4	沥青混合料面层外观			合格	
5	料石人行道铺砌面层外观			合格	
6	雨水支管外观			合格	
7	路缘石外观			合格	
8	排（截）水沟外观			合格	
9	护坡外观			合格	
	分部（子分部）工程名称			合格率/%	质量情况
1	路基分部工程			99.83	合格
2	基层分部工程			99.49	合格
3	面层分部工程			100	合格
4	人行道分部工程			100	合格
5	附属构筑物分部工程			99.77	合格
6					
7					
8					
9					
10					
平均合格率/%		99.82			
检验结果		合格			
施工负责人		质量检查员		日期	

表 4-133　单位（子单位）工程质量竣工验收记录汇总表

路质检表（一）

工程名称	×××市×××道路工程				
施工单位	×××市政集团工程有限责任公司				
道路类型	新建城市Ⅰ级主干道		工程造价		
项目经理	×××	项目技术负责人	×××	制表人	×××
开工日期	年　月　日		竣工日期	年　月　日	

序号	项目	验收记录	验收结论
1	分部工程	共5分部,经查5分部 符合标准及设计要求5分部	所含分部无遗漏并全部合格,同意验收
2	质量控制资料核查	共37项,经审查符合要求37项, 经核定符合规范要求　　项	情况属实,同意验收
3	安全和主要使用功能 核查及抽查结果	共核查13项,符合要求13项, 共抽查13项,符合要求13项, 经返工处理符合要求0项	情况属实,同意验收
4	观感质量检验	共抽查54项,符合要求54项, 不符合要求0项	总体评价:好,同意验收
5	综合验收结论	本单位(或子单位)工程符合设计和规范要求,工程质量合格	

参加 验收 单位	建设单位	监理单位	施工单位	设计单位
	（公章）	（公章）	（公章）	（公章）
	单位(项目)负责人	总监理工程师	单位负责人	单位(项目)负责人
	年　月　日	年　月　日	年　月　日	年　月　日

附　　录

附录一

1. 道路工程施工测量工艺流程

测量桩位交接→桩位复测→布设施工控制网→现况调查及原地貌测量→路基施工测量→路面基层施工测量→路面面层施工测量→路缘石、边坡与边沟施工测量→竣工测量

2. 路基填筑施工工艺流程图

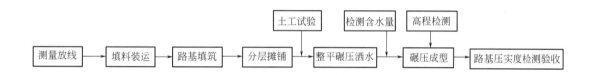

3. 级配碎石基层施工工艺流程图

4. 水泥稳定碎石基层施工工艺流程图

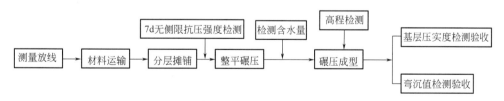

5. 面层施工工艺流程图

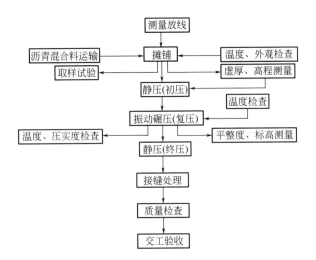

附录二　×××市×××道路工程施工图

				第　卷　第　册
		图纸目录		共　页　第　页

工程名称:×××市×××道路工程　　　　　　　　　　　　　　　　　设计阶段:施工图设计
子　项:道路工程　　　　　　　　设计号:路-02-2013-08　　　　　　日期:2013.02

序号	图纸名称	图　号	重复使用图纸图号	张数	备注
	道路工程				
1	道路设计说明	施-路 01		9	
2	区域位置图	施-路 02		1	
3	道路平纵缩图	施-路 03		1	
4	直线、曲线及转角一览表	施-路 04		1	
5	线路单元要素表	施-路 05		1	
6	逐桩坐标表	施-路 06		1	
7	道路红线设计图	施-路 07		4	
8	道路平面设计图	施-路 08		4	
9	纵断面设计图	施-路 09		3	
10	标准横断面图	施-路 10		1	
11	路面结构设计图	施-路 11		5	
12	拆迁工程数量表	施-路 12		1	
13	土方横断面设计图	施-路 13		7	
14	土方工程数量表	施-路 14		2	
15	一般路基设计图	施-路 15		1	
16	边坡防护设计图	施-路 16		4	
17	路基防护工程数量表	施-路 17		1	
18	人行道铺装图	施-路 18		1	
19	盲道铺砌大样图	施-路 19		2	
20	无障碍通道设计图	施-路 20		1	
21	盲沟布置图	施-路 21		1	
22	软基处理平面图	施-路 22		4	
23	软基处理纵断面图	施-路 23		3	
24	软基处理横断面图	施-路 24		3	
25	交叉口竖向设计图	施-路 25		1	
26	道路工程数量表	施-路 26		1	

道路设计说明

1. 概述

1.1 工程概况

本次建设的×××市×××道路工程全线为新建工程，设计长度约860m，道路等级为城市Ⅰ级主干道，道路红线宽度为55m，设计时速50km/h，道路交通量达到饱和状态的设计年限为20年，沥青混凝土路面设计使用年限为15年。

×××市×××道路工程起点接×××路二期设计终点，桩号为 K2＋000（$x=2628636.129$，$y=467032.177$），向东北延伸，道路沿线地貌主要为碳酸盐岩溶蚀堆积地貌的丘陵地貌，场地原为甘蔗、果林等种植地，地势起伏较大，K2＋480～K2＋700分布有大面积的鱼塘，场地标高为 72.00～90.00m。终点桩号为 K2＋856.546（$x=2629185.337$，$y=467666.232$），道路在 K2＋016.032 处与×××一路平交。

1.2 设计依据

1.2.1 设计资料

《×××市总体规划（2008～2025）》（×××市×××设计院）。

《×××市×××区控制性详细规划》[×××设计集团（有限）公司]。

×××市×××道路工程测量资料（×××市×××设计院）。

×××市×××道路工程地质勘察报告（×××基础勘察工程有限责任公司）。

1.2.2 采用规范

《城市道路设计规范》（CJJ 37—2012）

《公路工程技术标准》（JTG B01）

《公路路线设计规范》（JTG D20—2006）

《公路路基设计规范》（JTG D 30）

《公路路基施工技术规范》（JTG F10—2006）

《公路沥青路面设计规范》（JTG D50—2006）

《公路沥青路面施工技术规范》（JTG F40—2004）

《公路路面基层施工技术规范》（JTG/T F20）

《城市道路和建筑物无障碍设计规范》（GB 50763—2012）

《道路交通标志和标线》（GB 5768—2009）

《城镇道路工程施工与质量验收规范》（CJJ 1—2008）

1.3 技术标准

按城市Ⅰ级主干道标准，道路宽度55m，主要技术指标见附表1。

附表1 技术标准规范值及实际采用值对照一览表

序号	项目	单位	技术标准	实际采用值
1	道路等级			城市Ⅰ级主干道
2	计算行车速度	km/h		50
3	荷载标准		BZZ-100	BZZ-100
4	平曲线最小半径	m	100	800

序号	项目		单位	技术标准	实际采用值
5	缓和曲线最小长度		m	45	无
6	不设超高平曲线最小半径		m	400	800
7	最大纵坡		%	7	1.0680
8	凸形竖曲线	一般最小半径	m	1350	5900
		极限最小半径	m	900	无
9	凹形竖曲线	一般最小半径	m	1050	4200
		极限最小半径	m	700	无
10	竖曲线最小长度		m	40	51.591
11	路面类型				沥青路面
12	路拱正常横坡		%	1~2	1.5
13	路面使用年限		年	15	15
14	标准车道宽度		m	3.75	3.75

1.4 坐标系及高程系

道路平面坐标采用西安坐标系，道路高程采用 1985 国家高程基准。

1.5 设计内容

施工图设计内容包括：道路工程、交通工程、给水排水工程、电气工程、景观工程。

2. 道路工程设计

2.1 平面线位设计

道路的线位主要根据《×××市总体规划（2008～2025）》及《×××市×××区控制性详细规划》确定。本次设计的×××市×××道路工程起点接×××路二期设计终点，桩号为 K2+000（$x=2628636.129$，$y=467032.177$），终点桩号为 K2+856.546（$x=2629185.337$，$y=467666.232$），道路在 K2+016.032 处与×××一路平交。

全线按城市Ⅰ级主干道标准进行设计，设计行车速度 50km/h。全线共设 1 个交点，圆曲线半径为 $R=800$m，根据规范要求不设置缓和曲线和超高，平面线形的整体设计满足 50km/h 行车速度的技术要求。平面技术指标见附表 2。

附表 2 平面技术指标表

项 目	单 位	采用指标
道路等级	—	城市Ⅰ级主干道
计算行车速度	km/h	50
平曲线半径	m	800
平曲线长度	m	487.016

2.2 过街人行横道的布置

在道路交叉口处三方位均设置过街人行横道,以方便行人横过马路。人行横道宽度设为6m。在设置时尽量与车行道垂直,使行人横过车道的时间最短,同时应尽量靠近交叉口,以缩小交叉区域。

2.3 无障碍设施设计

2.3.1 缘石坡道设置

缘石坡道设置在过街路口、交叉口路口和人行横道两端。全线过街坡道基本上采用全宽式单面坡缘石坡道,在交叉口转弯处弧位顶端设置过街人行横道时设置三面缘石坡道,如附图1所示。

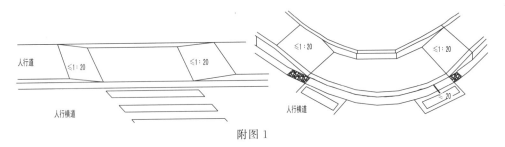

附图1

2.3.2 盲道设置

全线均铺设盲道,连续铺设,具体见《盲道铺砌大样图》。当盲道行进方向遇叉道时,应在交叉位置按不同方向各铺设提示盲道砖,在盲道的终止位置也铺设相应的提示盲道。

2.4 纵断面设计

纵断面设计控制点标高主要根据《×××市×××区控制性详细规划》确定。主要考虑以下控制因素。

(1)起点位置与×××路二期设计标高接顺。

(2)与×××一路交叉口的控制标高。

(3)与×××大道交叉口的控制标高。

(4)道路纵断面设计要满足路面雨水的排放要求。

(5)道路纵断面设计要考虑管线敷设的需要。

(6)坡长、最大纵坡、竖曲线半径和平纵组合等按《城市道路设计规范》(CJJ 37—90)要求设计。

考虑上述控制因素进行纵断面设计,全线共设有1个变坡点,平均每公里纵坡变坡0.98次。全线最大纵坡−1.0680%(对应坡长283.040m,设计范围内坡长16.04m,与二期纵坡顺接),最小纵坡−0.4247%(坡长为631.385m),纵断面的设计满足50km/h行车速度对线形的技术要求。纵断面技术指标见附表3。

与×××一路交叉口控制标高:86.0m(K2+016.032);与×××大道交叉口控制标高:84.585m(K2+856.666)。

附表3　纵断面技术指标表

项　目	单　位	控制指标
道路等级	—	城市Ⅰ级主干道
计算行车速度	km/h	50

续表

项　目	单　位	控制指标
最大纵坡度	％	－1.0680％
最小纵坡度	％	－0.4247％
最小凸形竖曲线半径	m	5900
最小凹形竖曲线半径	m	4200
最小竖曲线长度	m	51.591

2.5　横断面设计

道路横断面设计是在规划的红线宽度范围内进行的，横断面形式、布置、各组成部分尺寸及比例符合道路类别、级别、计算行车速度、设计年限的交通量和人流量、交通特性、交通组织、交通设施、地上杆线、地下管线、绿化、地形等因素的要求，保障车辆和人行交通安全通畅。见附图2。

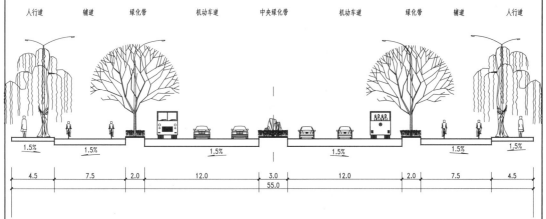

附图2　道路标准横断面

（1）横断面布置

横断面布置为四幅路，具体布置为4.5m（人行道）＋7.5m（辅道）＋2.0m（侧分隔带）＋12m（机动车道）＋3m（中央分隔带）＋12m（机动车道）＋2m（侧分隔带）＋7.5m（辅道）＋4.5m（人行道）＝55m。

（2）路拱、横坡

路拱：直线形式；机动车道、辅道：1.5％；人行道：－1.5％。

2.6　路基工程

2.6.1　筑路材料及运输条件

根据道路纵断面设计，本工程路基大部分为填方，局部路段有少量挖方。根据地勘报告显示，道路地处中等膨胀土地区，因此路基填方需要外借良好的路基土，挖方全部作为弃方。路基填料应选用符合设计要求的细粒土进行填筑。在填方路段坡脚处设置梯形临时排水边沟，尺寸为0.6m×0.6m，在挖方路段坡脚处设置梯形浆砌片石排水边沟，尺寸为0.6m×0.6m，边沟遇到检查井时可适当绕行。水塘路段不设排水边沟，地表水及雨水沿边坡排入水塘。

2.6.2 路基设计

根据《×××市×××道路工程地质勘察报告》显示，项目所处区域土质主要为膨胀性土，参照《公路路基设计规范》，路基边坡设计如下。

（1）填方路基

① 当填高 H≤5m 时，边坡按1∶1.5自然放坡，采用草皮护坡。

② 当填高5m＜H≤10m 时，按5m一级分级放坡，中间设2m宽平台，平台上部坡率为1∶1.5，下部坡率为1∶1.75，坡面采用三维土工网植草护坡。

③ 当填高 H＞10m 时，按5m一级分级放坡，中间分别设两级2m宽平台，由上而下第一级坡率为1∶1.5，第二级坡率为1∶1.75，第三级坡率为1∶1.75，坡面采用窗孔式护面墙护坡。

（2）挖方路基：边坡高度 H≤5m，边坡坡率1∶1.75，采用植草护坡。

2.6.3 路基压实度

填方路基应分层铺筑，均匀压实，路基压实度采用重型击实标准，路基范围内管道沟槽回填土的压实度应不低于路基一般地段的填方要求，压实度要求如下。

（1）机动车道（附表4）

附表4 机动车道

填挖类别	路面底面以下深度/mm	压实度	填料最小强度 (CBR)/%
路堤	0～30	≥96%	8
	30～80	≥96%	5
	80～150	≥94%	4
	150 以下	≥93%	3
零填及路堑	0～30	≥96%	8
	30～80	≥96%	5
上基层		≥98%	
底基层		≥97%	

（2）辅道（附表5）

附表5 辅道

填挖类别	路面底面以下深度/mm	压实度	填料最小强度 (CBR)/%
路堤	0～30	≥95%	6
	30～80	≥95%	4
	80～150	≥94%	3
	150 以下	≥92%	2

填挖类别	路面底面以下深度/mm	压实度	填料最小强度 (CBR)/%
零填及路堑	0～30	≥95%	6
	30～80	≥95%	4
上基层		≥98%	
底基层		≥97%	

2.7 软基处理设计

2.7.1 沿线地形地貌及周边环境

拟建场地位于×××市×××区内，地貌上属于岩溶缓坡地貌，场地相对有一定的高差，地形起伏较大。主干道 K2＋000～K2＋880 勘探期间测得钻孔各孔口标高为 73.14～89.41m；支道 K0＋000～K0＋360 勘探期间测得钻孔各孔口标高为 76.59～87.29m。

场地沿线为新开发用地，其中主干道 K2＋000～K2＋480、K2＋744～K2＋880 分布有较多民用建筑物；其余沿线上空零星分布有电线、农作物、灌木林、果园种植地等，勘察过程未发现地下管线，也未发现对工程不利的地下埋藏物。

2.7.2 区域地质概况及地震

根据《广西壮族自治区区域地质志》资料，建筑场地区域地质构造位于南华准地台桂中—桂东台陷大瑶山凸起南部，广西"山"字形构造盾地南部。构造线走向以北东～北北东向为主。褶皱多为宽展型背、向斜，轴面近于直立。背斜呈拱状或多轴多高点箱状，两翼倾角 10°～45°，局部达 60°。

近场区断裂构造发育少，活动性弱，属非或微弱全新活动断裂。工作场地处于区域构造相对稳定区。

建筑场地的地震构造分区属桂中低强震地震构造区。区域内中强地震活动强度和频次均较低，潜在震源区距离工作区较远。近场区自有地震记载以来，发生 M_s≥3.0 级的地震 11 次，最大震级 3.5 级，表明近场区地震活动水平不高。

按《中国地震动参数区划图》（GB 18306—2001）及《建筑抗震设计规范》（GB 50011—2010）划分，×××市抗震设防烈度小于 6 度，地震动峰值加速度为小于 0.05g。

2.7.3 沿线岩土层分布及其性质

根据钻探揭露，沿线地层主要由第四系淤泥①（Q_4^{al}）、耕土②（Q_4^{pd}）、第三系硬塑状红黏土③（Q_3^{el}）；石炭系（C）破碎石灰岩④-1、石灰岩④-2组成，各岩土层特征自上而下分述如下。

（1）淤泥①（Q_4^{al}）

黑褐色，很湿，软塑状，成分以黏性土为主，含有少量动植物腐殖质，具有臭腥味，系水塘沉积形成，具有高压缩性；该层分布于里程桩号为 K2＋536～K2＋595，共 17 个钻孔有揭露，层厚 0.73～3.15m。

（2）耕土②（Q_4^{pd}）

黑灰色，稍湿，松散状，成分以黏性土为主，含少量植物根系。该层大分布均有揭露，层厚 0.2～1.15m。

（3）红黏土③（Q_3^{el}）

黄色、棕黄色，稍湿，硬塑状为主，局部可塑状，巨块状结构，土裂隙稍发育，土质均匀，局部含较多铁锰质结核，裂隙面为铁锰质渲染，湿水后手感滑腻，黏性好，土体刀切面光滑，干强度及韧性高，无摇振反应，系石灰岩风化残积形成。该层取原状土样 28 组，压缩系数 0.21～0.58，平均值为 $a_{1-2}=0.382$MPa，为中等偏高压缩土。现场实测标准贯入试验锤击数 7.0～9.0击/30cm，平均值为 $N=7.9$ 击/30cm。该层沿线场地大部分均有揭露，层顶埋深深度 0.20～5.83m，层顶埋深标高 67.25～88.46m，层厚 0.63～8.20m。

（4）破碎石灰岩④-1 层

灰白色，岩芯呈碎块状为主，部分呈短柱状，块状构造，节理裂隙较发育，裂隙有铁锰质和黏性土充填，岩芯锤击难碎，为较硬岩，岩体完整程度为破碎，岩体质量等级为Ⅳ级。整个场地揭露有该层，层顶埋深 3.76～9.53m，层顶埋深标高 65.49～81.59m，揭露层厚 0.50～3.90m。天然单轴抗压强度 48.30～86.30MPa，平均为 62.71MPa，标准值为59.52MPa。

（5）石灰岩④-2 层

灰白色，岩芯呈长柱状为主，隐晶质结构，中～厚层状构造，偶见有节理裂隙，裂隙面见铁锰质渲染，岩芯锤击振手，岩芯锤击不易碎为坚硬岩，岩体完整程度为完整，岩体质量等级为Ⅱ级。该层整个场地揭露有，层顶埋深深度 5.33～12.83m，层顶埋深标高 63.68～78.69m，由于钻探深度所限，该层未揭穿，揭露层厚 1.30～5.40m。天然单轴抗压强度 57.80～88.10MPa，平均为 71.86MPa，标准值为 69.28MPa。

在风化岩未见有软弱夹层、溶蚀、临空面等不良地质作用。各岩土层在水平及垂直方向上的层位分布情况详见"工程地质剖面图"。

2.7.4 水文地质条件

勘察期间，主道 K2+470～K2+710，水深 0.433～3.119m，水体较清澈、无气味；强降雨期间，沿线场地存在部分沟槽形成积水，对道路基础及基础施工影响稍有影响，施工过程中应做好地表水流的引流，防止地表水影响基础施工及冲刷道路基础。

勘察期间，拟建道路沿线钻孔中未揭露有地下水分布，水文地质条件简单。根据区域水文地质及地下水的赋存条件，可认为场地地下水有孔隙水与岩溶裂隙水两类。前者以上层滞水形式赋存于土层中，水量较小；后者赋存于灰岩内，埋深与河水面基本一致；对道路基础及基础施工影响较小。

2.7.5 处理方法

根据地质勘察报告显示，项目所在区域场地类别为二类，大气影响深度为 7m，急剧层影响深度为 2.0～2.7m，结合《公路路基设计规范》综合考虑，采用下列办法进行处理。

（1）填方路段：填方高度小于路面与路床的总厚度的路段，清表后挖除 0.8m 范围内的膨胀土，并回填良好的路基填土。填方高度大于路面与路床的总厚度的路段，清表后，将基底土碾压密实后进行填筑。

（2）挖方路段：对路床 0.8m 范围内的膨胀土进行超挖，换填良好的路基填土。

（3）水塘路段：抛填片石至水面以上 0.5m，然后回填良好的路基填土。

2.8 路面工程

2.8.1 路面结构组合形式

（1）新建机动车道路面结构

4cm厚细粒式改性沥青混凝土（AC-13C）

乳化沥青黏油层（PC-3）

6cm厚中粒式沥青混凝土（AC-16C）

乳化沥青黏油层（PC-3）

9cm厚粗粒式沥青混凝土（AC-25C）

1cm厚乳化沥青下封层＋透层

25cm 6％水泥稳定碎石基层

20cm 4％水泥稳定碎石底基层

25cm级配碎石

（2）辅道路面结构

4cm厚细粒式改性沥青混凝土（AC-13）

乳化沥青黏油层（PC-3）

6cm厚中粒式沥青混凝土（AC-16）

1cm厚乳化沥青下封层＋透层

20cm 6％水泥稳定碎石基层

15cm 4％水泥稳定碎石底基层

20cm级配碎石

（3）人行道路面结构

6cm彩色透水砖

3cm M7.5砂浆垫层

18cm 6％水泥稳定碎石基层抗滑技术指标见附表6。

附表6　抗滑技术指标

年平均降雨量/mm	交工检测指标值	
	横向力系数 SFC_{60}	构造深度 TD/mm
＞1000	≥54	≥0.55
500～1000	≥50	≥0.50
250～500	≥45	≥0.45

注：1. 横向力系数 SFC_{60} 是用横向力系数测试车，在60km/h±1km/h车速下测得的横向力系数。

2. 路面宏观构造深度 TD 是用铺砂法测定。

2.8.2　路面结构弯沉值

（1）机动车道路面各结构层及土基竣工验收弯沉值

土基顶面施工控制弯沉（0.01mm）：　　　　　322.9

级配碎石底基层顶面施工控制弯沉（0.01mm）：　　　199.5

水泥稳定碎石下基层顶面施工控制弯沉（0.01mm）：　　84.6

水泥稳定碎石上基层顶面施工控制弯沉（0.01mm）：　　31.5

粗粒式沥青混凝土顶面施工控制弯沉（0.01mm）：　　26.5

中粒式沥青混凝土顶面施工控制弯沉（0.01mm）：　　23.4

细粒式沥青混凝土顶面施工控制弯沉（0.01mm）： 21.5

（2）辅道路面各结构层及土基竣工验收弯沉值

土基顶面施工控制弯沉（0.01mm）： 322.9

级配碎石底基层顶面施工控制弯沉（0.01mm）： 143.9

水泥稳定碎石下基层顶面施工控制弯沉（0.01mm）： 59.1

水泥稳定碎石上基层顶面施工控制弯沉（0.01mm）： 33.6

中粒式沥青混凝土顶面施工控制弯沉（0.01mm）： 28.6

细粒式沥青混凝土顶面施工控制弯沉（0.01mm）： 25.7

2.8.3 材料技术要求

（1）上面层 AC-13C 改性沥青混凝土可采用国产Ⅰ-C 型改性沥青，建议选用进口 SBS 成品改性沥青。中面层及下面层普通沥青混凝土 AC-16C、AC-25C 要求使用符合《公路沥青路面施工技术规范》（JTG F40—2004）表 4.2.1-1A 级 70 号沥青。

（2）下封层要求采用乳化沥青（ES-2），铺下封层前必须浇洒透层沥青，透层沥青采用乳化沥青（PC-2）。各层沥青混合料之间、路缘石、雨水口、检查井等构造物与新铺沥青混合料接触的侧面必须喷洒黏层油，黏层油采用乳化沥青（PC-3）。

（3）沥青混合料用粗集料应该洁净、干燥、表面粗糙，质量技术要求应符合《公路沥青路面施工技术规范》（JTG F40—2004）表 4.8.2 中对应的"高速公路及一级公路"一栏的要求。

（4）沥青混合料用细集料应洁净、干燥、无风化、无杂质，并应有适当的颗粒级配，其质量应符合《公路沥青路面施工技术规范》（JTG F40—2004）表 4.9.2 中对应的"高速公路及一级公路"一栏的要求。

（5）沥青混合料的矿粉必须采用石灰岩或岩浆岩中的强基性岩石等憎水性石料经磨细得到的矿粉，原石料中的泥土杂质应清除干净。矿粉应干燥、洁净，能自由地从矿粉框中流出，其质量应符合《公路沥青路面施工技术规范》（JTG F40—2004）中表 4.10.1 对应于"高速公路及一级公路"一栏的要求。

（6）基层材料必须满足《公路路面基层施工技术规范》（JTJ 034—2000）的要求。

（7）要求机动车道基层 7d 无侧限抗压强度≥4.0MPa，底基层 7d 无侧限抗压强度≥2.5MPa。辅道基层 7d 无侧限抗压强度≥3.0MPa，底基层 7d 无侧限抗压强度≥2.0MPa。水泥要求采用符合物理学性能的 42.5 号普通硅酸盐水泥，终凝时间宜大于 6h，初凝时间应大于 3h。

2.9 交叉口设计

道路沿线交叉口采用平面交叉。

2.10 水土保持

工程设计中，需要进行水土保持设计。水土保持的主要措施包括工程措施、生物措施和蓄水保土耕作措施等内容。

工程措施指防治水土流失危害，保护和合理利用水土资源而修筑的各项工程设施，包括边坡治理、疏通排水系统等工程。通过边坡坡率、护坡道、边沟截水沟、疏通河涌沟渠等不同形式的工程措施，疏通引导水流，保护坡面。

生物措施指为防治水土流失，保护与合理利用水土资源，采取造林种草及管护的办法，增加植被覆盖率，维护和提高土地生产力的一种水土保持措施。主要包括道路边坡防护、环境绿化带种植乔木、灌木、草皮等措施。

蓄水保土耕作措施以改变坡面微小地形，增加植被覆盖或增强土壤有机质抗蚀力等方法，保土蓄水，改良土壤，以提高农业生产的技术措施。

开展水土保持，要以小流域为单元，根据自然规律，在全面规划的基础上，因地制宜、因害设防，合理安排工程、生物、蓄水保土三大水土保持措施，实施山、水、林、田、路等综合治理，最大限度地控制水土流失，从而达到保护和合理利用水土资源，实现可持续发展。

本工程设计中，主要采取了路基边坡坡面进行植草防护等工程生物措施防止水土流失。

×××市政工程设计院		工程名称	×××市×××道路工程		
		子项	道路工程		
				设计号	路-02-2013-08
审定		专业负责人		设计阶段	施工图设计
审核		校核	道路设计说明	图号	施-路01
项目负责人		设计		日期	2013.02

直线、曲线及转角一览表

交点号	交点坐标 x	交点坐标 y	交点桩号	转角值 左转	转角值 右转	半径 R	第一缓和曲线参数 A₁	第一缓和曲线长度 L₁	第二缓和曲线参数 A₂	第二缓和曲线长度 L₂	第一切线长度 T₁	第二切线长度 T₂	曲线长度 L	外矢距 E	第一缓和曲线起点 ZH	第一缓和曲线终点 HY(ZY)	曲线中点 QZ	第二缓和曲线起点 YH(YZ)	第二缓和曲线和缓和线终点 HZ	直线长度/m	交点间距/m	计算方位角	备注
QD	2628636.129	467032.177	K2+000																				
JD1	2628949.728	467559.463	K2+613.493	34°52′48.0″		800	0	0	0	0	251.318	251.318	487.016	38.547		K2+362.175	K2+605.683	K2+849.192		362.175	613.493	59°15′29.8″	
ZD	2629231.861	467687.315	K2+907.625																		58.433	309.751	24°22′41.8″	
合计													487.016							420.608			

说明：
本图采用西安坐标系，1985 国家高程系统。

		×××市政工程设计院		×××市×××道路工程
审 定		专业负责人	工程名称	子项 道路工程
审 核		校 核	直线、曲线及转角一览表	
项目负责人		设 计		

设计号 路-02-2013-08
设计阶段 施工图设计
图号 施-路04
日期 2013.02

路基防护工程数量表

序号	位置	起讫桩号	桩号长度/m	工程类型	临时土质排水边沟/m	浆砌片石排水边沟/m	三维土工网/m²	植草面积/m²	窗孔式护面墙/m²	防渗土工布
1	左侧	K2+000～K2+390	390	植草	170	220		1202.8		913
2		K2+390～K2+490	100	三维土工网	100	0	1296.7			
3		K2+490～K2+650	160	窗孔式护面墙	0	0			3510.3	
4		K2+650～K2+750	100	三维土工网	40	0	1534.7			
5		K2+750～K2+860	110	植草	80	30		576.6		124.5
6	右侧	K2+000～K2+470	470	植草	250	220		1528.9		913
7		K2+470～K2+710	240	三维土工网	100	0	3343.1			
8		K2+710～K2+860	150	植草	60	90		1114.5		373.5
合计					800	560	6174.5	4422.8	3510.3	2324

×××市政工程设计院		工程名称	×××市×××道路工程	
		子项	道路工程	
			设计号	路-02-2013-08
		路基防护工程数量表	设计阶段	施工图设计
审 定	专业负责人		图号	施-路17
审 核	校 核		日期	2013.02
项目负责人	设 计			

道路工程数量表

	序号	项　目	单位	数量
机动车道工程数量	1	4cm 细粒式改性沥青混凝土 AC-13	m²	27318.68
	2	6cm 中粒式沥青混凝土 AC-16	m²	27318.68
	3	9cm 粗粒式沥青混凝土 AC-25	m²	27318.68
	4	乳化沥青下封层＋透层	m²	27318.68
	5	25cm 6％水泥稳定碎石	m²	28175.68
	6	20cm 4％水泥稳定碎石	m²	29375.48
	7	25cm 级配碎石	m²	30506.72
	8	15×38×100 C30 混凝土缘石	m	1696.5
	9	3cm 厚 M7.5 水泥砂浆	m³	15.27
	10	6cm C10 细石混凝土	m³	30.54
	11	C15 水泥混凝土	m³	43.26
	12	机械喷洒道路用乳化沥青黏油层(PC-3)(0.3－0.6)L/m²	m²	54637.36
非机动车道工程数量	1	4cm 细粒式改性沥青混凝土 AC-13	m²	10109.1
	2	6cm 中粒式沥青混凝土 AC-16	m²	10109.1
	3	乳化沥青下封层＋透层	m²	10109.1
	4	20cm 6％水泥稳定碎石	m²	10794.7
	5	15cm 4％水泥稳定碎石	m²	11308.9
	6	20cm 级配碎石	m²	11771.68
	7	15×38×100 C30 混凝土缘石	m	2884.02
	8	3cm 厚 M7.5 水泥砂浆	m³	19.33
	9	6cm C10 细石混凝土	m³	51.91
	10	12×30×100 C30 混凝土平石	m	1763.57
	11	C15 水泥混凝土	m³	118.52
	12	机械喷洒道路用乳化沥青黏油层(PC-3)(0.3－0.6)L/m²	m²	10109.1
	13	10×15×50 C25 预制混凝土条石	m	18.3

	序号	项　目	单位	数量
人行道工程数量	1	6cm 彩色透水砖	m²	7407.62
	2	6cm 预制混凝土盲道砖	m²	871.26
	3	3cm 厚 M7.5 水泥砂浆垫层	m³	248.36
	4	18cm 6％水泥稳定碎石基层	m³	8278.88
	5	50×10×15 C25 预制混凝土条石	m	1742.52
	6	2cm 厚 1∶2 水泥砂浆	m³	3.53
	7	C15 现浇混凝土基座	m³	56.35
路基工程数量	1	填方量	m³	159706.46
	2	挖方量（全部弃方）	m³	42628.61
	3	土工格栅	m²	700
边坡防护工程数量	1	临时土质边沟	m	800
	2	浆砌片石边沟	m	560
	3	植草皮	m²	4422.8
	4	三维土工网	m²	6174.5
	5	窗孔式护面墙	m²	3510.3
	6	防渗土工布	m²	2324
软基处理工程数量	1	挖方量（全部弃方）	m³	44642.5
	2	回填片石	m³	74441.7
	3	回填黏土	m³	44642.5
盲沟工程数量	1	φ100PVC 排水管	m	328
	2	SH-80 软式透水管	m	2580
	3	碎石	m³	378.4
	4	复合土工膜	m²	9030
	5	无纺土工布	m²	1032
破除工程数量	1	破除××大道已建人行道	m²	180
	2	破除已建 0.25m 厚混凝土路面	m²	495

×××市政工程设计院				工程名称	×××市×××道路工程		
				子项	道路工程		
				道路工程数量表		设计号	路-02-2013-08
审 定		专业负责人				设计阶段	施工图设计
审 核		校 核				图 号	施-路26
项目负责人		设 计				日 期	2013.02

参考文献

［1］ CJJ 1—2008 城镇道路工程施工与质量验收规范.

［2］ CJJ 2—2008 城市桥梁工程施工与质量验收规范.

［3］ JTG F80/1—2004 公路工程质量检验评定标准（第一册·土建工程）.

［4］ GB 50204—2015 混凝土结构工程施工质量验收规范.

［5］ GB/T 50107—2010 混凝土强度检验评定标准.

［6］ GB 50202—2002 建筑地基基础工程施工质量验收规范.

［7］ GB 50208—2011 地下防水工程质量验收规范.

［8］ GB/T 50328—2014 建设工程文件归档规范.

［9］ GB/T 50319—2013 建设工程监理规范.

［10］ 中国建设监理协会组织编写. 建设工程监理规范 GB/T 50319—2013 应用指南. 北京：中国建筑工业出版社，2013.